“十二五”国家重点图书出版规划项目

地下空间研究丛书/陈志龙　主编

城市地下空间利用规划编制与管理

顾　新
于文蕙　编著

东南大学出版社
SOUTHEAST UNIVERSITY PRESS
·南京·

内容提要

我国土地资源紧缺，合理利用地下空间是实现城市可持续发展的重要手段之一。近年来，在全国大规模轨道交通建设的带动下，地下空间利用日益普遍，这必然对规划管理提出新的要求和挑战。本书结合各地建设实践的调查，对中国城市地下空间利用水平、所处阶段、建设经验及存在问题做出客观评价；通过剖析、对比发达国家城市地下空间开发利用的经验，提出未来中国城市地下空间利用规划的编制、管理的工作重点，以及对法规建设、规划行政许可、建设用地管理、工程建设管理及信息系统建设等方面提出建议。

本书可供城市规划管理部门、城市规划设计机构从业人员，高等院校相关专业师生以及轨道交通、市政建设管理人员学习参考。

图书在版编目(CIP)数据

城市地下空间利用规划编制与管理/顾新，于文悫编著. —南京：东南大学出版社，2014.1(2015.11重印)

(地下空间研究丛书/陈志龙主编)

ISBN 978-7-5641-4661-0

Ⅰ.①城…　Ⅱ.①顾…　②于…　Ⅲ.①城市规划—地下建筑物—开发规划—编制　②城市规划—地下建筑物—管理　Ⅳ.①TU984.11

中国版本图书馆 CIP 数据核字(2013)第 283631 号

书　　名：城市地下空间利用规划编制与管理
编 著 者：顾　新　于文悫
责任编辑：徐步政　　　　编辑邮箱：xubzh@seu.edu.cn
文学编辑：李　倩

出版发行：东南大学出版社
社　　址：南京市四牌楼 2 号　　　　邮　　编：210096
网　　址：http://www.seupress.com
出 版 人：江建中

印　　刷：江苏兴化印刷有限责任公司
排　　版：南京新洲制版有限公司
开　　本：700mm×1000mm　1/16　　印张：15　　字数：251千
版　　次：2014 年 1 月第 1 版　　2015 年 11 月第 2 次印刷
书　　号：ISBN 978-7-5641-4661-0
定　　价：49.00 元

经　　销：全国各地新华书店
发行热线：025-83790519　83791830

前言

正如美国总统奥巴马在2010年国情咨文中所言:“没理由只有欧洲或中国拥有最快的火车以及那些生产清洁能源产品的工厂。”如今中国已成为举世瞩目的轨道交通建设大国。截至2012年12月,中国大陆17个城市通车线路64条,运营里程达2 016 km。预计至2016年,中国将拥有158条城市轨道交通线路,且线路总里程将超过4 429 km。根据国务院现阶段批准城市建设地铁项目的4项指标:城区人口超300万、国内生产总值(GDP)超1 000亿元、地方财政一般预算收入超100亿元及规划线路的客流规模达到单向高峰每小时3万人以上。目前,中国大陆约有50个城市达标,由此可见中国未来城市轨道交通建设的巨大潜力。

国内外经验表明,轨道交通的建设必将带动轨道沿线甚至所在城市地下空间的迅速发展。事实上,在已经开通或正在建设地铁的城市,轨道沿线地下空间的利用已进行得如火如荼。上海、北京、广州、深圳等城市,地下空间利用已成为缓解城市交通压力、提高城市空间容量、发展城市低碳经济、建设资源节约型和环境友好型城市的重要手段。其中,截至2012年12月,上海地下空间总建成面积已超过5 000万m^2;依据规划,预计未来每年还将以超过10%的速度递增。

地下空间的迅速发展给规划设计、规划管理带来新的要求。近10年来,超过40个城市编制了总体规划层面的地下空间规划,10多个城市出台了地下空间规划管理的地方法规。如何通过规划管理促进地下空间的合理利用、规范建设行为、抓住地铁建设契机、实现城市空间品质和土地效益的提升,成为各地政府主动思考或被动应对的问题。而其中较为急迫的需求表现在地下空间规划编制与实施、地下空间使用权利的设定与管理、地下空间信息系统建设以及如何建立有效指导建设行为的行政管理和技术统筹机制。

在最近的10多年里,我国城市地下空间利用进行了多方面的尝试。例如:

(1) 各大城市已建或规划建设的新中心区包含规模庞大、体系完整的地下城或综合体。如:北京中关村、奥运中心,上海世博园区,广州珠江新城,杭州钱江新城,深圳福田中心区、华强北商业区、前海中心区,天津于家堡金融区，武汉王家墩中央商务区，珠海横琴岛等。已建或规划建设的地下空间规模都在数10万乃至数百万平方米以上，集交通、市政、商业、办公等多种功能于一体，地上地下相互协调发展，部分项目建设品质已达国际先进水平。

（2）各城市地铁沿线车站周边地区的商业开发日益普遍。

（3）城市地下快速道路迅速发展。如：上海黄浦江两岸的“井字形”地下道路，北京奥运中心、中关村和金融街地下路，南京玄武湖地下快速路、城东干道地下路，杭州西湖湖滨地下路，苏州独墅湖地下快速路，深圳西部通道地下路段等。

（4）市政综合管廊（共同沟）建设以及大型市政设施的下地尝试。如：北京中关村、上海安亭新镇、杭州钱江新城、深圳光明新区等共同沟建设已积累许多经验教训。

（5）处于国际前瞻阶段的城市地下物流系统也正在研究中。

我国在城市地下空间利用实践中积累了丰富的经验，但也因地下空间的利用而面临新的问题。与此同时，中国城市地下空间利用在法律、信息、建设以及运营管理等方面与发达国家仍有一定的差距，因此，下一个10年努力的重点应是从数量增长转向质量提升。

本书在国家住房与城乡建设部规划司委托深圳市规划国土发展研究中心主持开展的“城市地下空间利用规划编制与管理研究”总报告基础上编著完成。曾先后参与该项研究的项目组成员包括顾新、孙蕾、于文悫、黎格伶、易文媛、魏杰、邱俊、彭瑶玲、李乔、袁红、于林金、刘江涛、刘龙胜、傅晓东等，此外，该课题还得到张琴、张泉、王晓东、尤志斌、相秉军、徐忠平、陈志龙、徐国强、祝文君、石晓东、张铁军等诸位领导和专家的大力支持，在此表示衷心的感谢！

顾　新

2013年10月

目录

1 地下空间利用的中国特色

在城市地下空间建设规模、发展速度上，中国已是名副其实的开发利用大国；在地下空间利用功能方面，我国也处于积极探索阶段。尤其自2000年至今的10多年，轨道交通的迅速发展更是进一步推动各大城市地下空间利用的迅猛发展。然而受经济发展趋势的影响，多数城市地下空间利用的目标和理念一开始就被打上重重的“发展”烙印，地下空间的利用成为拓展空间资源的手段之一。从我国地下空间利用建设管理实践来看，其特色主要体现在以下方面：

政府主导重点开发，市场争夺轨道资源，基础设施下地尝试，政策机制逐步完善，信息管理有待加强。

1.1 政府主导重点开发

许多城市对地下空间的综合利用集中在新规划的中心区或轨道交通的枢纽地区。其中城市中心区往往备受政府重视，多有专门的管理部门行使规划、建设、监督等管理职能；并且编制大量的规划，仅地下空间方面就制定有从概念性规划到修建性详细规划的完备体系；还制定有专门的管理细则，建设管理依据充分；与此同时，在开发融资模式及产权确立方式上也各有探索。由政府主导重点开发的城市中心区的典型代表有杭州钱江新城、北京商务中心区、苏州新加坡工业园区、深圳福田中心区、广州珠江新城、武汉王家墩中央商务区、天津于家堡金融区等。此类城市中心区用地功能复合，集交通、商业、文化、休闲、娱乐等多种功能于一体，整体建设水平较高。

案例1 “杭州阳台”——钱江新城①

杭州钱江新城坐落在江面宽达1 000 m的钱塘江畔，定位为长三角南翼区域中心城市的中央商务区(Central Business District，简称CBD)，包含行政、商务、金融贸易、会展、文化、居住六大功能，是杭州从“西湖时代”迈向“钱塘江时代”的代表作，从规划到建设都力求体现开阔、大气、现

① 杭州市钱江新城建设管理委员会.钱江新城调研座谈会录音稿整理[Z].2010.

代、高度的钱塘江特色(图 1.1、图 1.2)。钱江新城占地 21 km²,其核心区占地面积为 4.02 km²,建筑面积为 828.5 万 m²,可提供 25 万人的就业岗位。

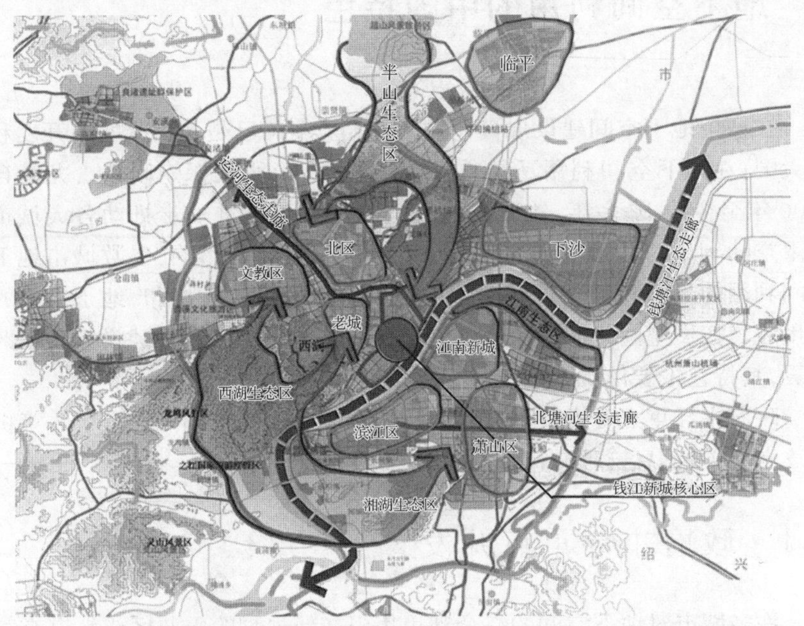

图 1.1　钱江新城区位示意图

图 1.2　钱江新城核心区效果图

以波浪文化城和地铁站为核心的钱江新城地下城是整个新城中比较富有特色的空间，是集商业、文娱、交通疏散、人防、市政设施为一体的综合地下空间体系。地下空间建筑面积为 258 万 m^2，包括 182 万 m^2 的停车设施，46 万 m^2 的商业、文娱设施，以及 30 万 m^2 的辅助设施。该地下城共分为 3 层，其中地下 1 层为步行系统连接商业设施，地下 2、3 层安排为停车、设备空间。

中心绿带沿之江路设 2.4 km 下穿道路，服务旅游客运。在之江路路北规划建设 6.83 万 m^2 地下社会车库(1 280 车位)，覆土 1.8—2.2 m。并设有 2 160 m 长、6.0 m×3.5 m 断面的共同沟，提供给水管、原水管、10 kV 电力、220 kV 电力、通信(联通、移动)等管线的管位(图 1.3、图 1.4)。

图 1.3　杭州城市阳台效果图

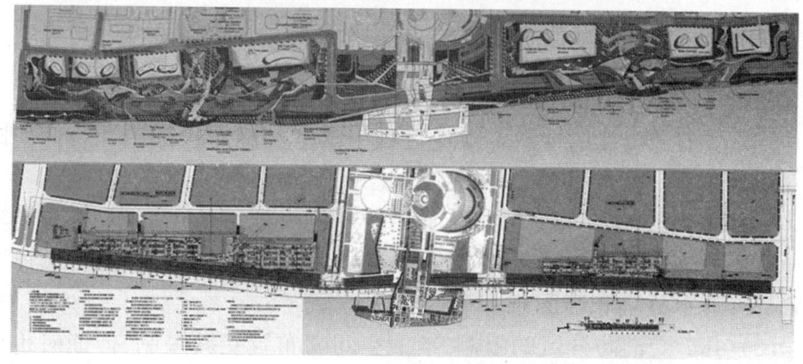

图 1.4　杭州城市阳台规划图

钱江新城采用政府统筹的一级开发模式。公共部分(地上地下)由政府出资统一建设,新城管委会出具土地出让条件。由于有专责部门,新城建设管理体现出较好的统筹性,庞大的地下空间体系才得以建成(图1.5);同时针对建设中出现的各种问题能及时处理、有效应对,保障了地下空间系统的实施。如:针对许多地区难以实现的地下人行网络建设,新区管委会在早期地块出让时未把地下空间的相关指标纳入合同强制要求,导致地块间通道无人建设。后来通过审议方式(曾采取过容积率奖励的办法)解决历史遗留个案,并且在后期地块出让前的设计条件中对地下空间建设要求较明确,特别保证了公共通道的连接(图1.6)。此外,管委会尝试对相邻地块同时出让,如:4个金融地块同时挂牌出让给6家银行,并在合同中明确他们的地下连通义务。

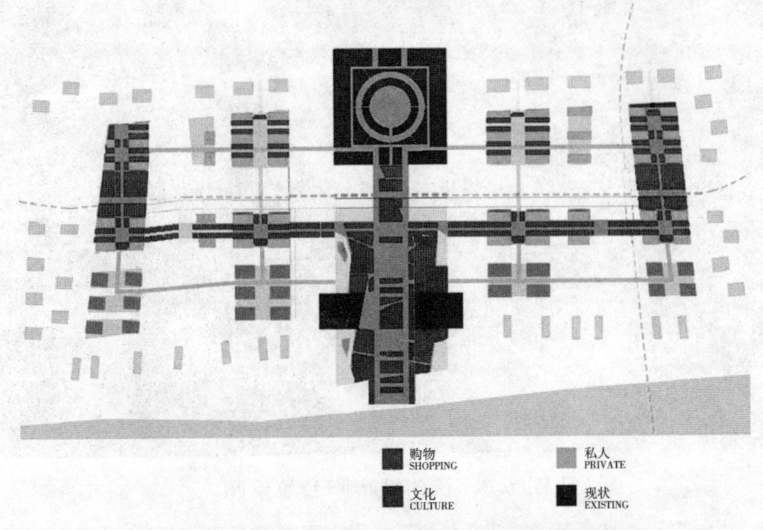

图1.5 钱江新城核心区地下空间规划功能分区图

在钱江新城的建设管理中仍存在需探索解决的难题,如:

(1) 招拍挂出让的地块在建设过程中常常面临对土地出让合同所附的设计条件有一定的调整要求,因此,土地合同条件的改变难以避免。

(2) 由于地下空间不计地价,业主纷纷扩大地下停车面积,甚至有建到−5层、桩基打到−60 m深的地块。由于杭州地区地下水位高(−18 m左右),沉降水处理相当困难。

(3) 由于受消防分区的限制,地下空间的布置受其限制,连通时也要进行超限论证。地下空间整合涉及对现有消防规范的局部突破。

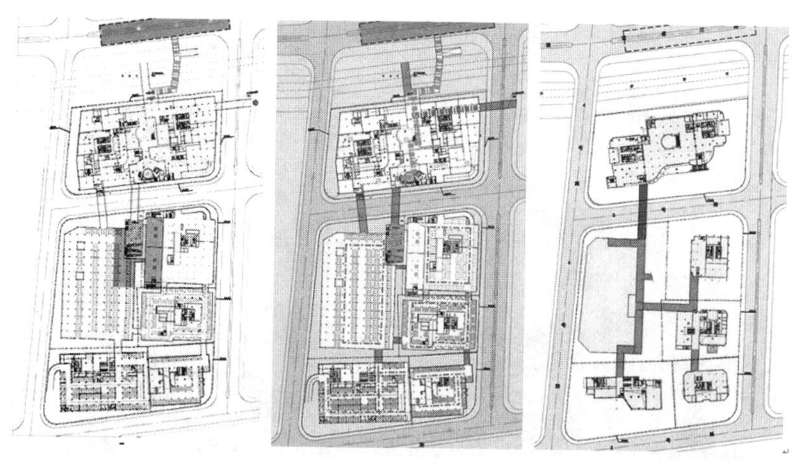

图 1.6 钱江新城核心区某地块地下负 1 层至负 3 层设计方案

案例 2 深圳福田中心区①

1999 年编制的《深圳市中心区城市设计及地下空间综合规划国际咨询》提出了"地下城"的构想(图 1.7),以十字交叉形式和中央水体为基本骨架,与 CBD 楼群相连形成以交通枢纽和停车功能为主的地下空间网络。规划设想由政府推动地铁和市政基础设施的建设,再由市场参与其他地下空间网络的连接。由于规划编制的深度不足且未能纳入法定规划,更由于规划实施机制涉及地下空间建设的部分相对模糊,在实际地块出让时难以将规划理念落实到实践规划中。因此,到目前为止,除了由政府投资的福华路地下街建成外(图 1.8),原规划中涉及各物业地块的连通方案少有实现(图 1.9)。

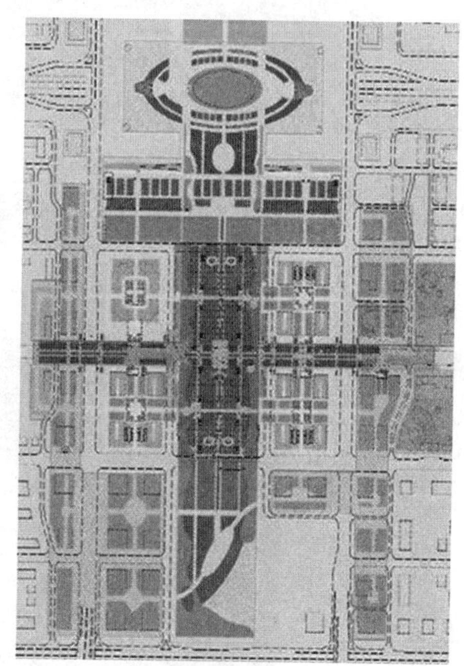

图 1.7 2000 年福田中心区"地下城"构想

① 深圳市规划和国土资源委员会. 地下空间开发利用调研座谈会录音稿整理[Z]. 2010.

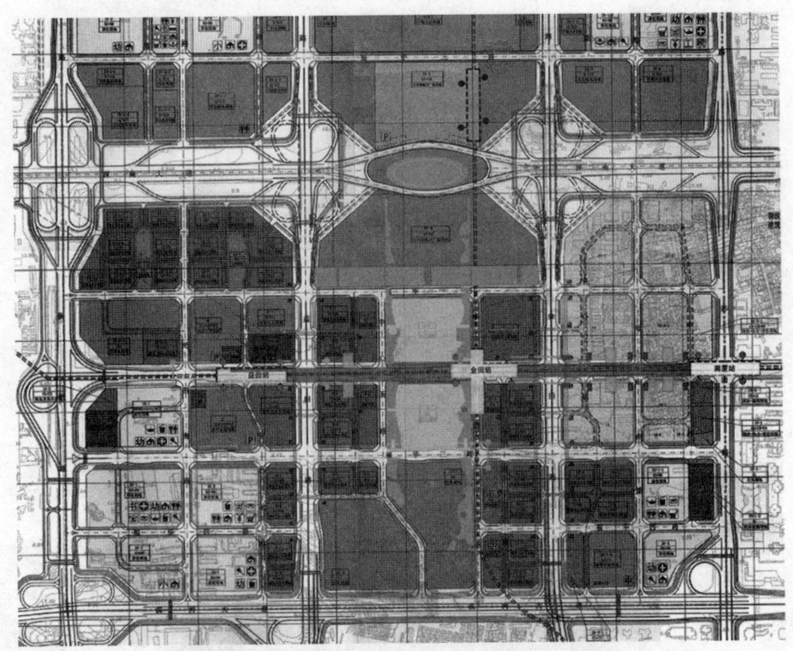

图 1.8　福华路地下商业街设计范围

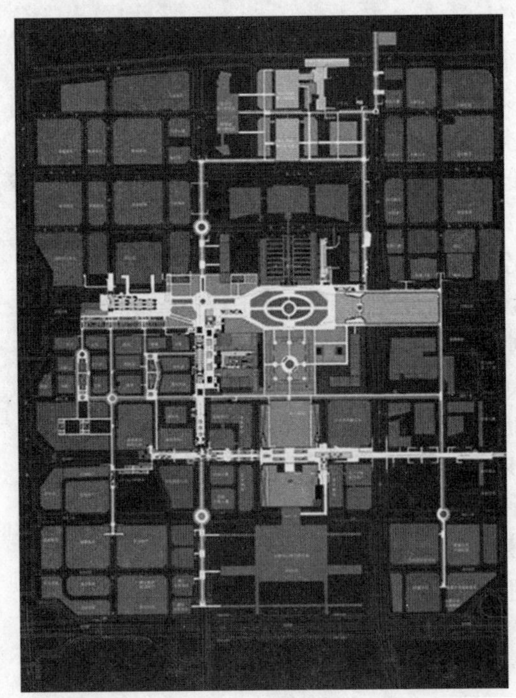

图 1.9　2006 年福田中心区地下空间规划设想

2006 年,深圳市福田站综合交通枢纽工程的规划建设为福田中心区地下城的实现带来契机。该站是国内第一座大型地下铁路车站,总建筑面积约为 14 万 m^2,投资约 70 亿元。不仅包括广州、深圳、香港(简称广深港)的客运专线以及地铁 1、2、3、4、11 号线在福田站汇集,该站还配套有常规公交车、出租车、社会车辆停靠场站等交通服务设施(图 1.10)。其中广深港客运专线福田站与地铁站通过地下 1 层站厅换乘,换乘距离为 320—370 m,同时设有自动步道设施;地下 2 层是 2、11 号线车站站台和设备层;地下 3 层是 3 号线车站站台和设备层。福田站综合交通枢纽将形成"十字骨架"的地下空间结构,并与福华路地下商业街连通。福田站综合交通枢纽的建设是深圳轨道交通网络不断完善的结果,也使原本尺度过大的中心区路网格局因地下交通枢纽的建设而得以人性化发展。同时,枢纽的建设给中心区地下空间网络的形成带来了发展机遇。

图 1.10 福田站综合交通枢纽工程开发建设

2009 年,深圳市规划主管部门就市中心区水晶岛("深圳之眼")面向全球征集设计方案。该项目位于中心区的核心位置,是中心区福田站交通枢纽的转换空间及深圳市中轴线南北片区人行连接的重要节点,作为公共活动中心的同时也将承担未来城市门户地区的重要展示功能,更是未来深圳市最重要的地标。该项目初步规划地上建筑面积为 35 000 m^2,地下建筑面积为 27.6 万 m^2(商业 16 万 m^2,公共设施 5 万 m^2,停车 6.6 万 m^2),是深圳市迄今为止最大的地下空间商业项目(图 1.11—图 1.13)。

2013 年,福田中心区法定图则修编再次对中心区地下空间进行梳理与整合。结合最新开展的福田站综合交通枢纽工程、深圳之眼项目、岗厦村改造以及多条地铁线路的建设,同步配合地面环境及地下 2 层步行系统的优化完善,实现对中心区立体空间品质的提升。

图 1.11　深圳之眼地面效果图

图 1.12　深圳之眼概念性示意图

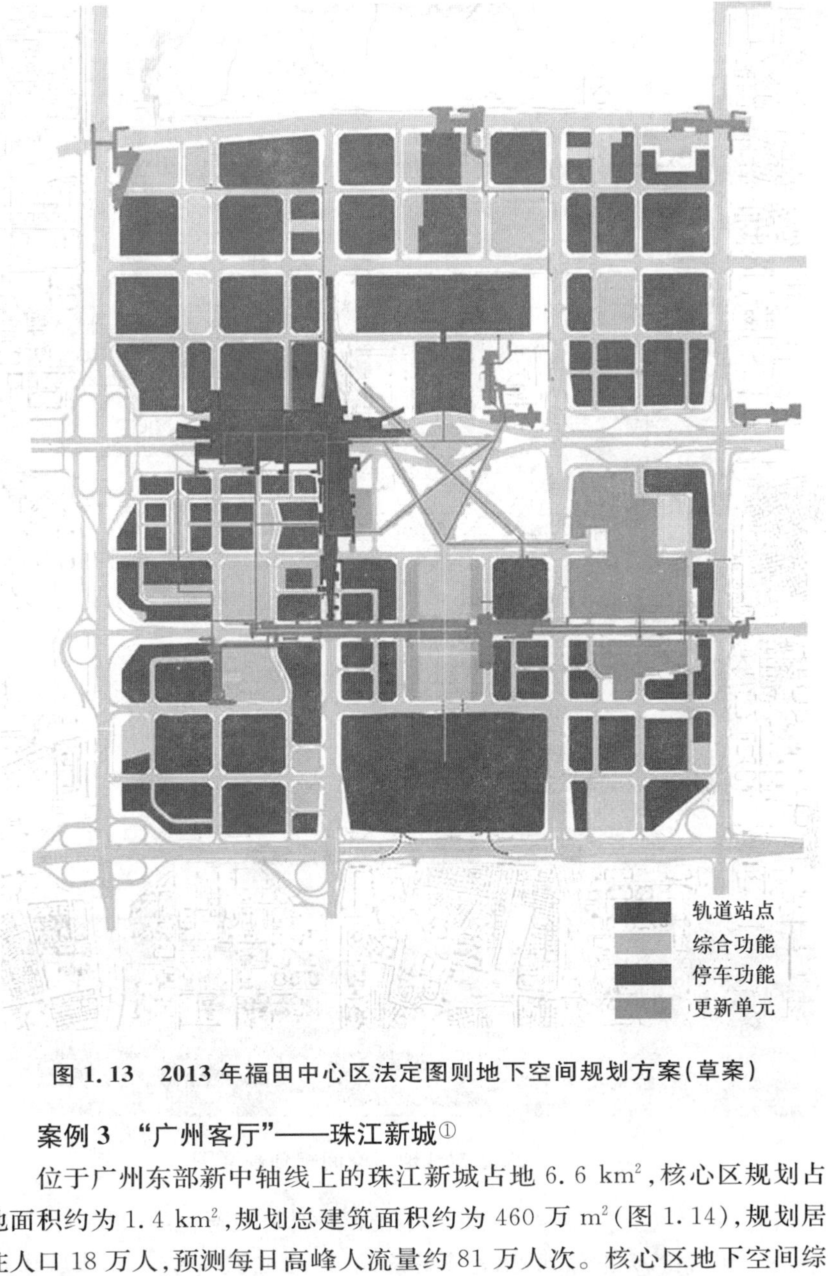

图 1.13 2013 年福田中心区法定图则地下空间规划方案(草案)

案例 3 "广州客厅"——珠江新城①

位于广州东部新中轴线上的珠江新城占地 6.6 km^2,核心区规划占地面积约为 1.4 km^2,规划总建筑面积约为 460 万 m^2(图 1.14),规划居住人口 18 万人,预测每日高峰人流量约 81 万人次。核心区地下空间综合开发项目总占地面积约为 78 万 m^2,由地下 3 层组成,是目前广州乃至

① 广州市珠江新城管理委员会.珠江新城调研座谈会录音稿整理[Z].2010.

全国规模最大的地下空间开发项目(图 1.15)。

图 1.14　珠江新城规划效果图

图 1.15　珠江新城地下空间规划剖面图

(1) 地面层为大型绿化广场群;地下 1 层是交通枢纽,设置地下车站、公交站、旅游大巴总站、出租车停靠站,接通地铁 3 号、5 号线珠江新城的地下通道。

(2) 地下 2 层主要设置有集运系统站厅、公共停车场、设备用房,并且都和周边建筑的地下空间相互联系、相互贯通,进而达到资源共享的目的。

(3) 地下3层主要由地下集运系统站台和集运系统隧道组成。其中,集运系统(旅客自动输送系统)南起地铁2号线赤岗塔站,北至地铁1号线林和西站,共设9个车站,全长3.88 km。

珠江新城项目依托地铁3号线、5号线珠江新城枢纽站和珠江新城旅客自动输送系统组织区内交通。通过3条轨道交通系统和文化广场负1层公交旅游大巴停车场等交通枢纽,实现旅客在轨道交通之间与公共大巴之间的便捷换乘,解决区域约80%客流的集散问题。

珠江新城项目特色主要体现在:

(1) 以交通功能为主

珠江新城核心区创造了地上、地面、地下多层次的立体交通体系,实现地下车库的相互连通和区域资源的共享,有效地改善了珠江新城区域交通条件,营造出具有广州特色的“城市客厅”。

(2) 搭建投融资平台的尝试

政府指定具备融资能力和开发实力的建设公司(广州城投集团)负责核心区市政交通和广州新电视塔这两项重大工程的融资、投资、建设、转让等一系列工作。为了改变城市建设投融资渠道单一的现状,城市建设不再由政府统包统揽,而是在政府主导下按市场规律运作,这在当时是一种创新,对地下空间和城市其他公共建设项目提供了一定的借鉴经验。

珠江新城建设的问题与不足:

对于高强度开发的中心区而言,仅仅一个地铁车站的轨道覆盖密度明显不足。虽然在珠江新城中轴线上有内部捷运系统,但是依然无法代替大运量轨道交通网络的客流集散作用,这也体现了新城规划的先天不足。另一方面,地下交通虽然缓解了地面交通的压力,保证了地面绿化环境的完整性,但巨大的道路尺度可能会破坏地下步行网络的舒适度,不利于人气的聚集。

1.2 市场争夺轨道资源

地铁车站周边地区往往也是地下空间利用相对集中的地区,首先包括围绕综合枢纽建设的相对紧凑且成规模的中心,如:深圳罗湖口岸、深圳福田交通综合枢纽周边、上海南站周边、杭州城东新城、苏州高铁北站周边等;其次包括有密集地铁车站覆盖的城市老商业中心或商业街,如:深圳华强北商业区、罗湖金三角地区,无锡三阳广场、太湖广场周边,深圳车公庙丰盛町地下商业街,等等。下文将对深圳轨道一期工程沿线、车公庙丰盛町地下商业街以及华强北商业区等初步建成地下空间的典型实例进行分析。

(1) 轨道一期工程沿线

2004 年 12 月底深圳市轨道一期工程建成通车，总长为 21.5 km，设站点 19 个。一期轨道建成后引发市场开发热情，12 个车站核心腹地都进行了地下空间开发，建成地下商业设施共约 15 万 m^2（图 1.16）。

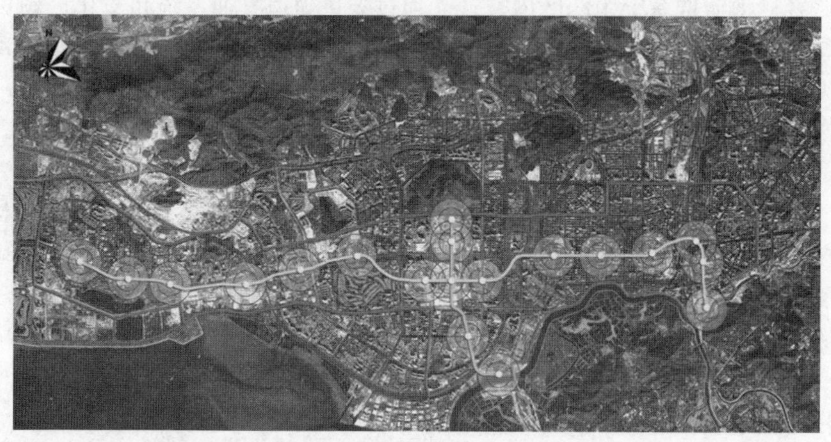

图 1.16 深圳轨道一期工程沿线地下空间开发

(2) 车公庙丰盛町地下商业街

深圳车公庙丰盛町地下商业街的开发建设是中国第一例通过招拍挂方式出让的地下商业空间的项目。该商业街位于深南大道两侧、地铁车公庙站区间，属于深圳市写字楼群最为密集的商务办公区（1 km^2 区域内商务写字楼的面积达 320 万 m^2）。地下商业街东西全长 500 m，总建筑面积为 26 625 m^2，其中商业建筑面积为 12 969 m^2（图 1.17、图 1.18）。

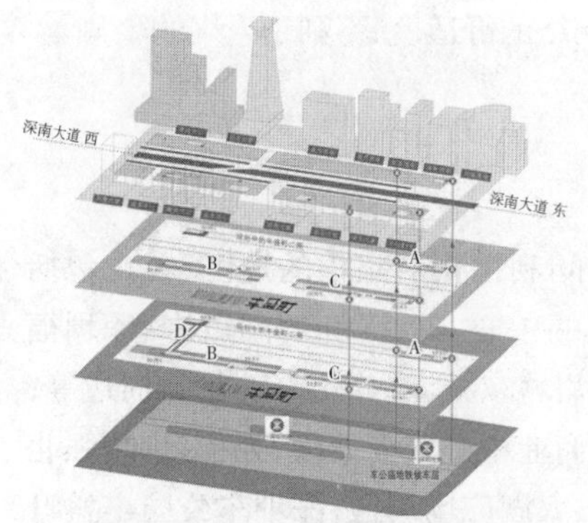

图 1.17 深圳车公庙丰盛町地下商业街范围

图 1.18 深圳车公庙丰盛町地下商业街实景

(3) 华强北商业区

华强北商业区是深圳规模最大、最为繁华、效益最好的商业区之一，并且拥有“中国电子第一街”、“销售额全国第一的商业街区”等称号。该商业区是由早期的工业区改建而逐渐兴盛的商业区，用地面积为 1.45 km^2，总建筑面积约为 450 万 m^2。该地区日均客流量 60 万人次以上，节假日 80 万人次以上；在该片区从业的人员约为 13 万人。因此，该地区目前面临严重的交通压力。

片区规划建设轨道交通 5 条线路、6 个车站。轨道 1、2、3 号线的相继投入使用及未来轨道交通 7 号线的开工建设，为片区地上地下空间的综合利用提供了难得的发展机遇①(图 1.19—图 1.21)。

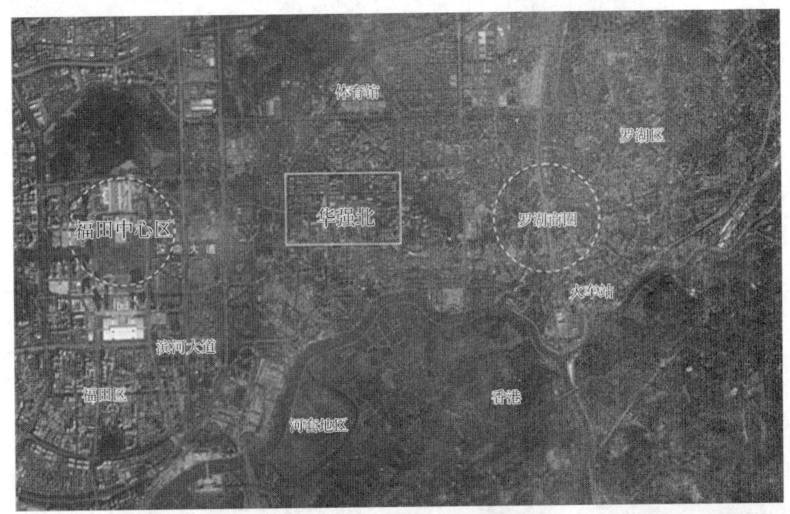

图 1.19　华强北区位图

图 1.20　华强北街景

① 深圳市福田区旧改办. 华强北地区地下空间资源开发利用规划研究[R]. 2009.

罗湖区段已利用地下空间范围：44.28万m²
罗湖区段已利用地下空间建筑面积：58.46万m²
福田区段已利用地下空间范围：98.82万m²
福田区段已利用地下空间建筑面积：156.84万m²
南山区段已利用地下空间范围：11.19万m²
南山区段已利用地下空间建筑面积：14.77万m²
图 例：
各区研究范围
已利用地下空间
现状建筑
轨道1号线
轨道4号线
站点

(a)

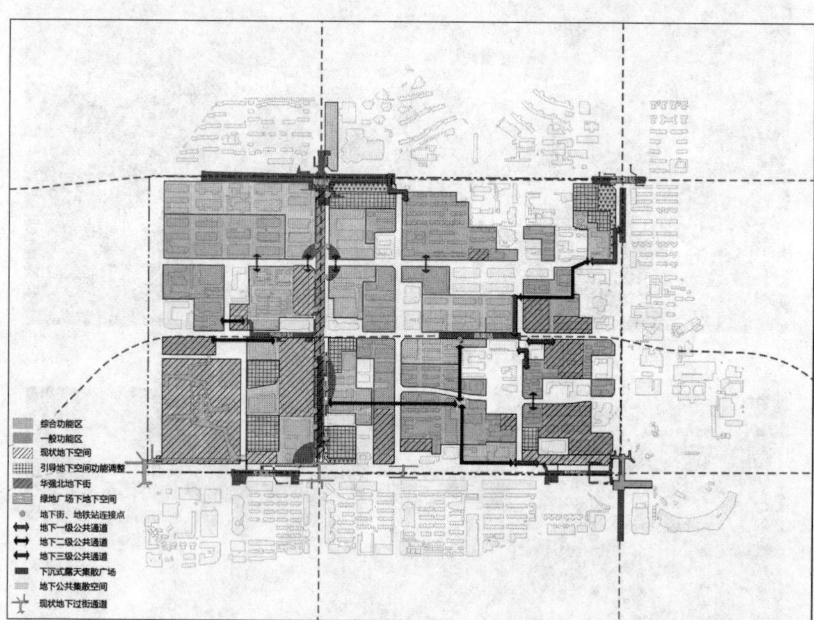

(b)

图 1.21 2013 年华强北地下空间规划方案(草案)

1.3 基础设施下地尝试

1.3.1 地下市政公用设施

市政管线方面,上海、深圳等城市均已开展了地下空间与管线的协调发展研究。《上海市地下空间概念规划》(2005)确定了地下空间管线的协调原则:各类地下设施布置首先应按照管线综合规划规范考虑平面协调,如若在平面上无法协调解决,则在纵向上遵循地下空间使用的分层原则;同时,地下民用设施与市政设施发生冲突时,则应遵循市政设施优先原则;而交通设施和管线产生矛盾时,遵循管线优先原则。2013 年,《南昌市中心城区地下空间专项规划》明确提出将不同功能或相互关联较少的设施置于不同的竖向层次和区域中。

管线综合问题主要表现在共同沟的建设上。虽然我国就共同沟的建设已经过艰难地努力探索,但是国内城市在这一问题上仍处于摸索、试研阶段。北京、深圳、广州、上海、昆明、苏州等城市都有过共同沟建设的试点,南京、厦门、珠海等城市都正试点开展共同沟规划。造价高、缺少相关政策法规支持是目前共同沟难以广泛应用的主要问题。从共同沟项目建设地点的空间布局来看,国内共同沟的建设主要在新城区的管线密集区配合城区建设同期开展。

北京:早于 1958 年就开始了共同沟的建设,天安门广场下约 1.3 km 长的综合管道是我国第一条共同沟,断面为长方形,宽 3.5—5.0 m,高 2.3—5.0 m,埋深为 7.0—8.0 m。2000 年,北京某道路改造工程在其道路两侧的非机动车道和人行道下面建造了 600 m 长的共同沟。2003 年,修建中关村广场共同沟,地下工程建设面积为近 30 万 m^2,分共同沟和地下空间两部分,投资约为 17 亿元。共同沟位于地下 3 层,管廊距地面 14 m,内置包括燃气、热力、电力、电信、自来水等公用设施管线。为了将这些公用设施送到地面,铺设长约为 3 km 的支管线,各种管线置于单个管沟中。然而此管沟不同于以往的共同沟,它结合地下商业网点把各种设施的管线规划在单独的管沟中,既方便管理又增加了管线的安全性,但是投资很大。

深圳:第一条共同沟是大梅沙—盐田坳共同沟,2001 年开始对其进行可行性研究。沟体采用半圆形的城门拱形断面,高 2.85 m,宽 2.4 m,采用初期支护和两次衬砌的钢筋混凝土复合断面结构,内设给水管道、压力污水管道、高压输气管道以及电力电缆。2007 年，随着光明新区的成立，深圳市开始结合新区分期建设长度约为 18.28 km 的共同沟工程。目前已率先建成约 9 km 长的共同沟，折合投资单价为 5.1 万元 /m，入沟管线为：110 kV 及以下等级电缆、给水管、再生水管、通信电缆等。光明新区共同沟建成后实行第三方管理，再由城管负责监管。目前，共同沟的运营管理办法正在制定中。

杭州：1999 年 10 月竣工的原铁路杭州城站火车站改建工程，为避免站屋和其他地块进出管线埋设与维修时开挖路面，建设了 500 m 长的共同沟，断面为 6.5 m×3.0 m，造价为 1 000 万元 /km 左右。钱江新城共同沟于 2006 年建成，总长为 2 160 m，断面为 6.0 m×3.5 m，造价为 4 000 万 /km。该共同沟紧邻钱塘江防洪大堤，另一侧则是之江路下穿隧道。除煤气管道和排水管外，其他管线均从共同沟内通过。沟内共设置 8 个防火区，实行 24 小时全天候监控。钱江新城共同沟由城投公司管理，但由于缺少相关政策予以规范，共同沟建设费用的分摊比较难以操作和平衡，最终导致各管线单位入沟的积极性不高。按照规划，杭州市未来还将沿钱江路建设大约 2 km 长的共同沟。

无锡：共同沟的建设结合新城建设开展。太湖新城核心区范围内沿信成道、立德道、清源路和瑞景道建设了“W”形、总长度为 16.4 km 的共同沟，内置 220 kV 及以下等级电缆、给水干管等，于 2010 年 6 月竣工。

天津：1988 年，天津新客站工程为穿越 7 条铁路线路建设了一条长约 50 m 的共同沟，内设雨水管道、给水管道及动力控制线。1998 年，天津在塘沽某小区内建造了 410 m 长的共同沟，宽 2.3 m，高 2.8 m，内设采暖管道、热水管道、给水管道、消防管道、中水管道。2009 年建成的海河共同沟全长 226.5 m，其中穿越海河部分的共同沟长 113.5 m，共同沟的内径为 5.5 m，外径为 6.2 m。并根据不同管线的铺设要求，过河共同沟的内部共分为 4 个功能空间，分别供电力、通信、热力自来水、中水和煤气管线通过，为各管线单位进行过河管线施工提供方便。

昆明：国内目前共同沟建设里程最长的城市，建有广福路和昆洛路共同沟，总里程为 40 km。广福路共同沟长 17.76 km，投资 4.78 亿元，分为东西 2 段，断面分别为 4.0 m×2.4 m、4.6 m×3.2 m；昆洛路共同沟长 22.44 km。广福路和昆洛路共同沟均由昆明市城市管网设施综合开发有限公司（下文简称为昆明管网公司）投资建设和运营管理，是国内共同沟市场化运作启动最早的共同沟项目，总投资为 8 亿元。但由于管线单位的入沟积极性不高，同时出于对建设成本的考虑，昆明管网公司在共同沟的后期配套设施建设过程中较为谨慎，如：照明、通风、消防和监控等设施都未安装。该公司对共同沟的管理目前主要通过一支 20 余人的保安队伍进行人力巡查来完成。为了尽快收回投资成本，昆明管网公司通过一次性出让管位的方法向南方电网集团公司昆明分公司出售了昆洛路北侧的全部管位和南侧的部分管位。然而从该公司管理层了解到的信息显示，共同沟的后期运营管理状况仍然不容乐观，亟待昆明市政府出台相关政策对共同沟运营管理企业的利益进行必要的保护。

广州：华南地区较早进行共同沟建设的城市。广州在大学城、珠江新城、奥体新城同步规划了共同沟，其中大学城共同沟是广东规划建设的第一条共同沟，全长约为 10 km，宽 7 m，高 2.8 m，主要布置供电、供水、供冷、电讯、有线电视 5 种管线，并且预留部分管孔空间以备将来发展所需。

在以上各地共同沟建设实践中，较为典型的工程有：

案例 1　上海浦东张杨路共同沟

张杨路共同沟长 11.13 km，矩形断面宽 5.9 m、高 2.6 m，顶部离地面平均为 1.5 m。张杨路共同沟工程是在次干路两侧同时建设的配给管共同沟，已敷设电力、通讯、上水和燃气 4 大管线(图 1.22)。其在软土地基上容纳燃气管道是国内首次尝试，并且配有齐全的安全设施以及中央计算机数据采集与显示系统。

图 1.22　上海张杨路共同沟

然而因早期的预见性不足以及后期运营管理机制不健全等原因，共同沟建成后未能全部投入使用。目前，沿张杨路地下部分管段内的电力线路已饱和，但整个共同沟内的上水管道和燃气管道却尚未启用。据浦东环保局排水管理署共同沟管理科相关负责人介绍，上水管道的闲置是因为1994年放进去的上水管道考虑不够长远，管道直径仅为300 mm，而现在的水管直径至少在1.5 m以上；同时指出燃气管道的闲置也是因为"没跟上变化"，燃气管道最初设计方案是针对人工煤气而设计，对输气管压力的技术要求自然与天然气的输气管压不同，进而导致最初的燃气管道无法使用。除此之外，尽管目前管线进沟免费，政府财政每年还支持220万元的养护经费，却仍有一些管线单位因担心共同沟未来费用问题而选择绕过张杨路在周边道路开挖自己的管线，管道"绕道而行"现象也是张杨路共同沟未能被有效利用的重要原因。

反思：上海市对共同沟的建设进行了深刻地反思和研究，并加强对共同沟的费用分摊、运营管理及相关法制标准方面的研究。

案例2　上海嘉定区安亭新镇共同沟

2002年12月开工兴建的上海嘉定区安亭新镇共同沟是我国首条完整的民用共同沟。该共同沟的一期工程于2004年3月建成，投资1.4亿元，呈"日"字形格局，主要服务于安亭新镇一期2.5 km² 范围的区域。安亭新镇共同沟一期工程长5 750 m，宽、高各2.5 m，覆土深度为1—1.65 m，设有专门的检修口、吊装口以及监测、排水、通风、照明系统。供水、电力、通讯、广播电视、消防等管线以层架形式进入沟内，燃气管道则置于沟内上方专用空间。

经验：只有规划和建设同步，新敷管线才得以相对顺利入沟。与此同时，政府部门需听取多方意见，并进行沟通和协调，以确保管线顺利入沟①。

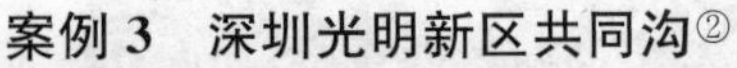

案例3　深圳光明新区共同沟②

图1.23　深圳光明新区共同沟实景照片

深圳光明新区规划共同沟长40.44 km，以矩形断面为主，建设采取大开挖方式(图1.23)。共同沟的埋深需要考虑管线影响、结构抗浮需要、道路绿化影响、特殊节点影响和投资影响；而共同沟的布置位置则应考虑规划管位影响、道路横断面的影响、接出管线影响和管沟系统本身。

① 上海市规划和国土资源管理局. 地下空间调研座谈会录音稿整理[R]. 2010.

② 深圳市规划局. 深圳市光明新区共同沟详细规划[R]. 2009.

共同沟的建设应超前规划，并且应该与新建道路同步建设，同时还应遵循由政府投资统一建设、管理的原则。其中运行管理方面，共同沟产权必须归国有；政府可以委托企业对所建共同沟进行管理，也可以作为市政设施交由下属市政管理部门统一管理和负责日常运行；除此之外，还应制定地方性共同沟管线技术规范，避免管线单位各自为政。

1.3.2 共同沟建设存在的主要问题

1）法规缺失

目前我国还没有关于共同沟的立法，而共同沟的使用又牵涉到管线单位的利益问题，公用管线市场化后，电力、煤气、自来水等相关企业都已形成各自的运作方式。尽管建路时排管已铺好，但由于管线改迁费用很大，考虑成本问题，相关企业选择成本低的掘路铺设管线的方式，而不选择进入共同沟。

上海市在国内率先制定了首个针对共同沟建设和管理的办法——《中国2010年上海世博会园区管线综合管沟管理办法》①。该办法于2007年7月颁布实施，但适用对象较为有限，仅针对2010年上海世博会园区共同沟。主要内容包括：

（1）明确共同沟的入沟管线。具体包括电力、电信（含有线电视）、给水、交通信号等公共设施管线。

（2）明确共同沟的管理部门和维护管理部门。市市政局为行政管理部门。上海世博会筹备和召开期间，由上海世博局负责管理、协调世博综合管沟的相关事宜。市市政工程管理机构委托或通过招标方式，选取专业机构负责世博综合管沟的日常维护管理。

（3）规定共同沟规划和设计、建设、设计变更的相关要求。

（4）明确共同沟的竣工验收和备案、管线工程档案管理、管线入沟、管线变更等的相关程序。

（5）明确共同沟的建设、管理的费用承担。其中，建设费用由政府确定的投资建设单位负责筹措、管线单位分担，分担费用原则上不超过原管线直接敷设的成本；而管理费用中的大中修等维护费用由政府承担，其他管理费用由管线单位按照入沟管线分摊。

---

① 上海市建设和交通委员会，上海市市政工程管理局，上海世博会事务协调局. 中国2010年上海世博会园区管线综合管沟管理办法[R]. 2007.

2）机制不顺

以上海张杨路共同沟为例，管线企业改制成为管线“绕道”的直接原因。建造共同沟时，市政行业统称“四大管线”，即电力、通讯、煤气、自来水，是由政府直接管理；共同沟建好以后，“四大管线”改制为企业，对于企业行为，政府不能用行政命令强制企业将管线入沟。因此，在共同沟建设之前，政府部门应与相关管线单位进行充分地沟通和协调，确定入沟管线的种类、管线大小，明确建设费用的分摊以及建成后的维护管理方式等问题，但这需要法规和制度的保障。此外，由于共同沟的使用牵涉多家管线单位的利益问题，必须在建设之前对其进行完善的规划，协调各市政管线的走向和管位，尽量避免出现管线走向与共同沟路由不一致的现象。因此，对其同沟进行系统规划极其重要，部分城市如深圳、上海等均开展了共同沟的专项规划。

1.3.3 市政设施选址与布局

近年来，中心城区厌恶性市政设施的选址落地难问题日益凸显，许多城市增加了地下市政场站的入地试点，如：地下污水处理厂、地下变电站和地下垃圾压缩站等。但各市发展速度和水平差异较大，如：北京、上海、深圳、广州等城市的实践较多，而天津、南京、苏州、无锡、杭州等城市的地下市政场站建设较少；目前，南京市、杭州市的相关部门正计划开展地下变电站研究。然而一些城市因地质条件复杂、地下水位高、排水系统隐患多，变电站不适合置于地下，如：苏州、无锡、杭州等城市均可能存在因地下水位高而增加地下空间开发成本的情况。

1）地下污水处理厂

(1) 深圳布吉污水处理厂为全国首例地下式污水处理厂，占地 5.95 hm^2，污水处理规模为 20 万 m^3/日，投资 5.9 亿元，开发主体及产权所有者均为深圳市水务局。污水处理厂的地面层为城市休闲公园，地面覆土 1.5 m，生物池底标高 4.5 m，最大埋深为 16.5 m。布吉地区是深圳市的经济强镇，人口超过 100 万，但镇内的公园绿化等公共配套设施不足，基础设施选址极难。因此，污水处理厂下地有利于释放地上空间，达到节约土地资源之功效；同时污水可受重力的作用自流进厂，无须使用污水提升泵站，有节能的作用。但污水下地工程的投资较大，并且需考虑地下水对构筑物的腐蚀作用，同时在洪水期对防洪的要求较高。

(2) 北京天堂河污水处理厂位于大兴工业开发区，与生物医药基地及高档小区毗邻，占地面积为 10.4 hm^2，采取全封闭地下建设模式，规划设计污水的每日处理规模为 8 万 m^3。一期工程于 2008 年建成、2009 年试运行，日处理污水规模为 4 万 m^3，投资总额为 1.31 亿元，地面设计为开放式城市绿地主题公园。

(3) 广州市污水治理有限责任公司投资约 5.8 亿元在白云区沙太北路以东、犀牛南路以北地段建设了京溪污水处理厂。该污水处理厂占地 1.8 hm^2，处理规模为每日 10 万 m^3，可容纳污水面积为 15.7 km^2。项目采用膜生物反应器(MBR)污水处理工艺，且采用全地埋式设计。

2) 地下变电站

(1) 北京是国内地下变电站建设与运行经验最为丰富的城市。2006 年底，北京电力公司投入运行的地下变电站就达 30 座，其中近 50%的变电站位于国家各党政机关较为集中的政治中心区，另外 50%的变电站则位于经济中心区。以北京东部国贸 CBD 地区为例，在 399 hm^2 的地域内，共建设了 6 座地下变电站，包括西大望 220 kV 变电站，大北窑、航华等 5 座 110 kV 变电站，变电容量达 1 559.6 MVA。

表 1.1 为北京市近期不同地下、半地下与地上变电站的参考造价。对比可知，全地下变电站工程费是半地下变电站的 1.83 倍，是地面变电站的 2.26 倍；全地下变电站设备购置费是半地下变电站的 1.41 倍，是地上变电站的 1.44 倍。虽然地下变电站工程造价较高，但考虑地价、综合经济效应和社会效益后，仍是未来的主要选择。

表 1.1 北京市近期不同地下变电站、半地下变电站与地上变电站的参考造价(金额单位:万元)

项目名称		建筑工程费	设备购置费	安装工程费	其他费用	合计
110 kV 新建全地下变电站(近期变电容量为 2 * 50 MVA，远景变电容量为 4 * 50 MVA)	金额	2 699.81	5 045.48	564.50	1 623.67	9 933.46
	所占百分比(%)	27.18	50.79	5.68	16.35	100.00
110 kV 新建半地下变电站(近期变电容量为 2 * 50 MVA，远景变电容量为 4 * 50 MVA)	金额	1 474.00	3 580.00	547.00	1 550	7 151.00
	所占百分比(%)	20.61	50.06	7.65	21.68	100.00
110 kV 新建地上变电站(近期变电容量为 2 * 50 MVA，远景变电容量为 4 * 50 MVA)	金额	1 193.15	3 502.49	494.03	2 068.85	7 258.52
	所占百分比(%)	16.44	48.25	6.81	28.50	100.00

(2) 上海已建成世博 500 kV、人民广场 220 kV、人民广场110 kV、静安寺 110 kV、上海体育馆 110 kV、都市 110 kV、群英 110 kV、荟萃 110 kV、鲁迅公园 110 kV 等多处地下变电站。其中,500 kV 世博变电站是世界最大、最深的地下变电站(目前全球仅有日本东京新丰洲和上海世博两例 500 kV 地下变电站)(图 1.24)。该变电站采用全地下布置,地下 4 层筒体结构,地面层仅留主控室、进出口和进出风口等设施,并建成雕塑公园,土建设施按最终规模一次建成。世博地下变电站的筒体外径约为130 m,深 34 m;顶面标高为 −2.00 m,其余每层面标高分别为 −11.50 m、−16.50 m、−26.50 m 和 −31.00 m。该工程的基坑围护结构采用地下连续墙、水平内支撑与围檩组成的板式支护体系,地下连续墙埋深 60 m 左右,墙厚 1.2 m。不计配套电缆线路,世博地下变电站工程总投资约为 14.7 亿元。该站所在地块的地面和地下的产权分别出让,解决了一般地下变电站产权不清的问题。

图 1.24 上海世博 500 kV 地下变电站

(3) 深圳城市广场地下变电站位于城市广场星光广场的地下,地面只露通风口及人员出入口等设施,并且进入变电站的人员与进入城市广场地下车库的汽车共用同一道路。该变电站属于 2 座 110 kV 变电所合建而成,且分 2 层布置,上层为设备层,除气体绝缘组合电器设备(Gas Insulated Switchgear,简称 GIS)房及主变房设计标高为 −10.65 m 外,其他设备房间的标高均为 −9.15 m;下层为电缆、水池、泵房、事故油池等设施层。城市广场地下变电站目前主要的问题是产权不清晰。

(4)《广州2009—2013年电网专题规划》要求:在此期间新建的变电站,如需建在城市人口密集区,只要满足地下变电站建设的许可条件,就必须实施地下或者半地下建设方案。2010年9月建成的位于天河区天河路地下的110 kV太古变电站为广州市首个全地下式变电站。变电站下地后工程成本大幅增加(50%),产权确定也比较复杂。

3) 地下垃圾中转站

(1) 上海已建成静安区固体废弃物流转中心、黄浦区生活垃圾中转站两座大型半地下花园式大型垃圾中转站。其中,前者建于2004年9月,是我国首座半地下花园式垃圾中转站。该中转站位于高档住宅区周边,采用花园式半地下结构,其设计处理能力为400 t/日,能够满足静安区所有生活垃圾的收运处置所需,总投资1.12亿元,为传统垃圾中转站的5倍。整个中心分为3层,地上2层,地下1层。其中地下1层标高为−6.5 m,作为下沉式作业区域和20 t外运工作车循环道;地面层是工艺车间、5吨小型收集车循环道以及员工休息空间;地面2层标高为8.5 m,为空中花园,供市民休闲娱乐。该中心的整个垃圾收运均在一个全封闭的作业空间内完成,当收集车一进站,大门随即关闭,随即在一个封闭的空间完成生活垃圾的卸料、压实,再将压缩后的垃圾装上大吨位的外运车从另一扇门出站,使垃圾暴露在外的时间降低到最短,并设有除臭和降噪设施,能有效地减少二次污染。

(2) 2010年,北京西城区分别在北部旧鼓楼大街和南部白云观各建一处地下生活垃圾中转站。中转站可以实现生活垃圾的收集和运送全程封闭化,避免二次污染;与此同时,还可以进一步取消现有的清洁站,让市民不再遭受垃圾异味和噪音影响。

(3) 广州市首个地下垃圾压缩站——五羊新城明月二路地下垃圾压缩站——于2008年10月开始筹建,占地面积超过2 000 m^2。该压缩站地面为绿地,有效地避免了视觉污染;同时采取新技术更好地防臭。在五羊新城明月二路地下垃圾压缩站建设期间,由于该垃圾压缩站附近还存在停车难等现实问题,因此将地下垃圾压缩站和地下停车场同时开建。

4) 地下水库、地下蓄水池和地下河流

(1) 2008年,北京地质矿产勘查开发局向北京市政府申请开建地下水库,并提出可以利用南水北调水畜养地下水。依照地质矿产勘查开发局提供的材料,北京应规划建设永定河地下水库、潮白河地下水库、泃错河地下水库、温榆河地下水库及大石河地下水库等五座地下水库，作为水资源应急储备和战略储备的空间，总库容可达 47 亿 m^3。

(2) 地下水库是上海供水系统的重要组成部分。为解决管网末端水压偏低的状况，同时考虑到可以利用构筑物进行水量调节，因此，地下水库一般建于公园、学校操场之下。如：徐家汇公园地下水库位于徐家汇公园二期工程地块，北面为衡山路，东面临宛平路，南面为两栋保留的 3 层结构居民房。徐家汇公园地下水库工程包括容量为 1.2 万 m^3 的地下水库和地下泵站各 1 座。水库的主体结构采用桩基大底板基础，为漏斗型箱体地下结构，结构顶板覆土 2 m，并在地面层种植花草树木。由于水库为漏斗形结构，因此挖土深度为 7—9.25 m。

(3) 近年来，伴随雨水利用理念的深入人心，地下蓄水池开始出现。地下蓄水池一般用于储存雨水，削减向下游排放的雨水洪峰径流量，而蓄积的雨水经处理后还能提供绿化及环卫等用水。

上海建设了一些地下蓄水池。其中利用梦清园地下空间建设的雨水调蓄池是国内首个合流制排水系统调蓄池，总体积为 3 万 m^3，有效容积为 2.5 万 m^3，服务面积为 7.2 km^2，是苏州河沿岸建设的 5 座调蓄池之一。该池有效地消减了初期雨水带给苏州河的污染，使苏州河的水质稳定达到景观水质的标准，同时经处理后的雨水还可用于灌溉绿化。另据报道，上海有关方面研究在地下 30—40 m 建设地下河流，其功能类似大型地下蓄水池，不仅能够应对短时间内特大暴雨所引发的洪涝灾害，还可以提供周边区域的绿化及环卫用水。

1.3.4 地下快速干道建设

随着城市交通压力的持续增加以及空间资源的约束，城市核心区快速干道的下地工程越来越多。国外如东京、巴黎等城市已形成地下环路，而波士顿、马德里等城市在滨水区利用快速干道下地换回地面的亲水空间，进一步提升地区吸引力。国内有关这方面的实践也越来越多，如：上海为保护珍贵的历史地区滨水公共资源和城市景观而修建的外滩地区地下井字形通道，创造了亚洲最大盾构直径的上海崇明越江双层隧道，苏州、无锡、杭州、南京等城市为保护水面景观（独墅湖、太湖、西湖、玄武湖）或历史古城区而将车道下地等。

案例 1　南京地下道路系统：玄武湖及长江隧道

南京市因古城保护需要，山体、水域及大型单位众多，城市道路密度网不足，交通压力大，产生地下道路及隧道建设的需求。规划的南京市快速内环道路全部由隧道或高架组成，全环长 33.06 km。其中，隧道部分长为 14.87 km，包括玄武湖隧道、九华山隧道、西安门隧道、通济门隧道、集庆门隧道，这些地下道路隧道系统独具特色(图 1.25)。

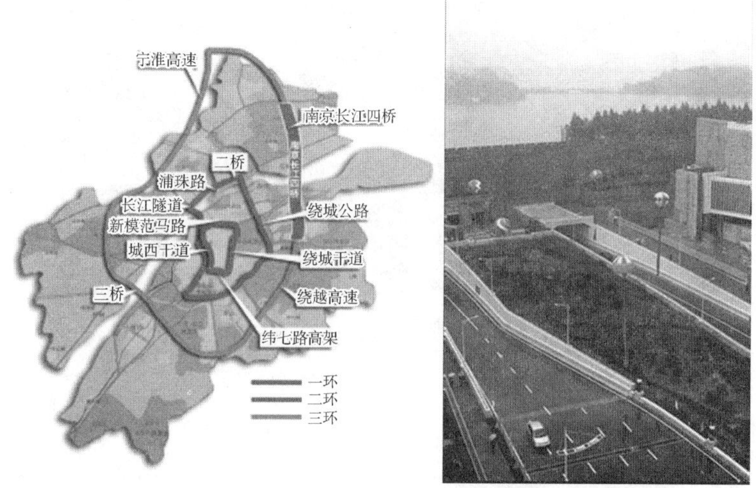

图 1.25 南京井字外环道路规划网络与玄武湖隧道

(1) 玄武湖隧道

2003 年 5 月 1 日通行的玄武湖隧道全长为 2.66 km，暗埋 2.23 km，总宽为 32 m，双向 6 车道，单洞净宽为 13.6 m，通行净高为 4.5 m，总投资为 8.37 亿元人民币。隧道穿越玄武湖、古城墙和中央路，设计负荷每小时通行 7 000 辆机动车，是南京市规划“经五纬八”路网的重要组成部分。

(2) 南京长江隧道

2010 年 5 月 28 日通车的南京长江隧道设计为双向 6 车道，时速为 80 km，盾构隧道总长为 6 042 m。工程技术难度大，地质条件复杂。

案例 2 苏州独墅湖隧道

2000 年 10 月通车的独墅湖隧道属于苏州南环路东延工程，该工程以隧道形式穿越独墅湖、星湖街，拉近了园区独墅湖与苏州市区的距离(图 1.26)。南环路东延工程全长为 7.37 km，其中独墅湖隧道长 3.46 km，工程总造价约为 24 亿元左右。

图 1.26　苏州独墅湖隧道

1.4　政策机制逐步完善

从 1997 年至今，建设部及各地相关部门相继出台了一些相关的地下空间法律、规范和政策，在城市地下空间开发利用的规划管理、建设管理、使用管理、技术规范等方面均有所涉猎。但尚不能满足日益频繁的实际建设管理需求。

目前，城市地下空间开发利用的相关法律包括全国人大颁布的 5 部法律以及国家部委颁布的 4 项规章，其中 1997 年 12 月 1 日由建设部颁布的《城市地下空间开发利用管理规定》(2001 年修订)是一个分水岭，标志着我国城市地下空间利用开始步向有法可依的阶段。2001 年以后，山东、江苏、浙江、河北、广东 5 个省政府颁布了有关城市地下空间开发利用的 6 项政府规章；上海、深圳、广州等 22 个城市制定了针对地下空间利用的 23 项地方专项法规(包括正在征求意见的 4 个草案)，此外，还有地方配套法规 25 项。

1.5　信息管理有待加强

在建设智慧城市的时代，信息平台的作用与价值毋庸置疑。

规划业界仍在探求的地下空间资源评估和需求预测方法，不仅需要结合城市人口、用地功能、环境评价、交通需求、地质条件等因素的分析，同时还需要基础信息的支撑。目前由于基础数据的不完整,这一评价相当模糊。

地下空间关系复杂,不像地面建筑一样清晰可见,因此空间的处理需要掌握三维空间信息的特征。例如:地下连通道的建设受产权单位意愿、项目前期设计、土地权出让、建设时序、后续管理等方面的制约,完整准确的地下空间信息是减少返工、避免设计错误和施工事故的有力保障。

1) 普遍落后的信息建设现状

地面的信息管理系统在我国部分城市已经比较成熟,如南京、广州、北京等城市已基本形成自己的"一张图"系统,有良好的管理机制和运行保障机制作为支撑,在城市规划编制、规划管理、建设项目审批管理过程中发挥了重要的信息支撑作用。

相比而言,地下空间的信息管理(包括市政管线、共同沟、地下轨道交通、地下建筑物等的信息管理)一直处于相对落后状态。近几年,我国地下空间的开发建设在地下轨道交通建设的带动下正处于高峰期,薄弱的信息管理对地下空间的规划编制、开发资源预测、规划建设管理等方面形成了制约。

国内城市在地下空间信息管理过程中做了很多积极的研究和尝试。如深圳、广州、杭州、苏州、上海、南京等城市的相关政府部门已经开始进行有关的研究和改革,并进行了有意义的创新和尝试;同时也遇到不少的困难,包括管理机制问题、信息收集问题、信息更新问题、数据产权问题、平台建设主体问题,等等。

2) 信息管理的问题与难点

目前,地下空间开发利用建设包括市政管线(包括管沟、管廊)、共同沟、人防工程、地下交通设施(包括地铁、地铁站台、地下道路、交通广场等)、地下停车设施、地下市政设施(包括地下变电站等厌恶性设施)、地下商业街、地下综合体、地面建筑地下层等类型以及开发地质矿产等。地下空间信息包括地质信息、矿产资源信息、市政管线信息、地下交通信息、地下构筑物信息、工程地质信息等。

我国城市都在进行不同形式的创新和尝试,力求从政策法规、管理主体、信息收集体制、信息共享体制、系统平台建设等各方面找出地下空间信息管理的最佳管理方案,解决地下空间信息管理中的各种疑难问题,为城市的规划、建设和管理以及市民的生活便利提供全面的基础信息保障。不少城市在管理工作中提供了很多宝贵的经验和借鉴值得国内各城市学习。与此同时各城市在地下空间信息管理中也碰到了不少问题:

⑴ 信息分散，完整性及准确性不高。城建、档案、开发主体、各管线权属单位及部分主管单位各自保存信息，不共享、不互动，导致各部门资料都不全，且存在相互矛盾之处。

⑵ 部分城市缺乏统一、权威的市政管线专门管理机构，统筹部门不明确，相关部门间责权不明晰。

⑶ 缺乏综合信息管理平台或平台管理不善导致没有发挥应有的作用。

2 国内部分城市建设实践

北京、上海、广州、深圳、南京、天津、重庆、武汉等大城市随着城市的发展，面临日益严重的土地紧缺、环境恶化、交通拥塞、能源浪费、防灾安全等问题，地下空间的合理利用成为破解发展困境、实现城市可持续性发展的重要战略举措。我国大城市在地下空间开发建设中几乎遇到了其他城市在实践中面临的所有代表性问题，并努力开展了从规划管理、法规制定、信息平台、运作机制、重大项目试点等方面全面务实的探索。

2.1 上海

2.1.1 概述

1）地铁规模与建设速度全球领先

上海在城市地下空间利用方面是当之无愧的龙头城市。作为地下空间建设最有力的推手，上海地铁建设成绩卓著。根据《上海市城市快速轨道交通近期建设规划(2010—2020)》，2020 年上海将实现地铁 877 km 的线路运营规模，而远景年(2050 年)的轨网规模为1 060 km，平均每年的建设速度为 70—100 km，无论建设规模还是建设速度已全球领先。

2）重大工程业绩举世瞩目

最近 10 年，上海完成了多个涉及地下空间的重大工程，以跨越黄浦江两岸的 CBD 核心区的井字形地下通道以及长江崇明江底隧道等工程最具代表性。其中，全长 3 290 km 的外滩地下通道的南段更与相邻地下空间共建，形成了集交通枢纽、城市重要景观带、城市公共活动中心、城市快速交通廊道于一体的经典案例，在城市规划、交通设计、空间营造、景观改造、工程技术等方面颇多可圈可点之处。此外，人民广场综合交通枢纽站、世纪大道东方路交通枢纽站、静安寺地区、江湾五角场地区、世博会地区、徐家汇地区和龙阳路综合换乘枢纽站等一大批项目成为地上地下综合利用的典范。

3）地下市政设施建设居全国前列

(1) 较早开展地下市政场站建设，种类较为丰富。

① 地下变电站:已建成世博 500 kV、人民广场 220 kV、人民广场 110 kV、静安寺 110 kV、上海体育馆 110 kV、都市 110 kV、群英110 kV、荟萃 110 kV、鲁迅公园 110 kV 等多处地下变电站。

② 垃圾处理设施:已经建成了静安区固体废弃物流转中心、黄浦区生活垃圾中转站 2 座大型半地下花园式大型垃圾中转站。

③ 地下水库:徐家汇公园地下水库。

④ 地下蓄水池:梦清园地下雨水调蓄池。

(2) 共同沟建设全国领先,主要结合新区建设较多。目前已建成 4 段共同沟,总里程约为 23 km(表 2.1)。

表 2.1 上海共同沟建设一览表

共同沟	建成时间(年)	长度(km)	总造价(亿元)	单价(万元/m)
上海张杨路	1994	11.13	3	2.70
上海安亭新镇	2002	5.8	1.4	2.41
上海松江新城	2003	0.323	0.15	4.64
上海世博会园区	2009	6.4	2.1	3.28

2.1.2 规划编制

上海地区是典型的三角洲沉积平原,地层主要由黏性土与砂性土组成,地表以下 40 m 内土层更以饱和软弱黏性土为主,因此,城市地下空间利用面临地面沉降,软土、砂土液化,地下水以及浅层天然气等问题,地下工程实施难度大。

上海早在 2000 年就开展了一系列地下空间的相关研究,特别是考虑到上海"冲积平原、软土地基"的地质条件,曾大力开展针对地质条件的工程技术研究。如:2003 年版《上海市地下空间概念规划》①就特别开展了"上海市地下空间开发地质环境条件与评价"专题研究,根据上海地质环境条件将城市地下资源进行空间分区,且划分为 3 类地区:不适宜开发区(东部崇明三岛及长江口)、较适宜开发区(西部山地丘陵)、受限制开发区(中部中心城区)。并明确提出上海不提倡大规模、全面的地下空间开发,而以轨道交通为基础,对重点地区实行以点带面的开发

① 上海市建设和交通委员会,上海市规划和国土资源管理局等.上海市地下空间概念规划[R].2003.

思路。

上海市开展了从总规层次到控规层次的地下空间规划尝试。其中,总规层面上的《上海市地下空间概念规划》以及《上海市地下空间近期建设规划》构建了城市整体地下空间开发利用的框架,明确了近期建设的重点项目(表 2.2);控规层面则较早进行结合地面控规同步编制的地下空间规划探索,其中《江湾—五角场市级副中心控制性详细规划》采用的地面控规、城市设计、地下控规三位一体的编制方式成为城市更新地区地上地下空间规划的典范。

表 2.2 上海市地下空间规划成果一览表(部分)

规划层次	规划名称
总体规划	《上海市地下空间概念规划》(2003)
	《上海市地下空间近期建设规划》(2007—2012)
分区规划	《宝山区区域地下空间总体规划》(2006)
控制性详细规划	《江湾—五角场市级副中心控制性详细规划》(2007)

在地下空间利用多角度尝试取得不可估量的成就的同时,上海在实践中也不断反思,对地下空间的开发利用与规划编制具有理性而清晰的认识。

1) 地下空间规划层次不一定要跟城市规划体系各层次完全对应

无论规划的编制工作还是具体规划方案都应因地制宜,但是由于地下空间和地面规划的目的不同、侧重点不同,其规划深度、表达方式也应不同,因此,地下空间的规划层次不一定要跟城市规划体系各层次完全对应。此外,地下空间开发以单独、具体项目居多,除非局部地区进行大规模建设,一般项目间的联系并不强。如:地下综合体,除非进行功能整合,否则紧密联系的必要性不足。

2) 地下空间控规的全面展开宜审慎对待

若无具体项目落实,控规难以预料地下空间到底应控制哪些内容,因此不赞成地下空间控制性详细规划的全面铺开;另一方面,地下资源的调研工作也难以能做到准确、细致,规划导则往往也限于表面。因此,没有实施项目支撑的地下空间设计并无意义。如:上海人民广场地下 1 层早期规划的连通想法很好,但实施过程中需要进行详实的现状调研,并且需要与业主进行协商和沟通,最终仅确定对连通北京路与西藏路交叉口的 4 个地块进行非常细致的设计。

3）控规应留有足够弹性，结合项目进行详细设计

地下商业空间的规划设计与业主开发物业的定位、品牌有紧密的关系，控规限制过多反而会使其发展弹性不足。如果控规的控制不精确到通道坐标，其作用是很有限的；但控制过于详细，待项目落实时又制约了设计的创意空间的发展。如：上海英皇明星城位于豫园和地铁 10 号线人民路站之间，地面为老城区小尺度街道。项目的顺利开展与建设主体的整体设计、建设、运营能力密切相关。

2.1.3 法规建设

上海较早明确了地下空间管理的责任主体：市发改委负责立项审批，市建设交通委负责建设管理（包括初步设计方案审批、招投标管理、施工图设计审核、核发施工许可证、办理竣工验收备案等），市政局、水务局、电力公司、信息委等分别负责越江隧道、地下通道、地下管线的建设和管理，市交通局负责地铁的运营和地下公共停车库的使用管理，市民防办负责民防工程的规划、建设、使用和管理等，市环保局负责组织环境评价、环保验收等。上海的地下空间管理早期由建委和规划局负责协调组织，后来为了加强上海市地下空间的综合利用与开发，上海市政府成立了地下空间管理联席会议办公室（牵头部门为民防办），统筹协调地下空间管理工作。

2005 年，上海结合轨道交通建设的迫切需要率先出台《上海市城市轨道交通设施及周边地区项目规划管理规定（暂行）》，重点解决轨道交通与用地规划相结合的问题。2006 年，制定《上海市城市地下空间建设用地审批和房地产登记试行规定》，抓住了地下空间利用中用地审批和产权确认的核心问题。2012 年，着手制定《上海市地下空间规划编制暂行规定》，努力使规划管理同步跟上建设步伐。上海努力使地下空间专项管理法规覆盖规划管理、用地审批管理、工程建设管理、产权登记管理 4 个方面，逐步引导地下空间的利用走向规范和有序。

2.1.4 信息管理

上海非常重视地下空间的信息管理工作。1998 年 10 月，上海市建委科技委与同济大学联合成立了上海城市地下空间研究发展中心。该中心以协同研究和科技服务的形式为上海市政府提供决策参谋，为重大工程提供技术后援服务。

2002 年，上海市地质调查研究院建立了上海市工程地质信息系统。

该系统把覆盖整个上海地区的工程地质钻孔资料、原位测试资料、土工试验资料及各类工程地质界限等的空间数据和属性数据结合在一起，以地形图为基础，利用地理信息系统(Geographic Information System，简称GIS)技术，建立起数据管理及综合分析查询信息系统，为施工部门提供工程地质数据和图件等信息，为城市规划部门提供辅助决策信息，为城市建设部门提供准确和可靠的工程地质参考信息。

2007 年，上海市进行了全市层面的地下空间普查工作，并成为国内唯一完成此项工作的城市。根据这次普查结果，全市已利用的地下空间总建筑面积为 2 496 万 m^2，其中中心城内的地下空间建筑面积约为 1 972 万 m^2。按建筑的使用功能分，住宅类建筑约占总建筑面积的 31%，生产办公类建筑约占总建筑面积的 23%，地下停车场约占总建筑面积的 21%，商业和社会服务类地下空间约占总建筑面积的 13%，民防类建筑约占总建筑面积的 11%(其中 27%为平战两用)，地下道路和市政设施空间约占总建筑面积的 1%。此外，地下轨道交通设施面积约为 124 万 m^2。全市地下空间开发强度的分布与地面基本一致，中心城区与郊县差距极大。其中，中心城静安、黄浦和卢湾区达 12 万 m^2/km^2，远郊崇明等区县仅为 86 m^2/km^2。

《2008 年上海市区县信息化工作要点》中提出要深化地下空间基础信息平台的试点建设。目前完成了平台信息管理、信息共享应用、三维模拟、管线维护等系统的建设，同时还完成全市地质信息入库以及长宁区、黄浦区的地下管线、地下构筑物数据三维信息入库等工作。

上海市建委下属的城市建设信息管理中心专门负责统一收集并管理城市建设信息。2007 年，在黄浦区做了地下空间的信息普查及管线信息输入的试点工作，耗资巨大；同时由于城市过于庞大，信息系统极为复杂，又涉及多部门的协调，信息平台和资源共享机制的建立还非常困难。因此，城市建设信息的收集与管理工作的推进仍需要很长时间。

2.1.5 典型案例

典型案例 1 外滩改造

外滩是上海最具标志性的核心滨水区，外滩改造也堪称滨水地区空间综合利用的典范(图 2.1、图 2.2)。目前，外滩空间被过境交通所占据，人流高度密集，存在严重的安全隐患；此外，外滩公共环境的舒适度较差，历史建筑未能得到充分展示。为了改善滨水环境、重现外滩风貌，在迎接 2010 年上海世博会期间对外滩滨水区域进行综合改造。本次改造工程以扩大空间容量、营造场所感、加强亲水性为规划理念，地面由 10 车道缩减为 4 条机动车道加2条备用车道，大幅增加公共空间；建设外滩地下通道，将外滩地区高强度的过境交通引入地下；并且将通道南段与相邻地下空间共建。

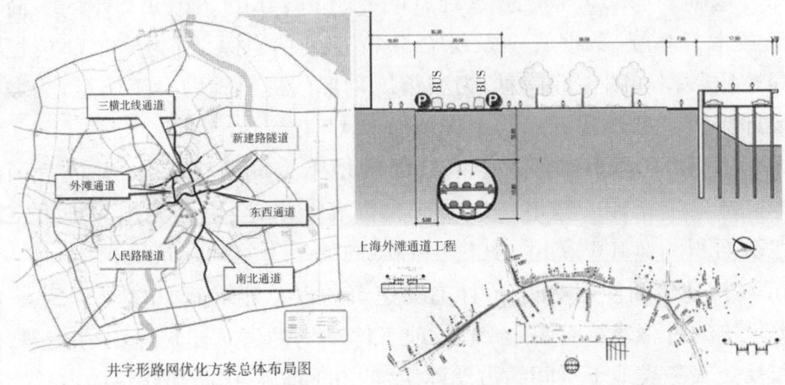

图 2.1　外滩改造图

图 2.2　外滩改造效果图

典型案例 2　人民广场地区

上海人民广场是集政治、文化、交通、商业、休闲等功能于一体的城市园林广场(图 2.3)，也是最重要的交通枢纽之一。地铁 1、2、8 号线以及大量公交线路、旅游巴士汇集于人民广场地区，每天相当于 2 个中等城市的人口在这里集散，因此，上海人民广场站堪称“中国客流最大的地铁站”。世博会期间，人民广场枢纽日均客流达 70 万人次，最高日达 110 万人次(图 2.4)。

图 2.3　上海人民广场实景图

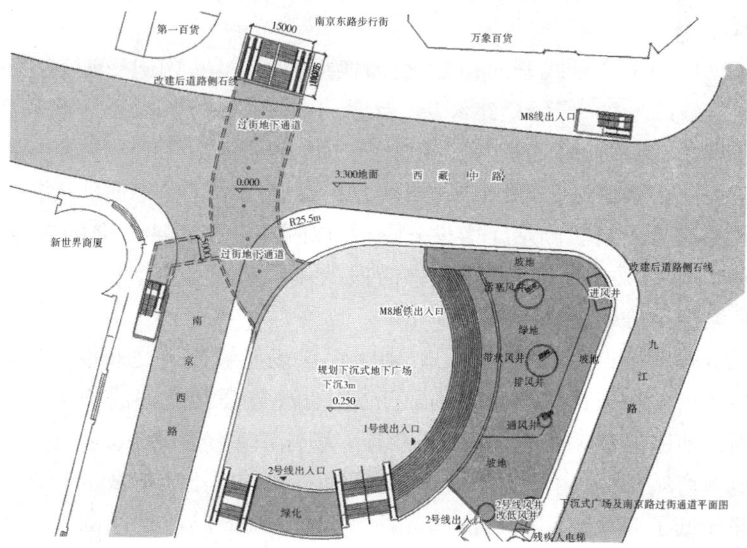

图 2.4　上海人民广场规划图

该地区的建设遵循地上地下相结合的原则，建设了亚洲最大的220 kV超高压变电站、2万t容量的水库、600个泊位的停车库、地下商场、商业街和污水泵站等。

人民广场地下变电站是我国第一座超高压、大容量的城市型地下变电站。为5层钢筋混凝土筒体结构，底深18.6 m，内径为58 m，建筑面积为9 400 m^2，主要设备安装于地下，地面仅设300 m^2 的中央控制室。主设备从奥地利、法国、德国、美国等引进，项目总投资为2.5亿元。

地下车库位于广场西南侧，地下商场的下方，商场及车库总面积为5万 m^2，深度为11.15 m。车库分7个区域，共600个车位。场内设3架液压式电梯，可直升商场。整个地下车库安有先进的自动导航管理系统、自动喷淋灭火系统等自动化设备。

地下商城面积为3万 m^2 左右，包括地下商业街和地下商场，有2个地面出入口，2部自动扶梯和4部人行扶梯。从人民广场东南端的草坪旁乘自动扶梯下到8 m以下的下沉式广场，步入长为300 m、宽为36 m的地下商业街，商业街两旁有近百家店铺，每间为50 m^2。其中，境外商店特别是香港名店占了店铺总数的80%左右，所以该地下商业街又被称做“香港名品街”。商业街与地下商场相通。地下商场面积达2.5万 m^2，当中一条长150 m、宽12 m的公共通道将商场一分为二，左侧为百货，而右侧为婚纱摄影、女装、童装、游乐场和美食广场等。

特色及不足：交通空间组织精巧，商业空间品质不高，产权问题未能彻底解决。

人民广场1、2号线开通初期，交通换乘很不方便，曾饱受诟病。随着地铁8号线的开通，广场枢纽经历了大大小小9次改造，引用一系列客流管理新理念，使枢纽最终由“乱”到“治”。如：2号线站厅的检票闸机的设置采用集中售票进站、分散出站方式，并在2号线站厅中部通往大三角区的通道上与1号线北侧站厅增设分隔栏，以隔离2个对冲方向的客流，实现“顺时针”换乘。目前，虽然高峰时段的站内依然拥挤，但各个方向的换乘客流泾渭分明，秩序井然。

下沉式广场设有16个出入口，对人民广场能够成为交通枢纽发挥了重要的作用。在人民广场区域内，无论是地铁等公共交通的换乘还是车站与周边地区的联系都较为方便，并且广场标识系统的可识别性也很强。

地下商城部分，由于空间被分割得较小，同时以小店形式的商业经营方式都降低了商业空间的档次与品质。因此，地下商业空间的开发不尽如人意，商业人气也不足。

地下商业部分为政府与民营共同开发，未经过公开出让，故地下商业设施的产权归政府所有，开发者与政府签订长租合同。

2.2 北京

2.2.1 概述

1）开发环境优良

北京平原地区尤其是中心城区主要以土层结构（第四系沉积物）为主，岩石层基本在地下 30—50 m，承压水层在地下 20—50 m，地下空间的开发环境优良。

（1）地铁建设起步早、发展速度快

北京是中国最早建设地铁的城市，从 1965 年建设北京第一条地铁开始至今已经历了 40 多年。2012 年底，北京总体建成地铁运营线路 16 条，总长为 442 km；远景规划 2020 年将建成 30 条运营线路，总长为 1 050 km，车站为 450 个。

（2）地下建设发展迅速，以停车、人防功能为主

北京 2004 年全市地下空间总建筑面积为 2 744 万 m^2。其中，中心城地区地下空间的总建筑面积为 1 674 万 m^2，占全市总规模的 61%。2001 年至 2004 年，平均每年增加的地下空间建筑面积约为 300 万 m^2，北京约 47%的地下空间都是 20 世纪 90 年代以后建设的。北京中心城区地下空间以点状、浅层（地下 0—10 m）分布为主，主要功能为停车、商业、人防、交通、设备安置等。其中，停车设施约占总规模的 40%，人防设施约占总规模的 30%，商业设施约占总规模的 10%。地下空间利用相对独立，与城市街道相连的部分仅占地下空间总面积的 13%。

2）多方尝试地下市政设施建设

共同沟建设历史悠久，但仍为局部示范建设。北京早于 1958 年就开始了共同沟的建设，天安门广场下建设的约为 1.3 km 长的综合管道是我国第一条共同沟，但北京共同沟建设仍处于局部示范阶段。1985 年，北京市建设了中国国际贸易中心的地下综合管道；2003 年，中关村广场共同沟共铺设主支管线约 3 km，既方便了管线的管理，又增加了管线的安全性。

电缆隧道发展迅速，已成为电网系统的重要组成部分。北京市区的电缆隧道始建于 20 世纪 50 年代末，截至 2005 年，北京市区的电缆主隧

道已达 407 km，初步形成了以沿二环、三环、四环和市区部分主要道路的电缆隧道为基础的“三环三径六纬”的网格环形加放射状格局。110 kV 及以上主网电力电缆绝大多数敷设在隧道内，而 10 kV 以及 35 kV 电缆线路中仅有约 50％敷设在电缆隧道内。北京市区电缆隧道在北京市区电网中起着举足轻重的作用。

地下市政场站类型较为丰富。已建成天堂河污水处理厂，旧鼓楼大街、南部白云观生活垃圾中转站；计划建设永定河地下水库、潮白河地下水库、泃错河地下水库、温榆河地下水库及大石河地下水库等 5 座地下水库，作为水资源应急储备和战略储备的空间，总库容可达 47 亿 m^3。

2.2.2 规划编制

北京 2004 年编制了《北京中心城中心地区地下空间开发利用规划》，确立了城市地下空间资源开发利用的目标和要求，并以此为框架，通过重点地区地下空间控制性详细规划的编制分阶段、分步骤深化和落实总体规划构想(表 2.3)。

表 2.3 北京市地下空间规划成果一览表(部分)

规划层次	规划名称
总体规划	《北京中心城中心地区地下空间开发利用规划》(2004)
控制性详细规划	《北京商务中心区(CBD)地下空间规划》(2009) 《北京王府井商业区地下空间开发利用规划》(2003)

《北京中心城中心地区地下空间开发利用规划》是目前国内内容体系架构最完善的地下空间总体规划，对地下空间所涉及的诸多问题(如资源评估、生态环境保护等)进行了深入地探索和反复地尝试，具有示范意义(详细见第 5 章第 5.2.2 节)。

根据总体规划，北京明确了需要编制地下空间详细规划的区域类型(表 2.4)。

表 2.4 北京市地下空间详细规划成果一览表(部分)

类型	商务区	商业中心区	文化体育中心区	交通枢纽地区
案例	北京商务中心 中关村西区 金融街地区	王府井商业区 西单商业区 前门大栅栏地区	奥林匹克公园地区 永定门地区	东直门交通枢纽 六里桥交通枢纽 动物园交通枢纽

详细规划层面的地下空间规划编制大致分为 3 个阶段：

第 1 阶段，控规综合。重点地区（如：商务中心区）编制控规时会连同地下空间一道考虑进行编制和系统性地安排，然后将其作为控规成果的一部分。然而，在实施的过程中发现，控规深度不够、专业性低，不足以指导地下空间的建设。

第 2 阶段，补充修规。在重点地区（如：商务中心区、王府井商业区）控规的基础上相继补充编制了专项地下空间规划，在专项上重点协调市政交通等相关设施，规划深度到达修建性详细规划。因此，政府主导开发的地下空间规划的实施得到有效地保障。但是尽管如此，在实际的市场化发展需求的协调同步问题依然得不到解决。

第 3 阶段，政策调整的探索。自上而下的地下空间规划从编制到实施，从"粗规划"到"细规划"，都只能解决政府投资项目的实施问题。然而依靠一纸规划去协调大量的市场行为，实为不可承受之重，因此北京的规划编制者最终还是将规划实施的难点指向了政策法规，认为需要在政策上引导市场有意愿地按规划建设，并且允许市场动态且适度地调整规划，这样才能够盘活地下空间规划建设的桎梏。

2.2.3 法规建设

在法规方面，北京编制了《北京地下空间安全专项治理整顿标准》①、《北京市人民防空工程和普通地下室安全使用管理办法》②、《北京市城市地下管线管理办法》③等配套的法规文件，却缺乏地下空间的综合法规；而土地开发与规划管理细则的缺失，较难保障规划的实施以及建设的有序进行。

北京建立了地下空间联席会议制度，主要用于决策地下空间开发利用的重大问题，同时对于加强有关地下空间开发利用规划和建设管理也起着重要的作用（表 2.5）。但由于缺乏完善的政策法规指导，地下空间的平面和竖向权属界定不清、投融资体制不健全，轨道车站与周边地区的接驳及综合开发相对不足，地下空间的利用市场参与度不高、活力不足。同时因多头管理，缺乏市级统一管理机构的决策与协调，缺乏综合效益管理的运作机制，导致目前许多地下空间未按要求使用。

---

① 首都社会治安综合治理委员会办公室，北京市规划委员会，北京市公安局，等. 北京地下空间安全专项治理整顿标准[R]. 2001.

② 北京市人民政府. 北京市人民防空工程和普通地下室安全使用管理办法[R]. 2005.

③ 全国人民代表大会. 北京市城市地下管线管理办法[R]. 2005.

表 2.5　北京市地下空间相关管理职能划分一览表

机构	地下空间相关职能
规划委员会	人防项目以外的规划编制、用地规划许可、工程规划许可
住房和城乡建设委员会	组织工程招投标，施工许可，房屋登记，普通地下空间租赁使用备案
国土资源局	土地权属管理
民防局	人防工程规划，建设管理许可
市政市容管理委员会	协调管理地下市政设施

2.2.4　典型案例

中关村"地下城"

中关村"地下城"是国内首例超大规模的地下空间综合开发工程。该工程在地下形成"综合管廊＋地下空间开发＋地下环行车道"三位一体的构筑物，不仅有利于减少地面拥堵、充分利用地下商业价值，还便于对市政管线的养护和维修(图 2.5、图 2.6)。中关村"地下城"的开发模式还获得了国家知识产权局授予的发明专利。

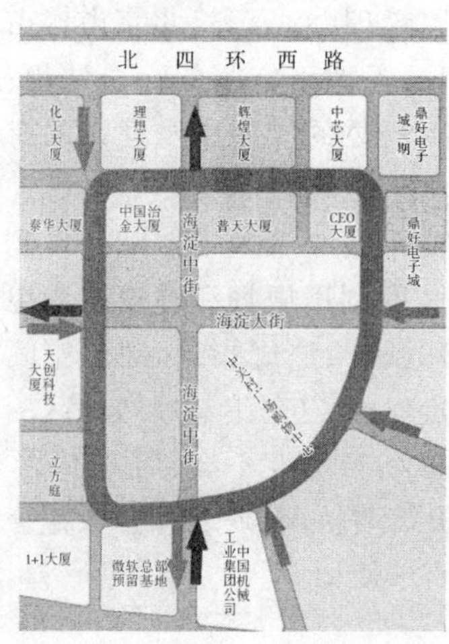

图 2.5　中关村"地下城"区位

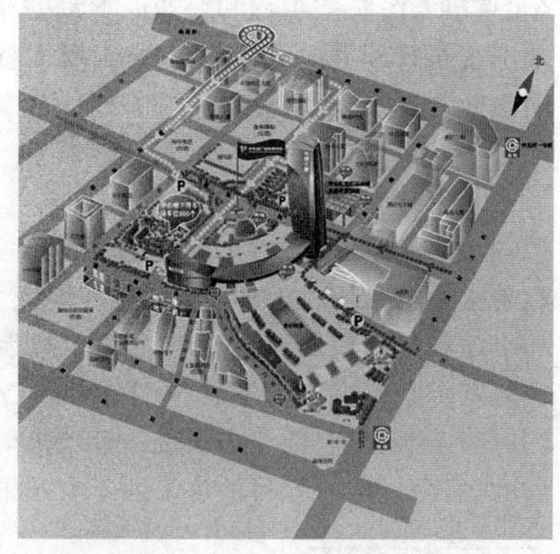

图 2.6　中关村"地下城"效果图

中关村"地下城"东起白颐路，西至彩和坊路，北至北四环路，南临海淀镇南街，整个地下空间规划面积为 51.44 hm^2，地上地下规划总建筑面积为 150 万 m^2。"地下城"共有 3 层,地下 1 层是 2 km 的地下环形车道,连通了区域内 20 多栋大厦,并且将地面交通部分移到地下;地下 2 层是 20 万 m^2 的商铺以及车库、物业用房;而地下 3 层则是市政管线管廊,包括水、电、冷、热、燃气、通讯等市政管线,人员可直接进入管廊中对管线进行维修。

中关村"地下城"的地下空间平均深度为 12 m,最深处达 14 m。共设置了 10 个地面出入口和 13 个地下出入口,经由这些出入口进入中关村西区的车辆不用通过拥堵的路面就可以到达任何一座大厦的地下停车场;与此同时,中关村还预留了与地铁接通的出入口。

2.3 广州

2.3.1 概述

1) 从人防主导到地铁带动地下空间发展

广州是老牌的人防重点城市、著名的历史文化名城,人防工程发展历史悠久,管理有序。广州经历了典型的从人防主导到地铁带动的地下空间发展历程,并沿袭此路进行了建设模式的尝试。

(1) 20 世纪 60 年代—20 世纪 70 年代,在国家"备战备荒"政策引导下,人防工程一度成为地下工程的主体。这期间的代表工程有:著名的广州九号工程——越秀山—南方大厦隧道,江南西地下人防工程项目、体育西地下人防工程项目等。

(2) 20 世纪 80 年代,随着改革开放、高层建筑兴起的同时也出现大量的地下室,因此,人防工程建设也尝试"平战结合"的方式,以广州火车站地中海地下商场为代表。之后的流行前线、康王路地下商业街、天河城到购书中心等大型地下空间项目都是由人防办主持建设的。同时,随着城市交通的迅速发展,交通隧道开始出现。1983 年,广州建成我国第一座下沉式 4 层的区庄立交桥,之后相继建成天河立交桥、中山一路立交桥等下沉式交通隧道。此外,地下管线方面在原先仅有给排水管道的地下又铺设了通讯网、煤气、光缆等管线,地下空间已然成为民用设施开发利用的有效资源。

(3) 1994 年之后,广州进入大规模的地铁建设期,地铁的全面建设带动城市浅层地下空间的迅速发展。截至 2005 年,广州已开通 4 条地铁线路,同时有 8 条线路在施工中;此外,还建成了珠江隧道、黄埔隧道、中山大学下穿式隧道和海印南隧道。至此，广州城市地下空间开始从点状、小规模线状开发转向轴向带动的大规模发展阶段。

2）地下空间类型丰富

广州市地下空间利用类型较为丰富，主要包括以下方面：

(1) 人防工程。包括配套人防工程和单建式人防工程。截至2007年底，广州市人防工程建筑面积总计为585.54万m^2。其中结建工程建筑面积为439.84万m^2，坑(地)道工程建筑面积为27.10万m^2，单建式平战结合人防工程建筑面积为13.80万m^2，轨道交通兼顾人防工程建筑面积为104.80万m^2。

(2) 地铁工程。广州是我国轨道交通建设的第三大城市，截至2010年，已运营9条线路，总长为255 km，164个车站。根据《广州市轨道交通线网规划(2011—2040)》，远景年(2040年)规划市内外轨道线路20条，建设长度为1 047 km，其中市区为767 km，总规模将与北京、上海等市相当；2020年建成15条线路，线路长560 km。

(3) 地下经营性空间。广州地下经营性空间建设状况及经营态势良好，已开始出现多个经营较成功的项目，如：动漫星城、流行前线、地王广场、江南新地、站前路第一大道等。

(4) 建筑地下室。广州市高层建筑尤其超高层建筑较多，地下室多作停车、设备房之用；截至2008年，广州市地下车位数约30万个，部分建筑地下室与周边地下空间相连，通达性较好。

(5) 地下通道。包括过街通道、下穿道路、隧道等。截至2008年，广州市已建成地下人行过街隧道62条。

(6) 地下市政管网设施。广州的地下管线已形成一定规模，种类齐全，包括地下供水、排水设施，地下电力、电信设施和地下供热设施等。广州通常结合新城开展共同沟的示范性建设，如：广州大学城共同沟是广东规划建设的第一条共同管沟，全长约为10 km；此外，珠江新城、奥体新城的开发过程中也同步规划建设了共同管沟。与此同时，广州的电缆隧道建设进入快速发展期，第一条电缆隧道为2001年底投入使用的珠江新城电缆隧道，全长3.8 km；除此之外，还建设了220 kV奥林输变电工程电缆隧道等电缆隧道工程。广州市还应进一步加快地下市政场站入地试点建设，包括广州市京溪污水处理厂、天河路的太古110 kV全地下变电站和五羊新城明月二路地下垃圾压缩站等的建设。

3）重点项目效益突出

重点项目是广州地下空间利用的一大特色。从大规模的珠江新城到天河体育中心的综合枢纽，乃至地铁沿线的多个商业项目，均体现出广州这座历史悠久、市场经济发达的南方城市的特色。以下 6 个地下空间重点项目具有代表性：

(1) 珠江新城核心区地下空间利用。该项目分核心区和金穗北两个项目。其中，核心区项目占地 117.5 hm^2，建筑面积为 34 万 m^2，由约 30 万 m^2 的地面中央广场景观工程和地下多功能城市综合配套系统组成。金穗北项目占地面积为 6.5 万 m^2，建筑面积为 10.8 万 m^2，地面为浮岛湖、公园绿地，地下 2 层，局部 3 层。

(2) 新电视塔公园及南广场地下空间项目。该项目为新电视塔综合配套工程，地面绿化休闲广场面积为 6.5 万 m^2，总建筑面积约为 11.5 万 m^2。地下空间 2 层，主要为配套车库和商业设施，其中商业设施面积约为 6.5 万 m^2。2010 年 10 月，南广场地面景观和绿化工程施工均已完成。

(3) 珠江新城海心沙。该项目位于珠江新城海心沙岛，地下空间 4 层，建筑深度约为 24 m。其中，地下 1、2 层为机动车库，设备房，办公、商店、展示及其附属管理用房，海心沙地铁站站厅，地面餐厅等；地下 4 层为海心沙集运系统站台，于亚运会前完工。

(4) 天河体育中心宏城广场。作为亚运期间天河体育中心人流疏导的重要节点，宏城广场地下空间建设有公共停车场及配套服务设施等，并与天河城广场、正佳广场地下空间衔接。该项目已在亚运会前向市民开放。

(5) 天河体育中心综合改造工程。该项目位于广州新中轴线上，建设有 2 层地下室，总建筑面积为 14 万 m^2，主要用于停车及配套商业设施等，总投资约为 20 亿元。该项目建成后用于替代天河体育中心的地面停车场，并将地面建成开放式的市民体育公园。

(6) 体育西路公共人防工程。该人防工程结合市政过街隧道、地铁工程综合开发，总建筑面积超过 2.3 万 m^2，平时用于商业活动和停车。工程南接地铁体育西路站，周边与天河城、广百新翼店相通。该项目结合快速公交系统(Bus Rapid Transit，简称 BRT)建设开通了两个出入站口，进一步与天河体育中心综合改造项目连通，实现体育西路的地下建筑连片化。目前，该项目已完成综合验收并投入使用。

2.3.2 规划编制

广州目前尚未编制地下空间总体规划，且关于地下空间开发的相关详细规划大都以解决停车、地下公共绿地等重点问题为导向，因此，广州暂未形成完整的地下空间规划体系。

《广州市地下空间综合利用布局规划》[①]并非传统意义上的地下空间总体规划，而是针对广州市停车供需矛盾大和近期需重点开发建设的5个地区——火车东站广场、天河体育中心、宏城广场、琶洲国际会展中心、英雄广场而进行的地下空间综合利用规划。规划侧重于交通专项，以公共停车场的建设运营成本与配套商业收益的平衡为基本原则；通过测算公共停车场停车位的缺口数量，运用经济平衡法来预测商业规模的大小；同时，运用交通适应性评估（通过动态和静态交通评估）来完善综合交通组织系统，最终编制地下空间规划的管理图则（表2.6）。

表2.6 广州地下空间规划成果一览表（部分）

规划层次	规划名称
总体规划	—
控制性详细规划	《广州市地下空间综合利用布局规划》(2009)
修建性详细规划	《广州珠江新城中央广场地区地下空间综合利用详细规划》(2005)

该规划注重地下空间规划的实施性和操作性。对地下空间开发中涉及的公共政策及规划管理办法进行探讨，明晰规划、建设、人防、土地等地下空间使用权管理机构的管理职能；并针对未出让用地、已建和未建的已出让用地分别明确其地下空间主体和使用权范围；制定地下空间使用权取得、登记、管理的程序。

2.3.3 法规建设

广州市目前地下空间规划的编制和审批均先由市规划主管部门审查，市规划委员会审议后再报市政府批准并颁布实施。

广州地下空间的开发仍以政府主导开发的模式为主，主要用于人防工程、市政、交通和防灾减灾等涉及公共安全、公共产品的设施。其中，珠江新城建有全球最大的地下购物中心，建完后产权归政府所有，再由政府委托代理公司统一招租，以确保建设品质和管理水平。

就地下空间所有权和使用权的管理和登记问题，广州市也尚未形成明确、有效的管理体系，现均参考地面相关法规和具体项目情况进行登记和管理。然而，在地铁公司开发公园前站动漫星城项目中，广州市国土局

---

① 广州市交通规划研究所，广州至信交通顾问有限公司，广州市城市规划编制研究中心. 广州市地下空间综合利用布局规划[R]. 2009.

和土地开发中心给这个地下空间开发项目核发了房地产权证，实现了地下空间产权明晰的突破。

2011 年 11 月 21 日，广州市公布了《广州市地下空间开发利用管理办法》(简称《办法》)。该《办法》对规划编制审批、用地审批管理、工程建设管理、用地登记测绘、使用管理等方面进行规范，是目前国内同类法规中覆盖内容最全面的地方法规(详细内容见第 4 章第 4.2.1 节)。

2.3.4 信息管理

广州是数字化管理的先进城市。广州市城市规划局负责统筹城乡规划信息的管理以及全市市政综合管网资料的管理；与此同时，该局自动化中心从事规划局地理信息系统的建立和地图的编制工作。

广州市城市规划管理的“一张图”系统于 2005 年正式上网运行。“一张图”系统的内容包括基准层(包含控制性规划导则、管理信息等)、动态参考层(包含城市设计、空间形态等)、编制成果层，并且每年有固定经费对“一张图”进行系统动态维护。从目前运行情况看，“一张图”系统中地下空间信息仍有待完善。

1999 年，广州市在《广州市地下管线普查技术规程》(1995)的基础上编写了《广州市管线工程竣工测量技术规定》，从技术上指导测量单位进行管线竣工测量。但由于广州市地下空间的普查工作尚未展开，因此，目前尚无法准确统计地下商业街、建(构)筑物地的面积，也无法准确绘制广州市地下建成空间分布图。

2.3.5 典型案例

天河体育中心综合改造工程

天河体育中心位于金融商业中心地带的天河核心区，占地 53 万 m^2，是 2010 年广州亚运会的主赛馆，同时也是广州新中轴线上重要的景观节点，因此，对景观和交通方面的要求较高。改造前，天河体育中心地面设置了约 1 520 个停车泊位，其中约 580 个是利用内部道路设置路边停车，有些车辆更是随意停放，高峰期间体育中心地面停泊达 2 800 辆车。

综合改造将体育中心的停车转移至地下空间，地面作为面向市民的体育公园，平时是市民休闲、游憩和户外活动的场所，重要时期可举办各种大型活动或作为比赛场地使用。为了解决地下停车场建设资金的问题，本次改造结合周边人流交通组织，利用地下空间设置一部分商业设施，构建地下步行网络，连通体育中心与地铁 1 号线体育中心站、3 号线石牌桥站、太古汇的地下部分,提高轨道交通网络相互之间的连通性,改善区域交通状况,完善地铁换乘系统,提升商业发展档次。新建地下空间总建筑面积为 22 万 m²,主要用于停车及配套商业设施等(表 2.7)。

表 2.7 天河体育中心地下空间概况表

		功能	规模(m²)	总建筑面积合计(m²)	总开发规模总计(m²)
一期	负 1 层	停车	33 615(955 泊)	146 781	229 732
		商业	18 204		
		公共通道	25 734		
		设备用房	4 344		
	负 2 层	停车	34 635(945 泊)		
		商业	8 577		
		公共通道	15 585		
		设备用房	6 087		
二期	负 1 层	停车	39 364(1 100 泊)	82 951	
		商业	16 025		
		公共通道	24 289		
		设备用房	3 273		

2.4 深圳

2.4.1 概述

1) 地下空间利用起步晚、发展快

深圳地下空间利用始于 20 世纪 80 年代中期,并且最初就与城市建设发展紧密结合。

2004 年底,深圳地铁一期工程 21.6 km 建成通车,这一建设成果大大推动了地下空间的开发。其中 1 号线沿线 15 个车站中的 12 个车站腹地都开发了地下空间,建设规模达 57 万 m²,商业设施建筑面积约为 15 万 m²。2011 年 6 月,轨道交通二期工程投入运营,5 条线路运营里程为 178 km。2013 年,轨道交通三期工程开工建设,规划 2030 年深圳将拥有

16 条轨道线路,线路长共计 585 km。

2010 年 12 月,全市地下空间面积为 1 317 万 m^2,约占地面建筑面积的 1.5%,人均地下建筑面积约为 1 m^2。

2) 市场推动各种方式的开发尝试

为适应地下空间的市场开发需求,深圳在地下空间开发上进行了深入地探索。2005 年,深圳市土地房产交易中心公开出让地下空间开发项目用地的使用权,这标志着深圳成为全国首个将城市地下空间纳入产权交易行列的城市,并以公开出让的方式明确了城市地下空间以一个单独的不动产权利而存在。深圳市尝试以多种模式充分调动市场的积极性,政府与企业共同建设地下空间网络。

类型一:政府主导并出资建设的重大枢纽工程

以大型综合交通枢纽为代表,如:福田综合交通枢纽站、罗湖综合交通枢纽站都是地下空间利用的极好案例。由于规划的统筹、政府一以贯之的主导且以交通集散功能为主,这类利用地下空间巧妙解决复杂的交通难题的工程建设品质较高。

类型二:用地业主积极改造,地铁车站周边建设地下商业设施

轨道沿线的地下空间开发较多,如地铁 1 号线沿线。早期政府鼓励市场参与开发,因此,车站周边的商业设施主要由沿线土地业主申请,通过改造地面广场来建设地下商业设施以及连接地铁车站的通道。这部分商业设施基本都租售给小业主,因而整体建设品质不高。

类型三:业主依据规划,开发公共用地下空间

以福田中心区星河 COCO Park 购物广场、怡景中心城、丰盛町地下商业街等为代表,规划土地功能为复合用地,地面为广场、道路、绿地等公共用地;地下商业空间则通过土地公开出让,业主依据规划开发建设。土地产权分层登记,地面产权归政府所有。依据规划建设的这类项目,由于在前期就有相对完善的策划,且归属于某一家大业主,因而建成后的地下空间的商业氛围及使用效果较好。

类型四:结合工程工法,充分利用既有空间

中心区福华路地下街、益田村地下车库等项目充分利用地铁施工中大开挖未回填出现的空间,建设成商业街或者停车库。这类空间由于先期并未规划,建成后存在产权长期难以办理、无法保障建设方权益的问题;此外,由于为使用而使用,空间布局不尽合理,最终使用效果未必理想。

类型五:企业出资在公共领域建设地下交通等设施,产权归政府所有

以大剧院站万象城通道为代表，由华润集团申请在市政道路下方建设并管理的连接地铁车站与商场的人行通道，产权归政府所有。

3）市政设施试点建设稳步推进

共同沟以示范性建设为主，已建成大梅沙—盐田坳、光明新区光侨路共同沟。

随着城市规划标准的提高，电缆隧道建设开始快速发展，福田中心区电缆隧道连接 220 kV 民田站、滨河站以及福华站，全长为 3.7 km。正在规划建设北环线电缆隧道工程，隧道工程全长约为 24.26 km。

开始试点建设地下市政场站，其中布吉污水处理厂为全国首例地下式污水处理厂；除此之外，中信广场 110 kV 地下变电站也已建成使用，110 kV 变电站地下建设试点项目正在研究中。

2.4.2 规划编制

深圳地下空间建设虽然起步较晚，但始终坚持规划先导的原则，在地下空间的规划研究方面已走在国内城市的前列。从城市总体规划、控制性详细规划、修建性详细规划到专项规划等多个层面进行了地下空间的研究工作，探索与地面规划体系的对接，并且建立了较为完善的地下空间规划体系（表 2.8）。

表 2.8 深圳市规划成果一览表（部分）

规划层次	规划名称
总体规划	《深圳经济特区地下空间利用发展规划》(2000) 《深圳市地下空间资源规划》(2007)
控制性详细规划	《福田中心区地下空间规划》(2004) 《罗湖金三角地区地下空间资源开发利用综合规划》(2009) 《华强北片区地下空间资源开发利用规划研究》(2009) 《宝安中心区地下空间综合利用规划》(2008)
修建性详细规划	《罗湖口岸综合枢纽规划》(2002) 《深圳中心区福华路地下商业街设计方案》(2000)
专项规划	《深圳市人防发展总体规划》(1998) 《深圳市共同沟系统布局规划》(2008) 《福田区公共绿地地下空间综合利用研究》(2008)

深圳市先后两次开展总体规划层面的地下空间规划，并提出空间管

制的分区指引策略。深圳是国内最早系统开展地下空间规划的城市。2000 年针对特区范围、2007 年针对全市范围分别单独编制了城市地下空间规划(图 2.7)。2000 年版的规划结合地铁一期工程的建设开展市政设施、共同沟、地下车库、地下街、管理法规 5 个专题研究,提出 5 个重点发展片区。

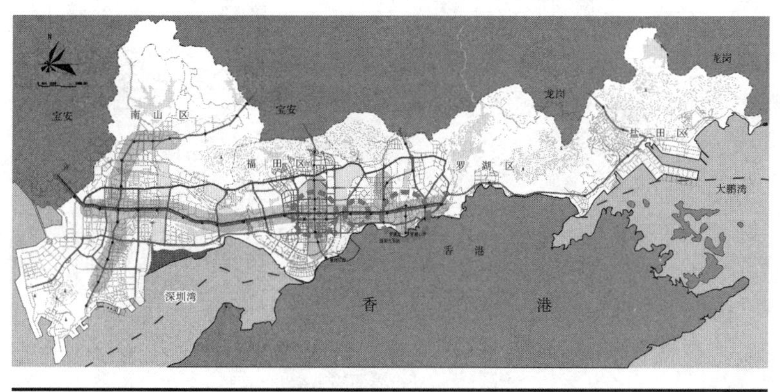

图例 行政区界 山体 地铁线路(网络) 地下空间开发发展轴 地铁站点(发展源) 绿化带(地下大型市政设施)
特区区界 水体 干线共同沟(网络) 制线共同沟(网络) 地下空间重点开发片
深圳市城市规划设计研究院
同济大学地下空间研究中心

图 2.7 深圳经济特区城市地下空间发展规划空间结构图

2007 年,《深圳市地下空间资源规划》作为市长调研课题(图 2.8),分别针对地下空间规划编制技术层面以及规划管理公共政策层面提出对策。核心内容包括:提出分区管制策略,将全市分为生态储备区、综合功能区、混合功能区、简单功能区 4 类分区;提出地下空间开发功能、建议模式、开发强度等的指引,并纳入到总体规划的空间管理体系。空间管制的核心内容纳入《深圳市城市总体规划(2010—2020)》,在生态保护政策、市政基础设施、城市公共安全与综合防灾减灾、特别政策地区、规划实施保障政策与措施等章节中均纳入了对地下空间的相关要求,是国内城市总体规划将地下空间视为城市空间的组成部分,是进行地上地下整体统筹的首次尝试。

重点地区单独编制地下空间控制性详细规划。深圳在地下空间利用中突出重点,在全市划定了 8 个地下空间重点开发地区,强化地铁、交通枢纽与周边用地的地上地下相互连通,体现土地开发的综合效益。编制了福田中心区、罗湖金三角地区、华强北商业区、宝安中心区等地区的地下空间控制性详细规划,为未来深圳在新区及旧改地区的地下空间开发提供规划指引。

图 2.8 深圳市地下空间资源规划图

地下空间控制性详细规划的编制方法尚在摸索中,各个重点地区规划编制深度、控制指标不尽相同。地下空间规划与地面规划(法定图则)缺乏统一的整合平台,地下空间规划的法定地位和效力无法得到保障。一些控规方案因未能很好地考虑到产权归属、施工设计及交通疏散等要求,方案深度远远不足,规划也只是流于形式,造成实施困难,如:福田中心区的地下空间连通方案因缺乏对实施主体,资金、时序等的操作细则的考虑,至今未能实现。因此,城市地下空间的规划应进一步强化实施操作细则的制定。

2.4.3 法规建设

目前,深圳市城市地下空间开发利用的相关职能部门主要有:人防工程的建设和管理部门、地铁的建设与管理部门、城市市政设施的建设与管理部门、地面建筑的建设与管理(建筑物基础及地下室的建设与管理)以及城市交通设施的建设与管理部门等。

由于地下空间的审批缺乏相关公共政策的指导,尤其是对地下空间所有权、使用权等焦点问题缺乏明晰的定义,再加上对申报材料的要求也不完善,给管理者和有意进行地下空间开发的业主(如:地铁公司、地面建筑业主等)带来了很大的困扰。地下空间审批管理更多依据自由裁量规定,外加地下空间利用的规划许可未能和地面规划许可相衔接,因此造成一些规划难以落实。

深圳利用全国人大授予的地方立法权于2000年尝试出台《深圳市地下空间使用条例》(草案),但由于种种原因未能颁布。2008年颁布的《深圳市地下空间开发利用暂行办法》对地下空间规划的制定、地下空间规划的实施、地下建设用地使用权的取得、地下空间的工程建设和使用等方面制定了一整套程序性规定,成为指导地下空间建设和管理的重要依据。

规划主管部门于2004年在《深圳市城市规划标准与准则》(简称《深标》)中率先增设地下空间章节,明确地下空间开发利用的基本原则及各类设施的基本设计要求,确保了地下空间资源不被破坏或由于不适当的使用而浪费。2010年对该《深标》修订,在2004年版《深标》的基础上对地下空间体系进行完善与优化,增补了地下空间功能类别,并对各类地下空间规划设计准则和具体标准进行完善。

2012年,为促进城市地下空间精细化规划管理,深圳市规划国土主管部门推进《深圳市地下空间项目管理规程》的制定,为地下空间建设所涉及的规划设计、出让、后续监管等一系列问题制定统一的操作规范,并注重加强对地下空间开发利用操作通则的制定,为开发建设提供指引和标准。

2.4.4 信息管理

2000 年,深圳市决定在全市各区的城建档案室统一使用深圳市城市地下管线信息系统。该系统面向市政管线竣工档案的自动化信息管理,同时有效集中管理深圳市地下管线档案。

深圳市各市政专业公司及有关管理部门在各自业务范围内建立起相应的信息管理系统,如:水务集团建立了深圳市给排水 GIS 系统,燃气集团建立了 GIS 管道数据库、调度指挥系统和客户服务系统,水务局建立了"数字水务"信息管理系统。这些系统发挥了重要作用,但它们之间分而治之,没有建立数据共享机制。

深圳市规划国土信息中心负责全市地下管线的信息化管理。2005 年,完成全市地下管线普查工作,建立了地下管网信息平台。数据主要来源于探测资料,但由于探测数据精度存在一定误差,难以指导施工。同时,该信息平台尚未与城建档案馆以及其他相关部门(如:城管局、水务局、燃气集团等)的信息管理系统建立共享机制,因而导致地下管线信息数据不统一,难以为地下开挖动工提供有效服务。

2.4.5 典型案例

典型案例 1 罗湖口岸综合改造

罗湖口岸占地 37.5 hm^2,集中了世界最大的陆路客运口岸——罗湖火车站、罗湖公路客运站和多项重要的城市交通设施。年人流量为 1.2 亿人次,每天约 30 万人次,是深圳市通往香港的主要门户、最大的人流集散地、重要的区域性交通枢纽、城市形象的标志性地区。

罗湖口岸改造规划于 2001 年启动,耗时 4 年,其理念包括:公交优先、立体接驳、综合改造、竖向分流。该改造工程以地铁站为核心构筑连接口岸与火车站的"十"字形步行空间走廊,再环绕"十"字布置各种接驳交通设施;实现人车分离,车流"管道化",公交、的士、社会车辆自成系统;人流"管道化",平面分区,竖向分层;地下空间一次性开发。

建设分为 5 个阶段:第 1 阶段,以地铁罗湖站建设开始;第 2 阶段,以地下空间建设为中心;第 3 阶段,以交通枢纽建设为核心;第 4 阶段,对联检楼、火车站进行适度改造;第 5 阶段,在周边地区进行以交通枢纽为核心的道路和街区建设。

罗湖口岸综合改造工程采取多种交通分层组织、与地铁建设同步的方式,完成了地上地下一体化整治。在不增加用地的情况下,实现了人流量从日均18万到60万以上的数倍跨越，形成了有序、高效接驳的一体化综合体，书写了深圳土地资源集约利用的传奇(图2.9)。该项目获得2006年城市土地学会(Urban Land Institute，简称ULI)的亚太区卓越奖，成为地下空间利用的典范。

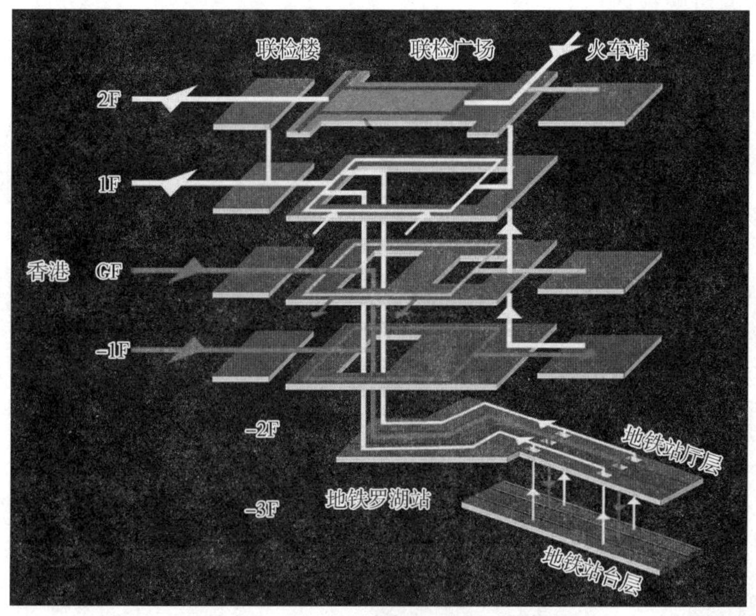

图2.9　罗湖口岸土地分层图

典型案例2　中航苑地区综合改造

中航苑位于华强北商业中心区西南角，占地10 hm^2。本次综合改造以形成集购物中心、商业街、甲级写字楼、星级酒店、酒店式公寓、商务公寓、城市豪宅为一体的城市综合体——中航城——为目标。规划对地下空间的要求为：① 在地下1层开发有自然通风光线的商业街，连接中航城中心和主要发展地块；② 设置地下2层和3层的地下停车系统。

地下工程建设是中航苑改造的重点。在此次改造中形成的中航城的总建筑面积为80万 m^2 中，地下空间的建筑面积为17.6万 m^2，占总建筑面积的22%。

(1) 负1层整体是商场，除局部建筑外，几乎所有建筑的地下层都将相通相连，形成一个内部循环系统，直接连通地铁口、公交站和华强北、华富路；而负2、3、4层都将是停车场，其中负2、3层还有内部循环系统，将彻底解决交通难、停车难等问题。

(2) 步行系统位于地面层、地下 1 层和地上 2 层,确保对内连通全部商业用地,对外连通中心公园地下停车库、公交站、地铁站。

(3) 停车系统由地下车库、地下车行公共通道两部分构成。对内:地下车库全部连通。对外:连通中心公园地下车库,东侧预留与华强北片区衔接的可能性区域。

(4) 地块控制指标分别对地下空间的建筑规模、层数、与周边的连通做出了要求,但对于出入口数量、位置等一些重要因素未做表达。

目前中航苑正在改造建设,预计于 2013 年完成。建设基本按照详细蓝图落实:出入口、步行系统、停车格局与详细蓝图基本一致;地下 1 层地下商场正在形成,但由于其中一段地下连通道无法建设,因此难以形成整体的地下商场(图 2.10)。此段通道为中航广场与中航苑其他项目的联系通道,地面为市政道路。由于相关规定对于此类连通通道确定为商业用途,而中航广场建设时已经用完了商业指标。因此,若要进行连接,必须将二者间市政道路的地下空间进行招拍挂出让,从时间、成本等方面来看都给连通道的实施带来了极大难度。

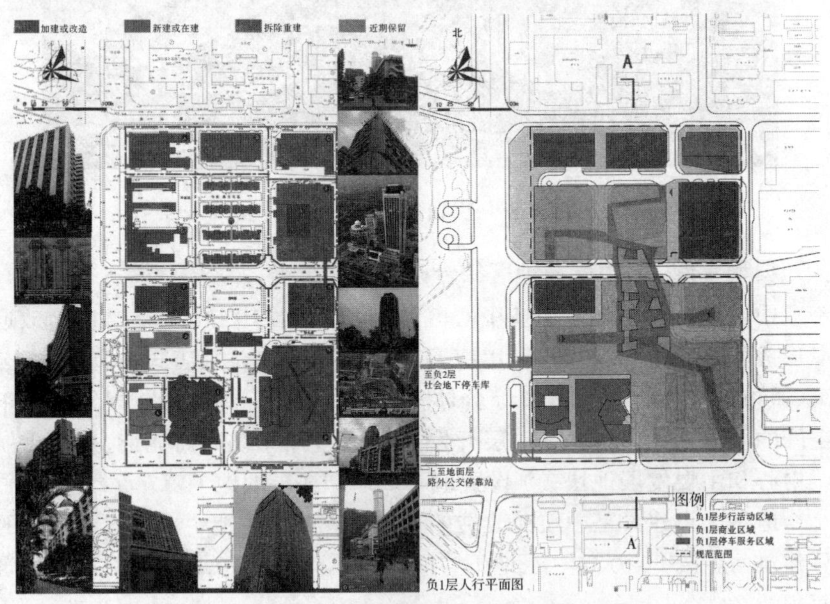

图 2.10　深圳市中航苑区详细蓝图设计图

典型案例 3　丰盛町地下商业街

丰盛町地下商业街共设地下 4 层:负 1 层为下沉式露天街区,负 2 层连接车公庙地铁站,负 3 层为设备房,负 4 层为地铁轨道线路。规划建设有 22 个出入口,串联起周边 19 栋写字楼和 3 座星级酒店(图 2.11)。

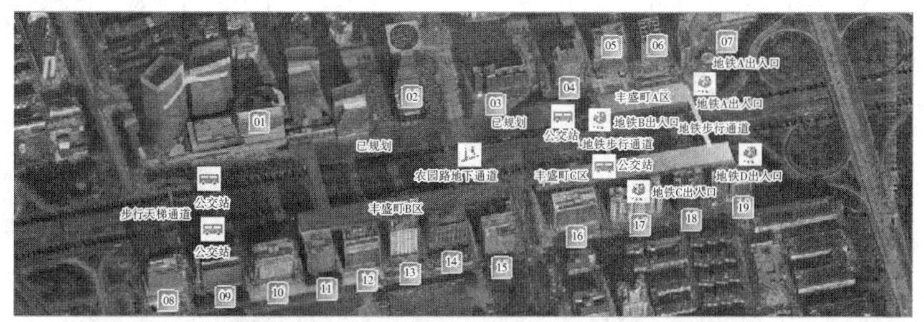

图 2.11 丰盛町地下商业街示意图

丰盛町地下商业街是中国第一例通过招拍挂方式出让的地下商业空间,于 2005 年公开拍卖,被深圳市仁贵投资发展有限公司以 1 680 万元成功竞得。与此同时,丰盛町也是深圳市首例由企业主导、自行规划建设并运营的地下空间案例,它的实施和运营为探索地下空间开发模式的多元化发展提供了宝贵的经验。

(1) 地下空间产权明晰,建设风格统一,内部空间品质较高。

(2) 由于地下空间设计条件的制定缺乏详细规划的指导,企业在地下空间开发建设过程中,调整规划许可条件、审批过程较为繁复。同时,大量的人防工程指标也较大限制了地下空间设计的灵活性。

(3) 与地面、周边的产权衔接问题。企业仅获得地下层的使用权,而地面出入口和通风口等相关必要的配套设施用地未获得明确的产权。企业希望通过补充协议获得这部分用地的使用权或是将已建构筑物移交给政府,但因涉及部门较多,缺乏相关管理规定,迟迟未得到结办。因而导致地面构筑物长期缺乏统一管理,并且影响地面公共景观。在丰盛町地下商业街的建设过程中,周边的小业主提出希望与地下商业街实现连接,也因产权和繁冗的审批手续问题而弃置。

(4) 产权分割,运营管理难。从目前丰盛町商业街的运营情况看,入驻的大部分独立小业主都经营着小商品售卖、餐饮等低成本、低收入的零售店,很难形成规模化、集群化的业态控制,因此,地下商业空间的利用价值没有得到充分的体现。

典型案例 4 中心区福华路地下商业街

福华路地下商业街位于深圳市福田区中部,北临市民中心,南接会展中心、购物公园,地理位置优越。其地下空间横跨轨道 1 号线 3 站 2 区间,西起购物公园站,途径会展中心站(1、4 号线换乘站),东至岗厦站。该商业街工程为地下 1 层,其下部为地铁站区间隧道(图 2.12)。

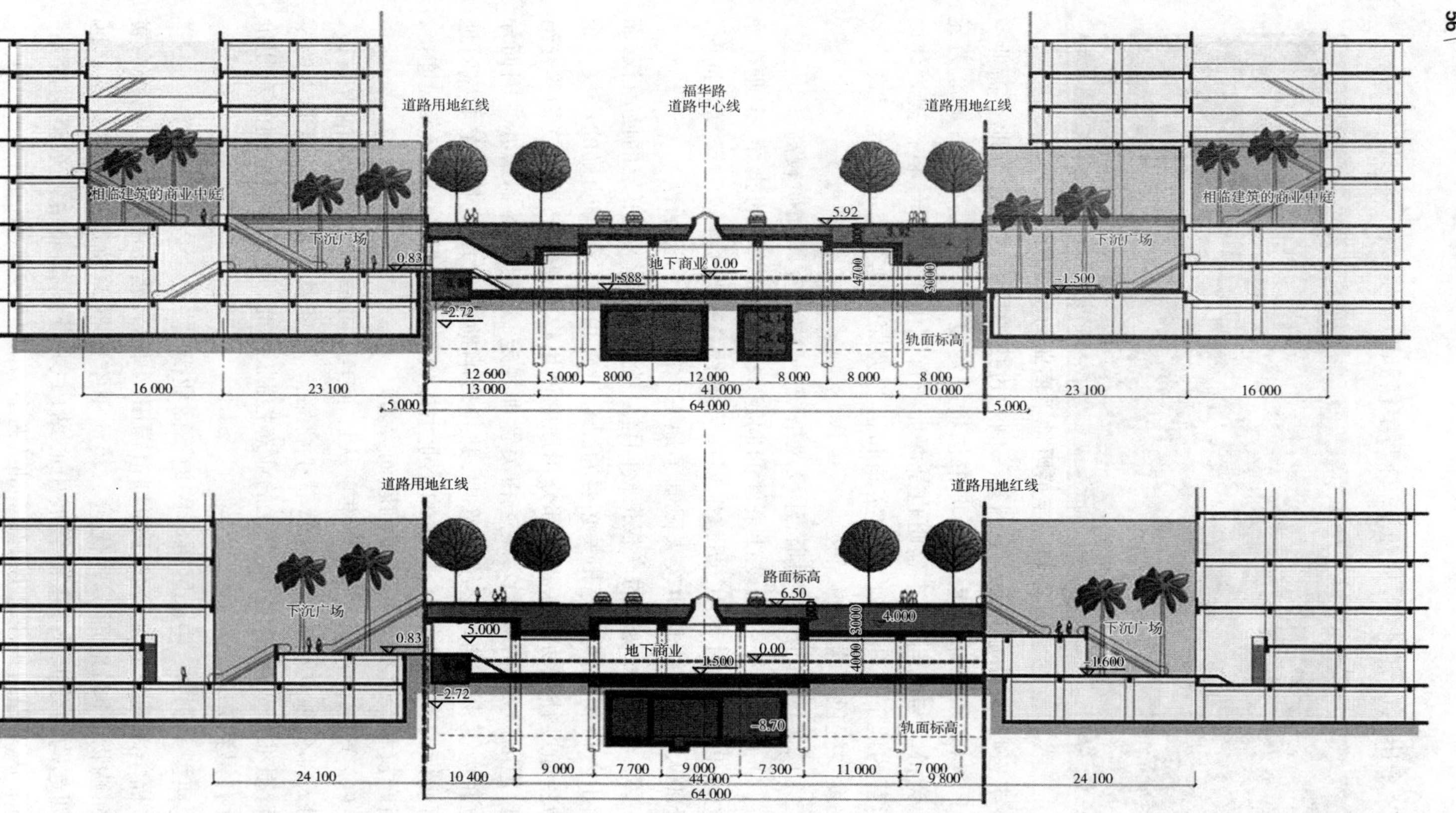

图 2.12 福华路地下商业街规划图

福华路地下商业街从益田站至岗厦站分西段和东段，全长为 1 050.6 m（不包括地铁站的长度），总建筑面积为 44 966 m^2。

由于产权主体与经营主体分离，且最初是为满足人防工程的需要而建设，因此，70%的产权为人防部门所有，而地铁公司作为建设运营单位仅占小部分产权，导致地铁公司对地下空间的运营管理缺乏动力。历经 10 年，通过市政府主持协商后，福华路地下商业街于 2012 年才得以建成开业。然而，由于原先未按商业需求进行规划，空间利用率很低；后期引入商业公司介入策划，招租情况良好。

2.5 天津

2.5.1 概述

1）地下开发条件不佳，以停车为主

天津地质构造复杂，大部分地区被新生代沉积物所覆盖，地下空间的开发利用存在较多不确定因素。2009 年，已建、在建的地下空间总建筑面积为 907 万 m^2，其中中心城区为 817 万 m^2。中心城区的地下空间共 989 处，以地下停车场为主，存在地下公共设施比例低、类型单一、单体规模相对较小、开发深度浅、空间分布不均衡、连通度低等问题。

2）轨道交通建设起步早，建设较为缓慢

天津是继北京之后我国第二个建设城市轨道交通的城市，于 1970 年 4 月 7 日开通第一条地铁线路。截至 2012 年 10 月，天津市共运营 4 条地铁线路，总长度为 136 km。远景规划至 2020 年，中心城区将拥有轨道交通 13 条线路，总里程约为 300 km。

3）较早开始共同沟建设，仍处于示范阶段

天津最早的共同沟为 1988 年天津新客站工程为穿越 7 条铁路线路而建的一条长约为 50 m 的共同沟。1998 年，塘沽居住小区内建造了长为 410 m 的共同沟。2009 年建成的海河共同沟过河隧道全长为 226.5 m，其中穿越海河部分的长度为 113.5 m。八里台电缆隧道全长为 337 m，共有 17 条 35 kV 电缆和 22 条 10 kV 电缆从中穿越，隧道内设防水、照明、风烟、消防等管线。

2.5.2 规划编制

天津市地下空间规划分为城市总体规划、城市详细规划两个层面（表 2.9）。

表 2.9 天津市地下空间规划体系一览表(部分)

规划层次	规划名称
总体规划	《天津市地下空间总体规划》(2009)①
详细规划	《天津滨海新区于家堡金融区控制性详细规划》(2008)②
	《天津塘沽区响螺湾商务区城市地下空间概念规划》(2008)③

《天津市城市规划管理技术规定》中要求,在编制控规单元规划时,应提出地下空间规划利用的具体要求。

(1) 一控规,即控规单位。由于天津市的控规单元控制较为宽泛,不是规划管理的直接依据,还需要配合"两导则"对地下空间相关问题进行细化。

(2) 两导则之一——土地细分导则。该导则提出"应依据地下空间详细规划,提出重点地区地下空间连通、布局和功能控制要求",即在详细规划的基础上,对重点地区要进行更加细致的地下空间规划编制。

(3) 两导则之二——规划建筑导则。对建筑风格等进行了控制要求,暂无对于地下空间的要求。

《天津滨海新区于家堡金融区控制性详细规划》将地下空间利用纳入控规编制,创新建立了规划控制指标体系,规定了地下空间退线、建筑面积、使用性质、机动车出入口、市政管线接口方向、地下商业街出入口等强制性控制指标。

2.5.3 法规建设

2008 年颁布、2009 年实施的《天津市地下空间规划管理条例》是国内首部由人大常委会颁布的城市地下空间专项地方法规,拥有较高的法律地位。对地下空间规划制定、建设用地规划管理、建设工程规划管理、法律责任进行了界定,迅速梳理并建立了天津市的地下空间规划编制体系,明确了地下空间规划建设管理的权责程序。

2.5.4 信息管理

天津市设立了地下管线的统一管理专门机构。2006 年 3 月,批准成

① 天津市规划局. 天津市地下空间总体规划(2006—2020)[R]. 2009.

② 天津市渤海规划设计院. 天津滨海新区于家堡金融区控制性详细规划[R]. 2008.

③ 天津市塘沽区规划局. 天津塘沽区响螺湾商务区城市地下空间概念规划[R]. 2008.

立天津市地下空间规划管理信息中心，主要任务是对本市地下空间规划管理信息实施集中统一管理，建立地下空间规划管理综合信息系统，为地下空间规划管理和城市建设提供信息服务。

陆续出台政策法规。天津市政府于 2007 年 4 月出台《天津市地下管线工程信息管理办法》，2011 年 9 月颁布《天津市地下空间信息管理办法》，明确了地下空间信息的范畴、主管机构以及信息收集、整理、利用、更新、维护和管理的程序，建立信息普查制度并明确了违反信息管理办法的处罚制度。

开展信息系统研究。2010 年，天津市地下空间规划管理信息中心和天津师范大学联合开展了地下空间相关方面的研究工作，计划开发"二三维联动"的天津市地下空间信息综合管理系统。

2.5.5 典型案例

天津于家堡综合枢纽

于家堡站地处滨海新区于家堡中心商务区北端，是集运输生产、旅客服务、市政配套等多功能为一体的综合交通枢纽站(图 2.13)。近 400 万 m^2 的世界最大地下交通商业活动空间南北长约为 1 500 m，东西长约为 500 m，分为地下 3 层，分别为人行商业步行街、轨道站厅层、轨道站台层和共同沟，最深处近 40 m。地下步行街与周边建筑地下 2 层实现无高差对接。

图 2.13 天津于家堡综合枢纽

地下 1 层将拥有双向 6 车道，可便于车辆快速通行，避免该区域内地面交通堵塞。车行系统沿于家堡半岛东西两侧建设南北向地下道路，在重点地块区域设置 3 条地下东西相连通道，和楼宇的地下车库、南北两个绿地的地下车库相连。除车行系统外，本市首条集电力、供暖、中水、自来水、通信等多种市政管线于一体的共同沟主沟也将一同开建。

地下 2 层的“日”字形地下人行环路串联了地下停车场，通过人行系统主环路可串联于家堡金融区起步区 35 个地块内 80％以上的地块，深度达 10 m，总宽度为 30 m。在行人系统内将建立一批超市、医疗诊所、餐饮服务、购物街、电影院、银行等多功能服务区域。

地下 3 层是于家堡金融区的轨道交通线，其中包括京津城际高铁车站和 4 条城市轨道线路，形成 3 座换乘站、2 座区间站，车站间平均距离约为 800 m。4 条地铁线中 Z1 线、Z4 线为天津市域线，B2 线、B3 线为滨海新区轨道线。

2.6 杭州

2.6.1 概述

1）地质条件复杂、地下水位高，给地下空间的利用带来了难度

杭州靠近钱塘江，地下水含量非常丰富，水位偏高。杭州整体上属于冲积型平原，地质条件极其复杂，土质以软土为主。该类土力学强度低，具触变性、高压缩性、流动性和透水性差等不良工程性质，对建筑物的不良影响主要表现在基础滑移、基础挤出、沉降量大、沉降时间长和差异性沉降等。因此，地铁基坑开挖、地铁盾构推进等工程作业的施工风险极大。如：2008 年 11 月 16 日下午，杭州萧山风情大道地铁 1 号线湘湖站出口附近就曾发生大面积塌方事故。

杭州市现有地下空间总面积为 1 224 m^2，其中人防地下空间超过一半，具有点多、面广、层次浅（多为 1 层）、连通率低、不成规模等特点，缺乏与城市建设的有机衔接。

2）结合新区建设推进地下空间项目建设

杭州地铁线路建设较晚，于 2007 年 3 月开始兴建，目前仅运营 1 条线路，里程为 48 km。《杭州市轨道交通线网规划》指出，至远期 2050 年将拥有 9 条线路，总计 425 km。杭州结合新区建设进行了一系列地下空间综合项目的规划和实践，包括钱江新城、钱江世纪城、城东新城等。

3）政策先行，结合新城开展共同沟的示范性建设

杭州市较早着手开展共同沟相关政策法规的研究。2000 年 12 月 19 日，杭州市专门召开了“关于运用市场机制进行城市地下管线（共同沟）建设管理”的专题会议，并始着手研究用市场机制开发建设杭州城市地下

管线共同沟的可行性。2008 年 12 月颁布的《杭州市城市地下管线建设管理条例》(简称《条例》)涉及部分共同沟的内容,为共同沟的建设提供了法律基础。该《条例》第 11 条规定“新建、改建、扩建城市主干道路时,符合技术安全标准和相关条件的,城市地下管线工程应当优先采用共同沟技术”“管线共同沟应当有偿使用。鼓励社会力量投资建设管线共同沟”。

杭州市共同沟的建设主要结合新城建设开展,目前已建成的有杭州城站火车站站前广场 500 m 和钱江新城 2 160 m 两段共同沟。

2.6.2 规划编制

杭州市已形成由城市地下空间总体规划、分区规划、控制性详细规划构成的完善地下空间规划体系,并进行了地下空间城市设计的编制工作(表 2.10)。其中分区层面规划较为完善,目前已完成了全市,萧山、余杭、滨江 3 个新区及临安、富阳等 5 个县(市)共 9 个人防和地下空间规划。

表 2.10 杭州地下空间规划成果一览表(部分)

规划层次	规划名称
总体规划	《杭州市人民防空与城市地下空间开发利用规划(2003—2020)》(2003)
分区规划	《萧山区人民防空与地下空间开发利用规划》(2005)
控制性详细规划	《杭州市钱江新城核心区块地下空间控制性详细规划》(2003)
	《杭州市城东新城地下空间(含人防)控制性详细规划》(2008)
城市设计	《杭州市城东新城核心区地下空间城市设计》(2008)

1) 总规以人防为主,控规注重项目带动

2003 年编制的《杭州市人民防空与城市地下空间开发利用规划(2003—2020)》侧重人防,地下空间仅结合轨道交通线网、部分新城开发制定了主要的建设要求,缺少深入内容,同时与地面规划体系缺乏整合。

2) 控规实施较为困难

2003—2010 年,杭州地下空间的规划探索和实践主要是结合新城建设进行,再由具体项目带动建设实施。钱江新城、城东新城地下空间控制性详细规划编制的组织方式、规划控制指标体系等创新独具特色。尤其钱江新城在专门机构的管理下,地上地下的规划管理不断得到完善,其规划编制深度及土地出让条件的经验教训很值得其他城市学习(详细内容见第 5 章第 5.3.2 节)。

2.6.3 法规建设

1)明确地下空间开发管理主体

杭州市于 1999 年经市政府批准,将地下空间管理办公室设在人防办(民防局),实行"一套班子两块牌子",主要职责是研究制定《杭州市人民防空与城市地下空间开发利用规划》,统筹协调地下空间开发建设和管理。同时成立杭州市地下空间综合开发有限公司,进行人防工程和地下空间的综合开发、运营和管理并从事多元化经营。

2)重视地下空间权利确认,积极制定相关法规

2005 年,杭州出台《杭州市人民政府关于积极鼓励盘活存量土地促进土地节约和集约利用的意见(试行)》①,提出"对利用地下空间从事经营性活动、销售或转让的,应依法有偿使用,地下 1 层土地出让金按市区土地基准地价相对应用途容积率为 2.0 楼面地价的 30%收取;地下 2 层的土地出让金按地下 1 层的标准减半收取;地下 3 层的土地出让金按地下 2 层的标准减半收取,并依次类推"。2005 年底,该市已对市内 3 个楼盘的地下商铺业主们办理了土地使用权证并相应核发了地下空间产权证、地下空间契证。

2009 年出台的《杭州市区地下空间建设用地管理和土地登记暂行规定》②对地下空间进行定义和分类,同时,对地下空间建设用地审批,土地登记主管部门,规划参数,出让方式,用地审批、有偿使用手续(土地出让金标准、使用年限),使用权登记程序(分层登记、登记用途、登记使用权类型、提交资料、登记时序、登记明细),地铁场站、地下停车场登记办法,抵押、转让办法等进行了全面的规定。

2010 年 1 月,市委财经领导小组会提出由国土部门、房产部门牵头研究地下人防工程的产权登记问题;而针对土地分层出让的政策目前也处于研究阶段。

2.6.4 信息管理

政策法规、技术规范完备。2009 年 1 月 1 日,《杭州市城市地下管线

① 杭州市人民政府.杭州市人民政府关于积极鼓励盘活存量土地促进土地节约和集约利用的意见(试行)[R].2005.

② 中共杭州市委办公厅,杭州市政府办公厅.杭州市区地下空间建设用地管理和土地登记暂行规定[R].2009.

建设管理条例》经人大批准后颁布实施。其中第 3 章的城市地下管线信息管理从信息管理主体、信息范围、归档入库、信息共享服务、信息平台建设等方面对城市地下管线的信息管理进行了较明确的规定。2010 年 4 月，由杭州市建设委员会和杭州市信息办联合制定的《杭州市地下管线信息系统建设规范》正式发布，为杭州市地下管线信息系统建设的规范化、标准化以及数据共享奠定了基础。

成立专门领导小组开展信息化工作。2009 年 9 月，市政府决定成立包括市规划局、市信息办及各市政专业公司在内的杭州市城市地下管线建设管理领导小组。领导小组下设办公室，设在市建委。2010 年 5 月，召开杭州市城市地下管线建设管理领导小组第一次例会，研究杭州市地下管线建设管理信息系统建设工作的总体目标、3 年计划、年度任务及需要协调解决的主要问题。

2.6.5 典型案例

武林广场

武林广场位于浙江省杭州市西湖之北，为杭州市城市中心广场。武林广场建设总建筑面积达 15 万 m^2 的地下空间，南北长为 180 m，东西宽为 230 m。地下 1、2 层为购物商场，地下 3 层为地铁站厅，地下 4 层为地下停车(图 2.14、图 2.15)。地下 1 层与目前的东西两个过街地道相连，西侧地下 2 层与杭州大厦相连，南侧在武林广场南端中部预留端口，通过“丁字”连接国大和杭州百货大楼，北侧预留与西湖文化广场相连的端口，东侧连接待建地铁物业工程、规划中的地铁武林广场站，直通武林广场地下 2 层人行道。武林广场由杭州市城市建设投资集团有限公司统一开发建设，预计 2013 年 8 月项目工程全部竣工。据估算，武林广场地铁建设和地下商场开发投资约为 14.26 亿元。

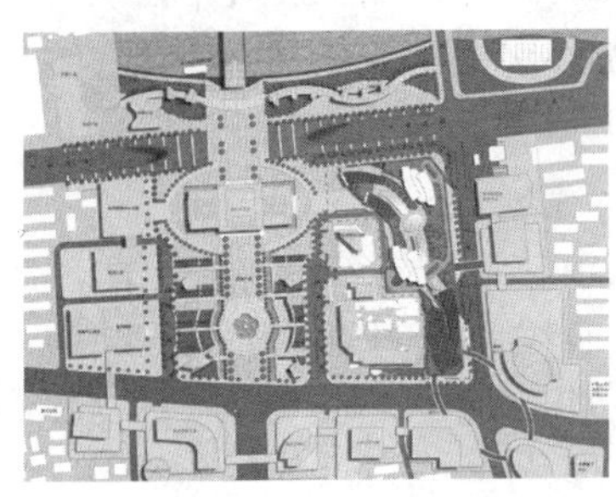

图 2.14 武林广场规划图

图 2.15 武林广场效果图

2.7 南京

2.7.1 概述

1)沿袭从人防到地铁主导的地下空间发展历程

南京地下空间利用经历了4个阶段:

第1阶段(1949年前),地下空间建设主要为公共建筑和高级别墅的地下室。

第2阶段(1949年—20世纪80年代初),地下空间建设主要以人防工事为主,其中简易工程占1/3。

第3阶段(20世纪80年代初—20世纪90年代),地下空间建设以高层建筑附属地下人防设施为主,质量普遍较好。

第4阶段(20世纪90年代后),由于地下人行道、隧道、地铁的建设,地下空间开发利用的规模大幅提高,地下空间的结构也发生变化,功能以公共建筑、住宅建筑配建的地下停车设施为主,地下室面积普遍超出规定的人防设施的面积。

2)功能多样、深度较浅、利用率较低

2007年,南京市全市地下空间包括人防工程、人防地下室、普通地下室、隧道、人行地下道路、地下轨道交通等的建筑面积合计约为480万m^2。主要分布在六城区,郊区建设量相对较少。除地下交通、部分高层建筑的地下空间外,均以地下1至2层浅层开发为主,地下空间利用率相对较低。

3)古城、新区地下空间开发存在差异

南京市古城与新区地下空间开发特点不一。古城区用地紧张,交通压力大,急需拓展城市空间,但受古城保护、山体、水域及大型单位影响,实际操作难度较大;而新区限制条件少,可先落实地下空间整体规划,然后在具体项目中分期实施,进展相对容易。

4)轨道建设将进入大发展时期

2005年9月3日,南京开通了第一条城市轨道交通线路,截至2013年,南京城市有2条共84.7 km的轨道交通线路。规划远景年(2030年),南京城市轨道网络将由17条线路组成,总计617.1 km。

5)地下市政设施建设刚刚起步

除了常规市政管线建设以外,南京市地下市政设施建设刚刚起步。

目前仅开展了电缆隧道的建设，其中 2009 年建成的云锦路电缆隧道是江苏省首条盾构电缆隧道。与此同时，相关部门也计划开展地下变电站和共同沟规划，但南京市部分专家认为南京地处宁镇山脉余脉，地质条件复杂，地下水位比较高，老城区包括部分新城区的城市排水系统隐患比较多，很容易发生洪涝灾害，变电站不适合置于地下，应建造在地面以上。

2.7.2 规划编制

南京地下空间的规划编制开展较为全面，从城市总体规划、控制性详细规划、城市设计、专项规划等多个层面进行了地下空间的规划研究工作。其中专项规划针对城市发展的具体问题，从实际需求出发制定出了行之有效的解决方法(表 2.11)。

表 2.11 南京地下空间规划一览表

相应层次	规划名称
总体规划	《南京市人防工程与地下空间开发利用总体规划》(2004)
	《南京城市地下空间开发利用总体规划》(2005)
	《中心城区地下空间开发利用总体规划》(2009)
控制性详细规划	《南京新街口中心区控制性详细规划》(2003)
城市设计	《南京河西新城中心区城市设计》(2002)
专项规划	《南京市老城区第一批复合利用空间停车场(库)选址规划》(2005)
	《南京老城区地下人行过街通道规划》(2005)

《南京市老城区第一批复合利用空间停车场(库)选址规划》①针对老城区停车需求大而土地资源紧张的特点，按立体停车库和地下停车库的规划思路提出建设模式，共规划 20 个公共停车场，其中利用公共绿地广场地下空间、操场地下空间建设公共停车场，共选定 13 个点。选址地点既包括新街口、山西路、珠江路等传统商业区，也涵盖中山北路、中山东路、白下路等地区的居民小区。全部建成后，老城区将增加 3 000 余个公共停车泊位，对缓解老城区的停车难问题将发挥重要作用。

《南京老城区地下人行过街通道规划》②针对“面”——老城区内 4 个重点地区的人行过街通道、地下公共空间与地下综合体结合的集聚分布

① 南京市规划局. 南京市老城区第一批复合利用空间停车场(库)选址规划[R]. 2005.

② 南京市规划局. 南京老城区地下人行过街通道规划[R]. 2005.

地区，"线"——沿老城区 7 条轨道交通线、12 条城市功能性道路的过街通道，"点"——老城区因城市交通功能需求强烈而零散分布的 8 处人行过街通道，共规划 38 条地下人行通道，既疏解了交通问题，又改善了步行环境。

2.7.3 法规建设

南京目前获得地下空间使用权有 3 种方式：① 单建的人防工程。以划拨方式获得，产权归人防，平时使用时可以做其他用途。② 结合出让地块开发地下空间。鼓励地下空间开发并不限制地下层数开发，但由于投资问题，目前一般开发在 2 层以内，小部分做到 3 层。③ 单独出让地下空间。如地下停车场、地下商业街。2006 年，对鼓楼区湖南路地下商业街及金陵中学东侧地下空间土地的使用权进行公开挂牌出让。地块用地总面积为 4.23 万 m^2，扣除市政配套用地面积为 1 596.9 m^2，实际出让面积为 4.07 万 m^2，竞拍底价 1 000 万元，最终以 7 700 万元被南京一家地产公司竞拍成功。此外，南京还在城市运动场、学校运动场、绿地、道路下方等地区进行了地下空间土地使用权的出让试点。

在实际操作中，地下空间的建设实施面临与文物、地铁、人防等周边区域的协调问题。

(1) 地下文物埋藏区。不鼓励地下空间开发，必须征求文物部门意见才可以进行文物勘探。

(2) 地铁建设。在建成区建设时，须与各个地块业主分别谈判，协议获得开发权；在未建区建设时，地铁线路用地需采用划拨待征用地的方式，预留产权。地铁在与周边建筑的衔接过程中，由于地铁设计深度、建设时的调整、产权等原因，衔接较为困难。乐福来广场地下空间是一个成功的案例：它通过协议方式将土地使用权出让给地铁公司，由地铁公司统一开发协调，与地铁建成平层，衔接较好。

(3) 与现有周边地下空间衔接。目前采用建设单位之间协调的方式，由现有地下空间建设方预留接入的通道、商业面积等，并将资料提交给地块开发商，规划部门不介入。

(4) 与人防部门协调方式。征求人防部门意见，根据其意见进行项目审批。

与活跃的市场建设和建设中出现的诸多问题相矛盾的是南京市建设实施目前主要依据《南京市城市规划条例实施细则》(简称《条例》)，该《条例》针对地下空间规划缺乏规范，亟须大量法规政策而制定，以弥补当前空白。

2.7.4 信息管理

南京市于1997年成立了南京市综合地下管线普查领导小组，并开始进行地下管线的探测和普查工作。2000年，完成了全市6 000 km多的管线探测和普查工作，形成了当时具有重要价值的综合地下管线资料。之后，各区陆续开展综合地下管线数据资源的整合工作。2008年，南京市测绘勘察研究院有限公司成功研制管线探测普查内外业一体化，图形和建库兼容，成果利用电子化和管线数据空间可视化的城市综合地下管线管理信息系统，该系统在南京市地下管线普查与整合项目中得到广泛使用。

2005年，南京市政府发布《南京市地下管线规划管理办法》(简称《办法》)。该《办法》指出，南京市规划局是地下管线规划管理的行政主管部门，对地下管线的规划、空间设置、规划审批、开工与验收等方面进行了相应的规定，但没有涉及管线信息管理的相关内容。

2009年，南京市政府发布《南京市管线规划管理办法》(简称《办法》)。该《办法》涉及管线信息管理内容有：建设单位应当在管线工程竣工验收后6个月内向城市建设档案馆移交有关管线工程竣工验收资料；规划、建设、市政公用等部门应当建立管线信息管理系统，实行信息共享，为建设单位提供管线资料查询服务。

2.7.5 典型案例

典型案例1 地下道路隧道系统

南京市快速内环，是离南京主城区最近的一条快速城市道路，整个道路成“井”字形，因此也称之为“井字内环”，全部由隧道或高架组成，全环没有一个红绿灯。全环长度为33.06 km，其中高架段长为18.19 km(包括匝道和连接高架的地面道路)，隧道部分长为14.87 km，包括玄武湖隧道、九华山隧道、西安门隧道、通济门隧道、集庆门隧道等，地下道路隧道系统独具特色。

典型案例2 玄武湖隧道

玄武湖隧道是“井字内环”的一部分，也是南京市市政工程建设史上工程规模最大、建设标准最高、项目投资最多、技术工艺最为复杂的现代化大型隧道工程。该隧道西起模范马路，东至新庄立交二期，全长约为2.66 km，其中暗埋段为2.23 km，总宽度为32 m，为双向6车道，单洞净宽为 13.6 m,通行净高为 4.5 m。隧道穿过玄武湖、古城墙和中央路,到达芦席营路口后在南京工业大学附近露出地面。根据设计,隧道通车后按满负荷计算,每小时可通行 7 000 余辆机动车。南京市玄武湖隧道东西向工程于 2003 年 5 月 1 日正式全线通行,总投资为 8.37 亿元人民币。

典型案例 3　南京长江隧道

南京长江隧道位于南京长江大桥和长江三桥之间,是长江流域工程技术难度最大、地质条件最复杂、挑战风险最多的越江隧道。设计为双向 6 车道、行车时速 80 km 的城市快速路。穿越长江的左右盾构隧道总长度为 6 042 m。南京长江隧道具有“大、深、险”等特点:使用的盾构机械直径超大,开挖直径达到 14.96 m,是目前世界上最大的泥水平衡盾构机之一;隧道最深处到达江底 65 m 处,创造了世界过江隧道之最;施工中承受的水土压力达到 64 N/cm^2。该隧道已于 2010 年 5 月 28 日通车。

2.8　重庆

2.8.1　概述

1) 地下空间利用起步较早,近年发展迅速

重庆市地下空间利用起步较早,从抗战时期开始的防空工程建设到解放后陆续建设的各类人防工程,就已形成了目前重庆市人防体系的基本骨架。20 世纪 90 年代开始,人防工程的平战结合和近年来大规模的地铁建设,使城市地下空间利用快速发展。

(1) 重庆市是一个典型的山地城市,由于特殊的地质地貌条件、历史原因和产业特征,重庆较早成为我国开展地下空间开发利用的城市。自抗战时期的防空洞到 20 世纪六七十年代“深挖洞、广积粮”,再到 20 世纪 90 年代的平战结合,逐步形成了把地下洞室用作库房、商业网点及文化娱乐场所的开发模式。如:沙坪坝、菜园坝、临江门等地段的人防工程陆续成为商业、餐饮、住宿和仓储中心,黄花园隧道、轻轨地下隧道工程和八一路好吃街地下人防配套工程更是起到了完善城市交通、发展都市旅游等作用。

(2) 2005 年,随着重庆轻轨 2 号线的正式通车,重庆进入了大规模地铁建设期,全面带动城市浅层地下空间的迅速发展。已开通的轻轨 2 号线沿线部分区域,结合地下站点建设了较场口、临江门、大坪 3 处地下商业设施空间,随着 1、3、6 号线的建设,城市地下空间开始从点状、小规模

线状开发转向轴向带动的大规模发展阶段。

2）地下空间类型丰富

重庆市地下空间利用类型较为丰富，主要包括以下方面：

(1) 人防工程。包括配套人防工程和单建式人防工程。截至 2006 年，主城区内已建人防工程(单建式)建筑面积为 20 万 m^2。

(2) 地下停车场。重庆市地下停车场主要分布在两类区域：一是新开发的各类商品住宅小区，这一类小区配套设施较好，一般都建设有大型的地下停车设施；二是附建于各类商业、政务、公共设施之内，如宾馆、酒店、医院、商务写字间、银行、政府办公楼等。据统计，重庆市共有机动车停车场(点)273 处，总计面积为 416 193 m^2，停车泊位为 16 094 个(以标准小汽车为计算单位)。

(3) 地下市政设施。各种基础设施管线是重庆市城市地下空间浅层利用的另一重要形式。目前，城市地下空间开发利用的最浅层——市政管线层，主要类别包括给水管、雨水管、污水管、燃气管、信息管线、电力电缆管线，以及各种地下、半地下雨水(污水)泵站、越江管线、隧道等。

(4) 地下交通设施。目前，城市地下交通设施的利用主要分布在主城区。主要包括道路隧道、地下车行通道、地下人行通道、轨道交通地下隧道、地下停车库和铁路隧道 6 种形式。

(5) 地下商业设施。近年来，随着主城区城市建设力度的加强，地下街的开发建设工程量也大大增加。目前，在解放碑中心区已建成的有临江门地下人行通道；即将建成的有五四路地下街工程、八一路地下街工程等；同时，在沙坪坝、南坪、杨家坪等商业副中心也已建成了相当规模的地下街；江北观音桥商圈的地下街工程也已经完工。

(6) 各类建筑物基础与地下室。主要为高层建筑的桩基础和建筑物地下室，其中地下室在平时大多作为建筑物的设备用房或停车、商业设施用房来利用，而在战时多为人员掩蔽所。这类型地下空间利用对城市的发展起到了一定的促进作用。但由于缺乏统一规划，目前在各个具体的开发行为中对地下空间的利用随意性很大，造成了开发行为与城市公益设施建设行为的矛盾。同时，由于各投资实施者的利益不同，地下空间的开发利用呈现出散点分布的态势，未能得到集约化利用，发挥不出其应有的规模效应。

3）轨道交通建设迅速

近年来，重庆轨道交通建设加速，在《重庆市主城区轨道交通线网控制性详细规划》(2007—2020)中，轨道交通远景线网规划为“九线一环”布局，共 10 条轨道线，线路总长为 513 km，其中地下线长度为 220.9 km，高架线（含地面线）长度为 292.1 km。设车站 270 个，其中高架车站（含地面车站）152 个，地下车站 118 个。

随着重庆上升为国家五大中心城市，两江新区设立、城市空间结构拓展等一系列新的发展形势，同时为了更好地支撑城市空间的拓展和城市交通的科学、持续发展，2008 年 11 月，市规划局组织开展了《主城区轨道交通线网调整规划》。该规划指出远景主城区轨道交通线网将呈"双心放射、组合成环"布局，共设 18 条轨道线，总长约为 825 km，其中主城区范围内长约为 780 km。

4）地下商业街规模大

地下商业街是重庆地下空间利用的一大特色，主城区及主要商业中心都建设有地下商业街。

（1）解放碑地区：已建成轻轨名店城、丽岛春天、黑格金界、香榭丽大道等商业街，总面积接近 6 万 m^2。

（2）观音桥地区：已建成金源地下城、佳侬商业街等，地下商业建筑总面积达 7.6 万 m^2，总规模占据五大商圈之首。

（3）杨家坪地区：是最早建设地下商业街的商圈，现有地下商业建筑面积为 2.6 万 m^2。

（4）沙坪坝地区：沙坪坝地下商场分为三峡广场、钻酷、沙美丽都 3 部分，面积近 3 万 m^2。

（5）南坪地区：随着南坪中心交通枢纽工程的建成，南坪地区的地下商业建筑总面积超过 2 万 m^2。

（6）大渡口地区：大渡口区地下商业街项目位于松青路、锦霞街地下，总商业建筑面积为 3.77 万 m^2。

（7）巴南鱼洞地区：巴南地一大道地下商业街项目位于鱼洞巴县大道、新市街、解放路、鱼轻路地下，总投资为 7 亿元人民币，总商业建筑面积为 7 万 m^2。

5）城市地下空间资源认识存在误区

长期以来，重庆市地下空间的利用主要以人防工程以及平战功能相结合的地下停车场为主，功能单一，与城市基础设施建设的结合不够紧密。已建成的地下行人过街通道、地下街等均较为狭长、拥挤，交通面积不足，空间品质不够高，与周边建筑联系通道不足，建设水平有待提升。市政管线仍是采用浅层直埋的方式，共同沟的建设也尚未提上议程。

重庆主城区的地面空间，特别是老城渝中区和几个副中心的地面空间已相当拥挤，却较少利用地下空间来解决交通、公用设施空间不足的问题。目前，对地下空间的认识较多地停留在商业功能和人防功能上，而不是从城市生存和可持续发展的高度进行地下空间开发。与此同时，城市总体规划还未将地下空间专项规划纳入其中。

2.8.2 规划编制

重庆市地下空间规划目前已形成总体规划、控制性详细规划、修建性详细规划、专项规划构成的较为完善的规划体系(表 2.12)。

表 2.12 重庆地下空间规划一览表(部分)

规划层次	规划名称
总体规划	《重庆市主城区地下空间总体规划及重点片区控制规划》(2004)
控制性详细规划	《重庆江北城地下空间利用规划》(2005) 《西永组团 L 标准分区地下空间控制性详细规划》(2010)
修建性详细规划	《重庆江北火车站客站站前广场地下空间修建性详细规划》(2005) 《大渡口锦霞街地下人防工程修建性详细规划》(2009)
专项规划	《重庆市人防总体规划》(1998)

重庆第一部地下空间规划《重庆市主城区地下空间总体规划及重点片区控制规划》①于 2004 年 10 月编制完成。内容包括地下空间开发利用的总体框架和地下交通设施，地下街、地下市政管网设施，地下人防设施，地下空间综合防灾等专项规划。

按照规划，主城核心区地下空间将依托轨道交通，形成“一环两横三纵十一片”的整体形态。“一环”、“三纵”即分别指依托轨道 1 号线、2 号线、3 号线、5 号线展开的地下空间开发；“十一片”是以轨道交通在地下的车站为依托的地下公共空间开发利用重点片区，利用形态分为以综合性商业与商务中心开发为主、结合交通枢纽功能的综合开发和以居住区配套设施为主 3 类。

该规划作为城市地下空间利用纲领，层次清晰，内容完整，重点突出。紧密结合轨道交通，充分考虑山地城市的地形特征，具较好的指导性。

《重庆江北城地下空间利用规划》②结合地面城市设计以及控制性详

① 重庆市规划局. 重庆市主城区地下空间总体规划及重点片区控制规划[R]. 2004.

② 重庆市江北嘴中央商务区开发投资有限公司. 重庆江北城地下空间利用规划[R]. 2005.

细规划,形成地上地下一体化的城市空间联系。主要内容包括地下空间资源利用的目标定位、规模、功能配比、空间布局、开发深度等;对地下交通设施、市政设施、空间形态、环境建设、防灾规划等内容提出控制要求;强化对地下空间的公共部分的控制,对通道断面尺寸、口部位置、宽度等提出控制要求,并提出了地下建筑控制线的概念;在成果表达上采用分图图则表达控制要素。

2.8.3 法规建设

2008 年初,重庆市规划局发布的《重庆市城乡规划地下空间利用规划导则(试行)》[①]是目前我国地下空间利用规划方面最为全面详细的技术规范(详细内容见第 4 章地下空间法律法规)。

2009 年颁布的《重庆市城乡规划条例》[②]明确规定控制性详细规划应包括地下空间的规划内容,并确立了地下空间开发利用应优先满足防灾减灾、人民防空、地下交通、地下管线等基础设施的原则。

重庆市的地下空间管理办法尚未形成完善的机制。目前,地下空间规划的编制和审批均由市规划主管部门审查,市规划委员会审议后报市政府批准并颁布实施。地下空间所有权和使用权的管理和登记也尚未形成明确、有效的管理体系,现均参考地面相关法规和具体项目情况进行登记和管理。

2.8.4 信息管理

重庆市规划部门于 2005 年启动了主城区地下管线普查工作,历时两年,完成一期主城九区规划密集区地下管线 10 240 km,并于 2009 年启动主城区二期地下管线普查工作。

2010 年启动重庆市主城建成区地下空间普查工作。2010 年 4 月,历时两年多时间建成的重庆地理信息公共服务平台正式投入使用,该平台是重庆市唯一的公共性地理信息基础设施,包含了市政管线信息在内的各类地理信息数据库及共享服务系统,以地理信息系统(GIS)、全球卫星定位系统(Global Positioning System,简称 GPS)、遥感(Remote Sensing,简称 RS)、网络、数据库等信息技术为基础,集地理空间信息共享、数据交换、数据发布、功能服务为一体的信息平台,该平台由全市统一的标

---

① 重庆市规划局.重庆市城乡规划地下空间利用规划导则(试行)[R].2008.

② 重庆市第三届人民代表大会常务委员会.重庆市城乡规划条例[R].2009.

准规范、公共地理框架数据和共享交换系统组成；而重庆地理信息公共服务的应用系统是基于信息平台建立的区域性或行业性的专题地理信息系统。未来发展计划包括丰富地理数据资源、扩展平台功能和性能，其中包含了全市的地下市政管线及构筑物信息。政府各部门将各自的信息叠加到平台上，实现信息共享，进而实现了“全市一张图”的概念。

2011 年 1 月，重庆市人民政府颁布了《重庆市地理信息公共服务管理办法》，明确地理信息公共服务平台和应用系统在建设、管理中的管理原则、部门职责分工、资金保障、共享应用、数据更新等方面的要求。

2.8.5 典型案例

典型案例 1 南坪中心地下交通枢纽工程

南岸区重点打造的标志性工程——南坪中心地下交通枢纽工程，于 2007 年 12 月开工，总投资约为 14.3 亿元，包括车行交通、轻轨交通、景观整治等 8 个建设内容。其开挖深度为 30 m，一共 4 层，集轨道交通、公路交通、商业等多种功能于一身(图 2.16)。

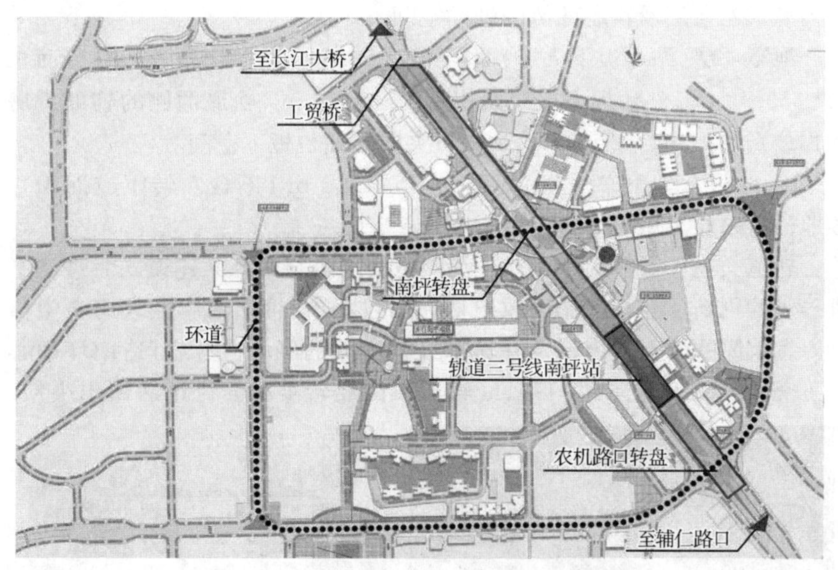

图 2.16 南坪地下交通枢纽工程范围图

轨道交通 3 号线南坪站位于南岸区南坪南路的中部地下，车站东侧为南坪长途汽车站、中凯城市之光公寓等，西侧为大连万达商业开发地块等，北侧为南坪东路的南坪转盘，南侧为南城大道。

南坪中心地下交通枢纽站为地下 4 层半车站，包括地下 1 层(夹层)、地下 1 层(站厅层)、2 层(站台层)、地下 3 层(站台板下夹层)、地下 4 层(地下车道层)。车站总长为136 m，站台长度为 120 m，车站标准段宽 46 m(包括南坪交通枢纽地下左转匝道部分)。车站总面积为 18 574.33 m^2，其中各层面积为：

地下 1 层(夹层)面积为 2 370.98 m^2，其中轨道用房面积为158.75 m^2，其余为轨道备用房。该夹层与大连万达、车站南侧区间上部南坪枢纽的地下商业开发空间夹层等连接。

地下 1 层(站厅层)面积为 6 094.95 m^2，其中公共区建筑面积为 2 998.72 m^2，设备管理用房面积为 3 096.23 m^2。该站厅层与大连万达地下室、车站两端区间上部南坪枢纽的地下商业开发空间、城市之光的地下空间等连接。

地下 2 层(站台层)面积为 5 054.20 m^2，其中站台公共区面积为 1 269.58 m^2，站台两端设备管理用房面积为 343.71 m^2，轨道行驶区面积为1 111.87 m^2，轨道两侧的辅助用房面积分别为 1 164.52 m^2。该站台层为岛式站台层及轨道两侧的辅助空间。

地下 3 层(站台板下夹层)面积为 5 054.20 m^2，其中轨道行驶区面积为1 359.49 m^2，站台板下夹层面积为 1 365.67 m^2，轨道两侧的辅助用房面积分别为 1 164.52 m^2。该站台下夹层为站台板下空间。

地下 4 层(地下车道层)面积为 1 734.00 m^2(不含左转匝道面积)。该地下道路层为城市下穿车道空间。

轨道交通 3 号线南坪车站作为轨道交通进行市区共建模式时进行了进一步的创新。在与南岸区政府协调的过程中，得知南岸区政府希望借助万达集团的资金实力以及在城市经营方面的经验，重点打造南坪中心地下交通枢纽工程(图 2.17)，经轨道集团经营委员会讨论后做出决策，

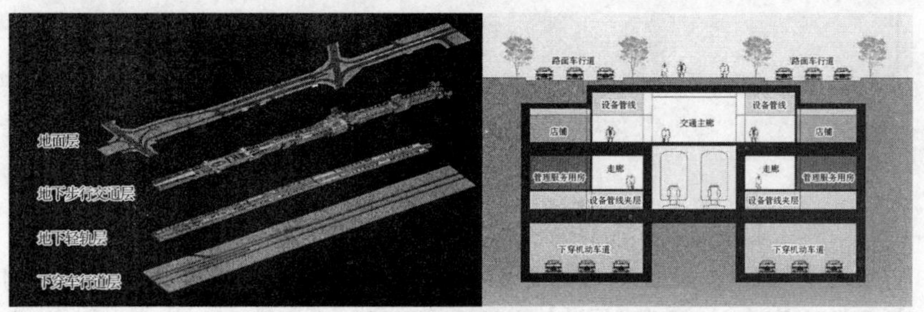

图 2.17　南坪地下交通枢纽工程规划图

把整个轨道交通南坪车站交由南坪市政府统一实施。轨道集团提供车站的相关设施图纸等技术资料,委托南坪市政府对整个工程进行统一招标,最后再根据投资比例等相关因素分配车站附属的地下空间利用的相关物业开发。作为轨道交通市区共建模式的创新,南坪车站的统筹实施可以避免轨道交通设施、公交导向布局、地下人行步道以及地下商业开发利用等方面衔接不利的问题,使轨道交通生产设施的地下剩余空间得到了有效地利用。

典型案例2　观音桥金源地下城

金源地下城建成于2005年,是利用嘉陵公园进行的地下空间开发。地面为绿化广场,规划商业面积近3万 m^2,目前在营业的商业面积约为2.8万 m^2,是中国西部最大的地下特色商业街,是汇集了歌剧院、电影院、夜总会、动感迪吧、桑拿中心、量贩KTV、游泳池、健身房、棋牌室等各类大型娱乐设施以及海鲜城、日本料理、西餐厅、自助餐、特色餐馆、小吃店等餐饮业的休闲娱乐酒吧街(图2.18)。

图2.18　金源地下城实景

2.9　厦门

2.9.1　概述

1) 现状以人防为主的地下开发

厦门市的地下空间开发利用始建于20世纪60年代,主要用于防御。20世纪80年代,开始利用部分人防工事用于地下通道、库房、商业娱乐等设施。2000年以后,“城市地下空间开发利用兼顾人民防空需要”的方针得到了较好地落实,厦门市兴建了大量的结建民防工程项目。到 2005 年末,厦门市地下空间总建筑面积为 156 万 m^2,其中人防工程总建筑面积为 110.5 万 m^2,占总量的 71%,全市人均现有地下空间建筑面积为 1.62 m^2。

2) 轨道交通处于建设阶段

厦门城市轨道交通远景线网规划 6 条线路,总长约为 247 km。首期 3 条线路于 2012 年动工,预计于 2016 年建成第一条线路。

3) 地下交通市政设施发展迅速

目前,厦门市隧道工程、人防商业街、市政管线工程等地下工程建设规模迅速增大。全市已建隧道总长约为 26 km,包括 18 项隧道工程;已建成的地下人行过街通道共有 24 个;至 2005 年底,已通过竣工验收的地下停车场总建筑面积达到 68 万 m^2;地下市政设施主要为地下水池泵房、地下变电站以及地下管线工程,典型工程包括 110 kV 厦门湖滨南路地下变电站、厦门第一医院地下水池泵房。

4) 地下街等公共设施建设的拓展

厦门在地下公共设施建设方面主要有地下商业街、地下娱乐城和地下急救医院。典型工程包括:轮渡地下商业街,家乐福、沃尔玛、SM 城市广场等大卖场,明发商业广场,梧村汽车站地下商业设施,南中大地广场、信息大厦地下俱乐部,东芳山庄地下娱乐场,黄厝公安部厦门九一八工程地下娱乐中心。

2.9.2 规划编制

2009 年编制完成的《厦门市地下空间开发利用规划》(2006—2020)[①](简称《规划》)中的内容方法具有一定创新,对重点片区进行图则控制,并且在总体规划的指导下,多个地下重点工程得以顺利实施,具有较好的示范作用。但目前厦门仅有城市总体规划层面的地下空间规划,其他层面规划较为欠缺。

1) 主要内容

该《规划》分为 4 个部分:① 城市经济、社会、建设及地下空间开发利用等现状分析;② 地下空间资源评估、地下空间开发利用需求预测、地下空间发展战略与发展目标等;③ 地下空间平面形态、竖向结构等开发利用总体框架和地下交通系统、地下市政设施、地下公共设施、地下防空防

---

① 厦门市规划局. 厦门市地下空间开发利用规划(2006—2020)[R]. 2009.

灾系统、地下物资仓储等各专项内容；④ 地下空间近期建设规划和实施保障措施。除此之外，对地下空间开发相关法规、政策、管理机制的专题研究也将推动地下空间的开发建设。

2）指标体系

该《规划》建立了系统、综合、量化的指标体系，这不仅可加强规划的科学性和可操作性，还可以作为规划实施过程中监督、检查的标准(表 2.13)。

表 2.13 《厦门市地下空间开发利用规划》(2006—2020)指标体系表

指标类别	指标内容及单位	近期	远期
土地利用	城市用地面积(km^2)	230	350
	单位城市用地面积 GDP(亿元/km^2)	8.2	18
	单位城市用地社会商品零售额(亿元/km^2)	2.1	3.7
空间容量	地下空间开发量占地面建筑总量的比例(%)	10	20
	容积率提高贡献率(%)	10	20
	建筑密度降低贡献率(%)	5	10
城市交通地下化	地下铁道路运量占公交运量的比重(%)	—	10
	地下快速道路分流中小汽车交通所占的比例(%)	5	10
	地下物流占货运总量的比例(%)	5	10
	地下停车位占停车位的比例(%)	40	65
	交通换乘枢纽的地下化率(%)	20	50
市政公用设施地下化综合化	污水地下处理率(%)	50	90
	中水占生活供水量的比例(%)	5	10
	固体废弃物地下资源化处理率(%)	20	50
	变电站、热交换站、燃气调压站、水泵站、电话交换站等设施的地下化率(%)	5	20
环境保护	绿地面积扩大环保贡献率(%)	5	10
	空气质量提高环保贡献率(%)	5	10
	减少废弃物处理二次污染环保贡献率(%)	5	10
资源的地下储存和循环利用	余热、废热回收再利用占总能耗的比例(%)	5	10
	新能源开发利用占总能耗的比例(%)	5	20
	燃气、燃油的地下储存和运输比例(%)	50	100

续表 2.13

指标类别	指标内容及单位	近期	远期
城市安全	家庭地下防灾掩蔽率(%)	80	100
	个人地下公共防灾空间掩蔽率(%)	80	100
	城市生命线系统允许最大破坏率(%)	20	10
	防灾生活用品、燃料、饮用水、物质的地下储量能力(%)	30	60
	危险品的地下储存率(%)	80	100

3）规划评价

该《规划》内容和体系全面、丰富，是当前国内已编制完成的地下空间专项规划中系统性和完整性最好的成果之一。

(1) 内容具有创新性。地下空间资源评估与需求预测方法完整、得出的结论相对准确，并且地下空间的法规体系及实施机制的专题研究等内容在国内处于领先水平，因此，为促进厦门市地下空间开发、完善厦门市法规体系起到很好的指导作用。

(2) 技术应用在国内领先，社会环境效益显著。调查了大量地质、地貌及相关规划资料，采用了 GIS、RS 等先进分析技术和手段来支撑地下空间资源评估的专题研究，对厦门市地下空间开发利用的优化与资源保护起到很好的指导作用。

(3) 突出厦门城市特色，规划得以有效实施。

4）实施情况

该《规划》对地下综合体、轨道交通线路、站点和沿线土地都进行了有效控制，并且新区开发和旧城改造项目都以该《规划》为依据进行了地下空间利用详细规划，如：厦门新火车站、梧村汽车站片区进行的地下综合体项目施工；长达 5 km 的翔安海底隧道、快速路成功大道隧道、大帽山隧道、环岛二线金山隧道等交通隧道项目也依据该《规划》逐步展开。

目前，《厦门市民防专项规划》和各项有关地下空间开发利用的相关规划编制，都以本《规划》为基础进行了协调整合。

2.9.3 法规建设

厦门市人民政府办公厅于 2011 年 5 月颁布的《厦门市地下空间开发利用管理办法》对地下空间开发利用管理的各部门职能、全市性地下空间开发利用专项规划、地下空间建设用地使用权定义、出让方式、地价标准、使用年限、规划许可程序和内容、登记方法、地下连通等内容进行了规定，确立了厦门市地下空间管理体制和机制框架。

厦门规划部门还针对当前建设中面临的问题进行重点研究。

(1) 轨道：立法赋予特定市场主体对轨道沿线的地下空间进行综合开发利用的行政管理权，采取多种市场运作方式进行轨道建设。

(2) 综合管廊：由政府投资设立，城市开发公司承担建设，费用由财政、信托方式或银行贷款等方式提供，建成后通过招拍挂的形式委托给社会资本经营，实施年度收费制，并建立相应的费用、税收、补偿等政策机制予以扶持。

(3) 地下道路：引入市场化运作机制，通过招标投标程序与国内外经济组织签订特许项目合同，通过合同约定项目的投融资、建设、运营、维护和经营期限，并在期限届满后将特许项目设施移交给政府指定部门。

(4) 地下街和地下停车场：采用建设—经营—转让(Build-Operate-Transfer，即 BOT)、有偿出让、入股、联合开发和公私合营(Public-Private-Partnership，简称 PPP)等几种可行的投资模式，实行平战结合并建立完善的配套措施。

(5) 绿地地下空间复合开发的专项管理：通过市场化运作，充分利用绿地、广场地下空间解决城市用地难问题。

2.9.4 典型案例

典型案例 1 厦门湖滨南路 110 kV 地下变电站

厦门湖滨南路 110 kV 地下变电站位于湖滨南路电业大楼前，紧邻筼筜湖，是福建省第一座全地下变电站。该变电站分为地下 2 层，两台总重量均为 63.5 t 的大型变压器被安全埋入地下 7.5 m 深的预定位置，建设规模为 2 台 40 MVA；地面为城市开放绿地。该工程总投资为 5 800 万元，相对地面总投资高出 2—3 倍。

典型案例 2 厦门翔安隧道

厦门翔安隧道全长约为 9 km，跨海主体工程部分长为 5.95 km，其中海域段部分长为4.2 km。该隧道起于厦门岛五通村，止于翔安区西滨。隧道最深处位于海平面以下 70 m，主隧道建筑限界净宽为13.5 m，净高为 5 m。厦门翔安隧道于 2005 年动工，工程总投资约为 32 亿元，为中国大陆第一条海底隧道。

2.10 哈尔滨

2.10.1 概述

1）老牌人防重点城市，地下空间开发历史悠久

哈尔滨地下空间的发展经历了人防、人防与商业结合到人防地下商场、地铁建设齐头并进的历程。

(1) 第1阶段(1895年—20世纪80年代中期)。受19世纪末特殊的国内外形势的影响，哈尔滨地下空间建设以人防工程建设为主体，同时也包括贮藏、商业等多种功能。1973—1979年建成10.1 km长的地铁隧道，设5个车站，埋深为20 m；与此同时，还设有医疗医院、车库、机动干线等，总面积约为86.9万m^2。

(2) 第2阶段(20世纪70年代初—21世纪初)。随着城市空间容量不足的矛盾日益加剧，哈尔滨出现了依托人防工程的地下空间开发。1987年，由原有人防设施改造而成的地下商业街——金街——的建成，拉开了哈尔滨市大规模开发地下商业空间的序幕。

(3) 第3阶段(2006年至今)。哈尔滨正在大规模建设地下交通和商业设施，如：地铁1、2、3、4号线正在建设和筹划当中，火车站前地下车行通道、中央大街和友谊路交口地下商业区等也在建设当中。2007—2008年，哈尔滨市地下空间建筑面积猛增20万m^2，是1987—2006年地下空间建筑面积增量的总和。至2020年，哈尔滨市将重点发展10余个大型地下空间项目，面积将达到现有的2倍以上。

2）人防地下商场发达，形成完善的地下商场建设模式

哈尔滨市人防地下商场众多，包括人防金街、人和春天等23个地下商业街项目，总面积达27万m^2。这一现象的产生一方面是因为哈尔滨冬季严寒漫长，温暖的地下商场给人们提供了活动的场所；另一方面则因为人和商业控股等开发公司的“推波助澜”：利用低成本的人防工程建设地下商城，通过出租商铺或转让商铺经营权的方式获取巨额回报，这种开发模式推动了人防地下商场的快速拓展。

3）预先对地铁沿线地下空间开发进行严控

哈尔滨轨道交通系统是中国首个高寒地铁系统。该工程于2008年启动，规划九线一环，总里程为340 km，其中1号线于2013年9月通车。

而《哈尔滨市地铁沿线地下空间开发利用管理规定》[①]已于2008年颁布实施，明确地铁建设工程与沿线地下空间同时开发建设，地上地下、出入口的连通与协调等要求，预先对地铁沿线地下空间开发进行了严控。

2.10.2 规划编制

哈尔滨市地下空间规划包括总体规划、修建性详细规划、专项规划3个层面，未形成完整的地下空间规划体系，缺少控规层面的规划研究工作。其中，修建性详细规划和专项规划均非独立编制的地下空间规划（表2.14）。

表2.14 哈尔滨市地下空间规划一览表（部分）

规划层次	规划名称
总体规划	《哈尔滨市城市地下空间规划》(2005)
修建性详细规划	《哈尔滨索菲亚广场扩建及周边环境综合整治规划设计综合方案》(2003) 《哈尔滨市黄河公园及地下商场综合整治规划设计》(2003) 《哈尔滨市道里区西十二道两侧历史街区改造规划方案》(2002) 《中央大街二期综合整治规划》(2002)
专项规划	《哈尔滨市城市空间招商专项规划》(2005)

《哈尔滨市城市空间招商专项规划》[②]是以《哈尔滨市城市总体规划》（简称《总规》）为基础，将《总规》规划期内新增的165 km^2 用地和中心城区部分用地作为重点，面向社会全面招商。规划分为工业、居住、公建、物流、市政、交通、旅游、历史文化保护、绿地和地下空间共10个方面的内容。

规划明确了72项地下空间招商项目，共占地147.55 hm^2。其中商业设施39项，面积为77.74万 m^2；其他公建项目16项，面积为43.65万 m^2；工业企业3项，面积为5万 m^2；地下停车场2项，面积为10万 m^2；地下综合管廊1项；地铁线路1条。

该规划将城市规划特别是地下空间规划与招商引资进行有机结合，利于项目的实施操作。

---

① 哈尔滨市人民政府.哈尔滨市地铁沿线地下空间开发利用管理规定[R].2008.

② 哈尔滨市城市规划局.哈尔滨市城市空间招商专项规划[R].2005.

2.10.3 法规建设

一方面,"地下商城"模式是指兴建人防工程并在和平时期将其用作地下商城,通过出租商铺或转让商铺经营权的方式获取回报的一种开发模式。这种开发模式可以令开发公司不受诸多房地产行业的法律、法规税收及政策的限制,不仅无须缴纳土地出让金、土地增值税,还能豁免物业税,可节约大量成本。

另一方面,哈尔滨尚未有健全的地下空间开发利用管理体制。地下空间的开发利用基本处于多头经营、多头管理的状态。哈尔滨市工商局专门成立了地下空间管理的直属分局,负责全市的地下空间登记管理;市消防局专门成立了地下科,管理对象以地下商场的消防安全为主;市规划局负责地下空间规划的审批管理。

2.10.4 典型案例

典型案例1 哈尔滨地下商场

1988 年,哈尔滨市建成了第一个地下商场,即后来被誉为"全国人防地下商业第一街"的金街,日均客流量达 12 万人次。金街的建成拉开了哈尔滨市大规模开发地下商业的序幕。20 世纪 90 年代,国贸城、人和商城等地下商城相继建成;2000 年后,又有国泉商城、人和世纪名品广场、时尚广场等建成营业;到目前,哈尔滨市先后建设了 23 个人防地下商场。这些地下商场分布在南岗区秋林地区、哈尔滨火车站站前、道里、道外、香坊、动力 6 个区域,总面积达 27 万 m^2,主要经营服装、百货的批发与零售,年创销售收入已达 30 亿元,年上缴各种税费 1.4 亿元(表 2.15)。据有关部门初步统计,哈尔滨市人防地下商场主从业及相关服务业人员已达 50 万人。虽然地下商场面临着缺乏规划、盲目扩张、空气流通不畅、消防隐患等诸多弊病,但是,地下商场仍然是哈尔滨市民休闲娱乐的重要场所。

表 2.15 哈尔滨部分地下商场情况一览表

地下商场	面积（万 m^2）	深度	位置	开发时间（年）	备注
人防金街商城	1.3	−3层	秋林商业中心	1988	全国人防地下商业第一街
国际贸易城	2.2	−2层	秋林商业中心	1992	—

续表 2.15

地下商场	面积（万 m^2）	深度	位置	开发时间（年）	备注
人和商城一二三期	1—2（每期）	-2层	秋林商业中心等地	1992	—
联升服装广场	1.5	—	道里区兆麟街	1994	—
红博地下商场	5	—	秋林商业中心	1997	—
国泉商城	0.7	—	香坊区商业中心	2000	—
西城汇地下商业街	2.5	—	哈西学府商圈	2011	—
哈尔滨火车站站前地下商场	—	—	哈尔滨火车站	—	—

典型案例 2　人和商业控股有限公司的全国地下空间扩张

人和商业控股有限公司一直致力于在全国大中城市黄金批发商圈的主要街道下方开发、运营地下商城，目前已发展成为中国最具实力的地下商城开发商及运营商之一。它从哈尔滨起家，1991 年，哈尔滨项目第一期开始兴建；2000 年，哈尔滨项目第二期兴建并落成；2003 年，哈尔滨项目第三期兴建并落成。2005 年起，人和商业控股有限公司开始迅速向全国拓展，2005 年，广州地一大道第一期项目落成；2008 年，郑州地一大道正式开业；2012 年，公司的经营版图已拓展至全国 30 多个大中城市，旗下的地下商城总建筑面积达到 600 万 m^2。

人和商业控股有限公司利用人防工程建设地下商场，再通过出租商铺或转让商铺经营权的方式获取回报，可令开发公司不受诸多房地产行业的法律法规、税收和政策的限制，无须缴纳土地增值税、物业税，进而节约大量成本。因此，人和控股的人防商场项目在短短十几年间在全国遍地开花。其已经运营的项目包括哈尔滨项目一二三期、哈尔滨人和春天项目、广州地一大道、郑州地一大道、沈阳项目一期等，在建项目如表 2.16 所示。

表 2.16　人和商业控股有限公司在建项目一览表

	项目名称	开工面积(m²)
在建项目	辽宁抚顺项目一期	10 596
	湖南岳阳项目	80 000
	哈尔滨项目六期	8 500
	重庆巴南项目一期	60 669
	重庆大渡口项目一期	40 380
	辽宁锦州项目一期	41 163
	辽宁鞍山项目二期	118 000
	海南三亚项目	135 190
	辽宁沈阳项目二期(中街、太原街)	240 345
	广东东莞虎门项目一期	423 890
	河北秦皇岛项目一期	23 282
	辽宁鞍山项目三期	18 928
	江西鹰潭一期项目	86 000
	广东东莞虎门项目二期	228 000
	山东烟台项目一期	50 000

注释：于 2013 年 8 月统计。

3 地下空间利用的国际经验

在许多发达国家，地下空间的利用已十分系统。从早期的地铁建设，到大型建筑向地下延伸，再发展到复杂的地下综合体、地下街、与地下轨道交通相结合的地下城的形成；同时，地下市政设施也从单纯的地下给排水管网发展到地下大型供水系统，地下大型能源供应系统，地下大型排水及污水处理系统，地下生活垃圾的清除、处理和回收系统以及地下综合管线廊道（共同沟）。从全球范围看，对城市地下空间利用较充分的国家和地区主要集中在北美、西欧、北欧和亚洲的日本、新加坡、中国台湾、中国香港等。各国和地区地下空间的开发利用在其发展过程中形成了各自独有的特色，在法律规范上形成了较完备的框架体系，同时它们中的部分城市在规划中的执行也很值得借鉴、学习。

3.1 加拿大蒙特利尔

加拿大第二大城市蒙特利尔位于魁北克省南部，是全球最繁忙的内河港口城市之一。该市气候寒冷，一年近 4 个月在冰雪覆盖之下。市区面积为 365.13 km^2，人口约为 331 万，地区生产总值为 1 100 亿加元。全市共 4 条地铁线、73 个车站，是世界最繁忙的地铁之一。蒙特利尔以对地下空间的成功利用著称于世，尤其是中心区的地下步行网络的构建。

3.1.1 地下步行系统

蒙特利尔商业中心区占地 2—3 km^2，建筑面积为 400 多万 m^2，地下步行网络总长为 33 km，每天人流量超过 50 万。其中，地下步行网络连接了 10 个地铁车站、两个火车站、两个城际长途汽车枢纽和会议中心、展览馆等 60 栋建筑；并且拥有 116 个地面出口，以保证市中心任何一点距其最近的出口都不超过步行允许范围。同时，地下网络距地面较近，与地上建筑的联系极为方便，这一方面归功于当地良好的地质条件（10—15 m 石灰岩）；另一方面，蒙特利尔是世界上少数使用胶轮路轨系统的城市之一，轮胎为橡胶，因此，地下网络可以离地面更近。地下步行网络受公共政策鼓励和重大事件带动，历时 30 年建成。从 20 世纪 60 年代受火车站改造触动起，经过 20 世纪 60 年代—20 世纪 70 年代伴随地铁建设而兴起的大规模商业开发，逐步形成地下网络骨架（图 3.1）。此后，城市规划进一步引导其完善，最终形成了举世闻名的地下步行网络。

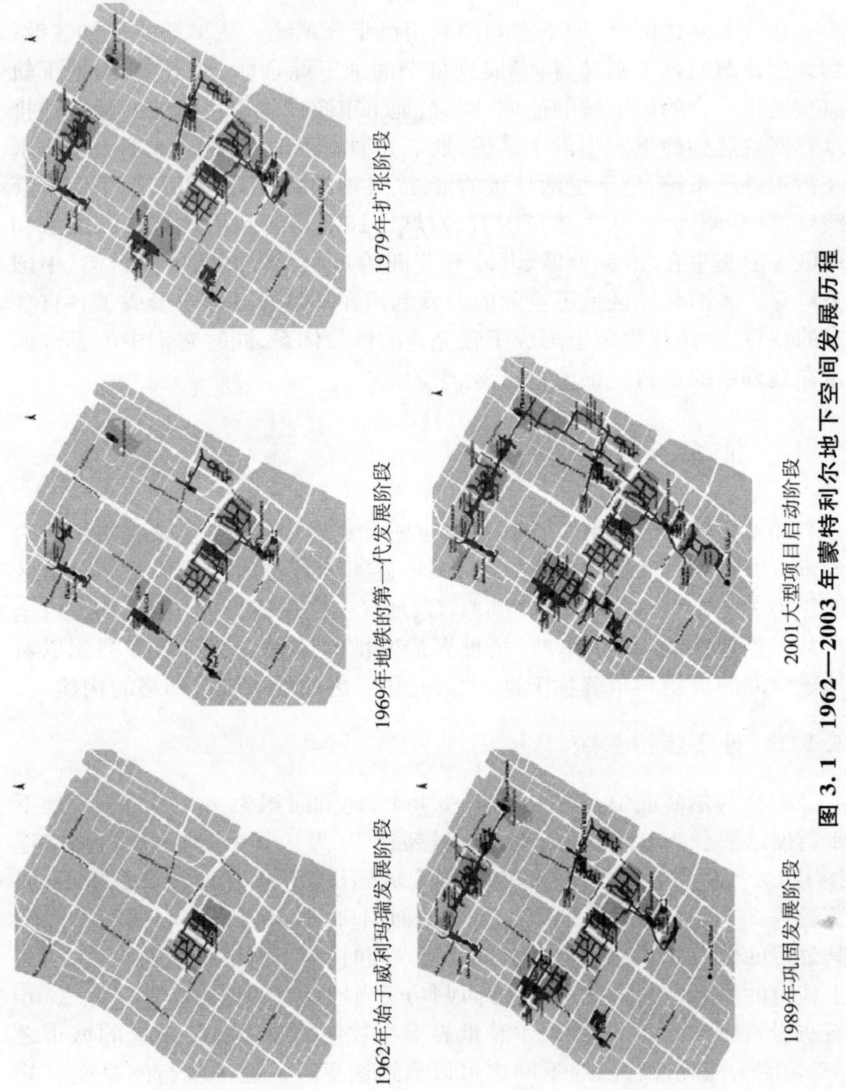

图 3.1 1962—2003 年蒙特利尔地下空间发展历程

地下步行网络的设计理念与特色：

(1) 重在联通。通过步行网络实现地上地下联通，使土地价值得以充分发挥。

(2) 重视公共空间品质。公共领域下方以人行通道为主，较少商业开发。

(3) 与地铁互动，地铁走向奠定了地下城的格局。政府调整了最初的地铁方案，让地铁线在空地、路面较窄的街道下穿过，缩短地铁站间距至 500—750 m(通常的距离为 1 000 m)，既方便步行连接又带动周边土地发展。

(4) 政府一系列激励措施以及重大项目建设促进了地下网络的建设。

(5) 规划的引导作用。

3.1.2 规划编制与许可

1) 规划编制

蒙特利尔先后开展了 5 次地下空间规划，其中 3 次为私人机构编制，两次为政府制定，地下空间形态一直延续了最早的规划格局。政府法定规划提出了区划措施，将地下步行网络纳入城市发展战略，作为城市整体规划的一部分来进行研究；而业主自发建立了土地所有者联合会，负责与政府沟通。

1964 年，由私人出资邀请规划师文森特·庞特(Vincent Ponte)对玛丽城广场(Place Ville-Marie)以北区域制定了蒙特利尔第一个总体规划。该规划建立了连接 4 个地铁站、两个火车站、办公、商业、酒店、展览中心、地下停车场的多层地下步行网络，长度达 10 km，每天能接纳 50 万人。该规划考虑深远，并和政府主管部门进行了充分沟通。虽鉴于当时的经济水平，其设想未能全部实现，但此后随着房地产项目不断地自发沿袭并发展这个网络，地下空间的最终格局基本延续了当初的规划。

1984 年蒙特利尔室内城市规划仍由私人机构编制。该规划针对业主所在的局部范围提出一系列连接节点的规划设想，连接对象包括：两条地铁线之间及其与社会文化设施、周围建筑、主要商业街、空置的大型地块等。该规划虽然未提交城市议会，但地下网络的发展仍然遵循了这一发展目标。

1992 年《蒙特利尔总体规划》是第一个由政府制定的法定规划。该规划提出了区划法规措施及项目评估要求；指出地下部分的商业面积要纳入建筑面积比的计算中；允许任何由私人部门资助的地下步行网络扩展项目，但需要研究其影响作为项目的支持依据，以达到使用舒适和安全的目的。

2000 年《蒙特利尔国际区总体规划》建立了土地所有者联合会，用于负责沟通并集资。该规划使国际区的博纳文图拉(Bonaventure)、维多利亚广场(Square-Victoria)和武器广场(Place-d'Armas)3 个地铁站通过地下网络获得了重要的东西向联系(图 3.2)。业主自发建立土地所有者联合会，其工作包括：① 与城市当局进行协商，协商获取包括地役权、准许使用公共领域来建造地下通道等内容；② 通过地方改良税(local improve-ment tax)集资 800 万加元，并负责管理公共领域建设所需的公共和私人资金。

图 3.2　2000 年蒙特利尔国际区总体规划

在 2004 年《蒙特利尔国际区总体规划》中，地下步行网络成为城市整体发展战略的一部分。具体包括：

(1) 确保和室内步行网络连接的建筑保持与街道间的相互作用，最大化设置人行道的开口和直接通道，鼓励能够增加路面活动的商业用途。

(2) 确定标准来统一通道、设计、灯光、通风等设施的形式和地下步行网络的营业时间，同时进行养护工作和保证公共安全。

(3) 在整个网络内引入一套标识系统来增强使用者的方位感。

(4) 致力于为行动不便者提供普遍适用的通道。

(5) 以鼓励公共交通为目的来确定室内步行网络的开发导则。

2) 规划许可

(1) 区划法协议

沿用区划法规(Zoning)的做法,将协议性的用地区划整合成一个单独文件,在考虑了所有负面和正面的影响后经议会批准,并将其作为实施的依据。如:允许建设地下通道的投资者突破某些用地区划,增加建筑高度、密度和停车位指标,并以此作为支持室内步行网络向政府转让路权的补偿。这种开发协议在1972年德斯亚丁斯大厦(Complex Desjardins)项目中首次使用,此后推广应用于所有重要房地产的开发项目中,成为城市政府支持和规范地下空间发展的有效举措。

(2) 公共领域占用许可

有关公共领域占用的合约在蒙特利尔地下空间发展中扮演了极其重要的战略性角色。公共领域占用许可规定:如果车站没有紧邻待开发的土地,政府允许获得地铁上空开发权的开发商通过街道下方的通道将自己的建筑与地铁站连接起来,但这种通道属于公共领域,且相关的工程费用由开发商负担;同时,业主不能拒绝邻居通过其他的地下层通道取得道路联系,也不能要求对方给予财政赔偿。

3.1.3 土地政策

1) 法律依据

蒙特利尔土地所有权包括地面上空、地面本身和地下空间;但土地使用权要受用地区划和公共利益的限制,此外,开发地段发现的矿产资源和考古文物归国家所有。1992年,政府规定地铁上边的房屋业主必须考虑有直接通到地铁里的地下通道,而建设所需费用应与政府共同负担。

2) 土地权益

20世纪60年代中心城改造初期,蒙特利尔政府将地铁上空的建设权(Aerial Rights)投向市场,通过公开招标授予投资者75年的长期租用权;但投资者须放弃通道的地役权或开放新建筑内通往地面街道的通道公共路权,并在地铁站运营时间段提供免费通道,通道的建设和维护费用由开发商承担,产权属于城市政府。

3) 地价优惠

考虑到建设时固有的限制,蒙特利尔将地下空间的价值定为周围物业的 10%。若街道和停车场下面的人行通道是室内步行网络的延伸,其地下空间的年租可以降低到 1 加元。

3.1.4 机制保障

1) 协商与评估机制

要想制定一个地下空间系统的终极方案,或者预测所有有潜力的发展项目几乎是不可能;但蒙特利尔政府为各方提供的支持和协商平台鼓励了富有创意的方案得以被提出和实施。

(1) 土地所有者联合会

土地所有者联合会负责与政府进行沟通和对话,自主进行建设和开发,受政府的政策规范。而政府作为规划者和政策的制定者,在城市规划建设的层面上使各项功能协调发展。如:某隧道延长段的建设涉及多个业主,各业主根据成本在通行权利、维护和支付费用等达成了多方分担协议,并在公共空间与私人空间之间形成了多个连接。

(2) OCPM 的综合评估

综合评估对于新建、改建和增建等项目有决定性意义,即使一些地下连接的建设看起来是必然的,但项目最终能否完成仍然取决于综合评估结论。评估将全面分析、估算通道沿线的工作和生活人口,并收集其出行数量、方向和目的;预测建成连接通道后该地区的人口数量以及他们相应的交通需求量;还应调查各业主间在产权、协议、物业构造等方面的关系;评估公共服务和商业等方面的潜在发展可能;并评估项目建成后对当前街道活动和对当前地面地下商业设施的影响。

2) 对方案创意的鼓励机制

(1) 设立艺术专项资金

每一座车站都由不同的建筑公司来规划设计,以确保其不同的艺术风格;政府规定在项目投资预算中有 1%是艺术专项资金,并且设计从一开始就要有艺术家的参与。

(2) 综合信息指示系统

蒙特利尔地下城有一套完整的综合信息指示系统——RESO 信息指示系统,人们能够方便的辨别方向,找到目的地。该综合信息指示系统较适用于一些外地或外国的游客。

(3) 重视公共艺术宣传

宣传手段包括用法文、英文、中文等多种语言印制的宣传品,配有众多雕刻、彩色玻璃的工艺品、精美壁画,艺术气息十分浓厚。最终,宜人的空间设计创造出了“世界上最大的地下艺术长廊”(图 3.3)。

图 3.3　蒙特利尔的地下艺术走廊

3.2　加拿大多伦多

3.2.1　地下步行系统

多伦多(Toronto)是加拿大工商业和金融中心。城市面积为 632 km^2,人口 430 多万,有 4 条地铁(包括 1 条轻轨),69 个车站,路线总长为 68.3 km。该市气候四季分明,尤其冬季寒冷漫长,因此促使人们愿意在温暖的地下活动;与此同时,20 世纪六七十年代金融中心的大发展也为地下步行网络的形成提供了机会。

多伦多的地下街道网系统又称 PATH,全长为 27 km,它连接了超过 50 幢的建筑物、20 个停车场、6 个地铁站、两个大百货公司、6 个大酒店、1 座火车站以及多伦多主要旅游和娱乐景点,还拥有 125 个地下层间转换点,69 个左右方向转换点。该地下空间营业面积达 371 600 m^2,是世界上最大的地下购物城之一(图 3.4)。

多伦多地下街道网系统始建于 20 世纪初,当时伊顿公司(T. Eaton Co.)通过地下通道将位于央街(Yonge St.)178 号的商场与其附属建筑连接起来。到 1917 年,市中心建设了 5 条地下通道。1929 年,车站通过地下通道与加拿大太平洋铁路公司的皇家约克(Royal York)酒店连接,多伦多地下空间在这个时期几乎全为地下通道。直到第二次世界大战,地下通道再未得到进一步发展。

1954 年,地铁环线的建成为金融区地下空间的连续开发创造了机会,很多的地铁转换站、地铁站厅层与邻近的商务楼、零售店甚至居民楼通过修建地下街连接在一起。20 世纪六七十年代,经济的快速发展促进了金融区的大规模改造,给地下空间的发展带来了良机,各建筑底部纷纷建设地下空间,如:5 个加拿大银行都同意建造地下中央大厅。

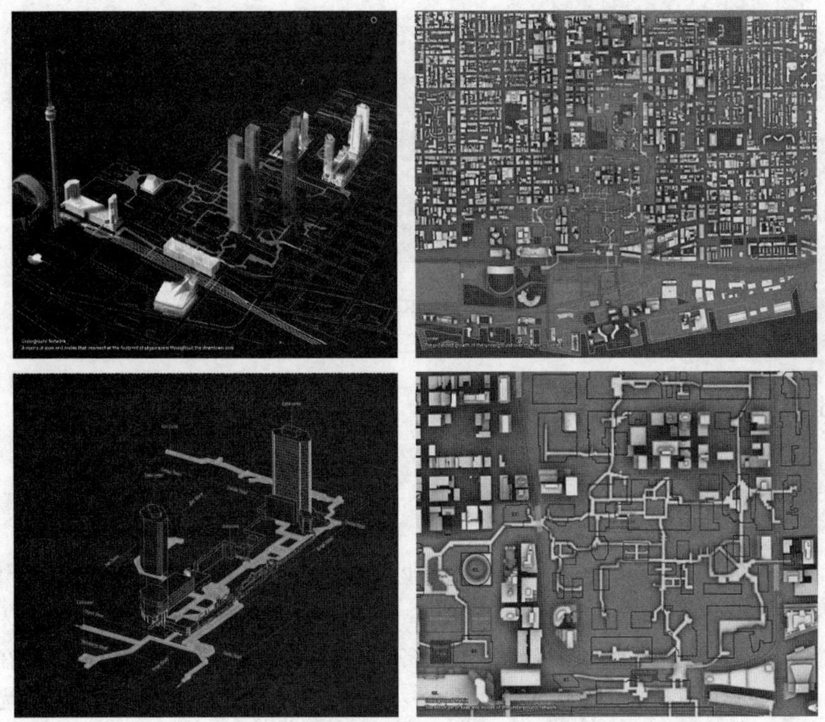

图 3.4　多伦多 PATH

20 世纪 70 年代，连接里士满阿德莱德(Richmond-Adelaide)大楼地下层、喜来登中心(Sheraton Center)地下层的地下隧道串联起众多百货商店、酒店、办公大楼以及地铁站，因此地下街迅速成长起来，并形成城市地下街道生活的 PATH 廊道系统。地下 PATH 并不在街道下方，而几乎都从建筑地块的内部穿越，与地面建筑设计充分结合起来，成为安全、舒适、系统化、多功能、全天候的步行者的城市空间(图 3.5)。

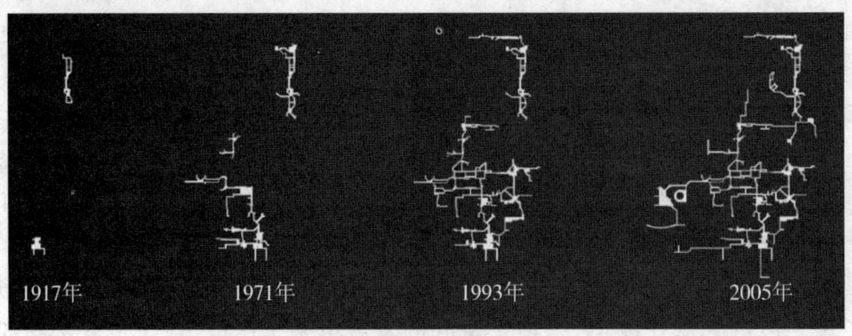

图 3.5　PATH 发展历程

3.2.2 规划引导

在 PATH 系统建设初期并没有大而全的规划，其规划始于 20 世纪 60 年代，当时多伦多市中心人满为患，又因新办公大楼的建设须搬走人们十分需要的沿街小商业，因此，当时的规划师马修劳森(Matthew Lawson)说服了几位重要的发展商兴建地下商场，并确保商城相互的连通。由于该规划深受居民的欢迎，地下 PATH 得以不断扩张。为指导地下空间的长远发展，多伦多市发布了 PATH 的长期扩张计划(图 3.6)。依据该规划，多伦多将建设 45 个新项目，人行道将延长到 60 km，新建的重要建筑均须确保与 PATH 的连接。

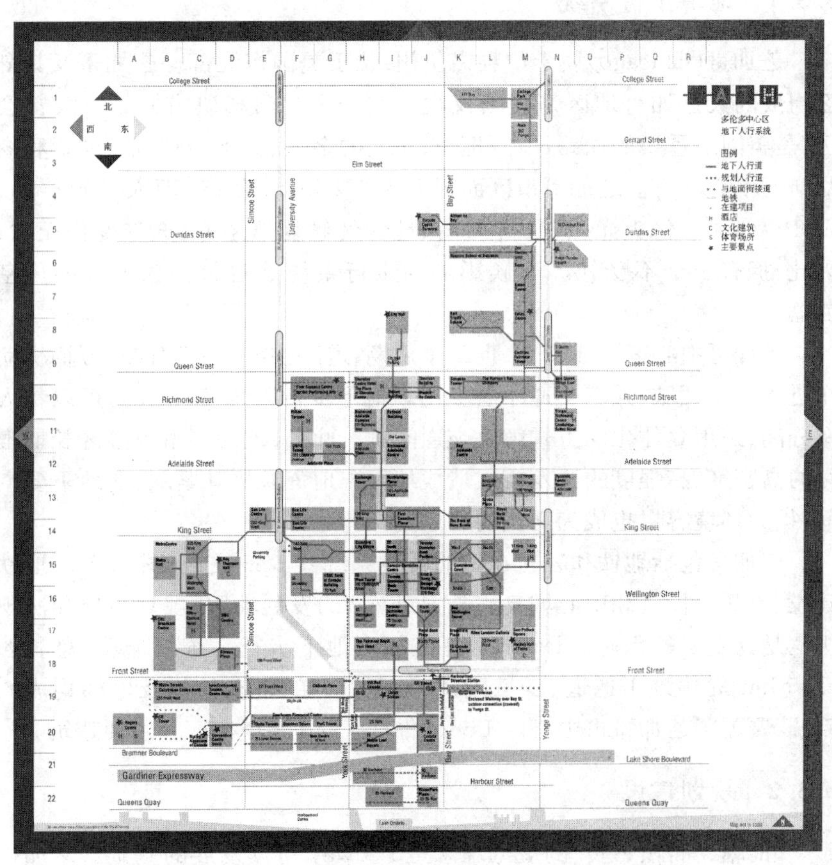

图 3.6 多伦多 PATH 的长期扩张计划

3.2.3 管理机制

多伦多几乎所有的地下空间(包括人行通道等)均为私有,并由其所有者进行管理。第一个由政府所有的建设项目是连接联合车站与威灵顿街的地下通道和地下商业区,全长 300 m,总建筑面积为 0.37 万 m^2,耗资 3 亿美元。

3.3 美国芝加哥

3.3.1 地下步行系统

芝加哥(Chicago)属于伊利诺伊州,位于美国东北部。芝加哥及其郊区组成的大芝加哥地区是美国仅次于纽约市和洛杉矶市的第三大都会区,是美国最重要的铁路、航空枢纽,主要的金融、文化、制造业、期货和商品交易中心之一。芝加哥市区面积为 606.2 km^2,约 284 万人(2009 年),GDP 为 1 460 亿美元(2004 年)。该地区气候夏热冬寒,天气变化无常,因此,拥有一个不受外界气候影响的步行系统是对付糟糕天气的秘密武器。

芝加哥中心区形成于 19 世纪中后期,道路狭窄,每天有 20 万辆机动车进入这个区域,人车交通矛盾突出。地下步行系统(Pedway)可以将人车分离,采用立体化的方式解决交通问题。此外,芝加哥市中心区长期推行的高密度、高强度的开发模式造成地面土地资源极其紧缺,向地下要空间、扩大环境容量也成为现实的发展途径。

芝加哥包括地铁和轻轨在内的轨道系统共 6 条线路(图 3.7)。地铁建设、灵活的投资和中心城复兴是 Pedway 的发展动因,规划引导和法规规范是其发展的保障。Pedway 是芝加哥地下步行系统的通称,总长约 8.05 km,是由地下通道、少量天桥、大厅、楼梯、自动扶梯及电梯构成的系统,覆盖了芝加哥市中心区 Loop(鲁普区)40 余个街区和主要建筑。

3.3.2 规划建设

“前瞻、综合、一贯”的规划理念是 Pedway 持续发展的基础。芝加哥多年来始终保持规划的一贯性,为 Pedway 的落实和持续发展提供基础;规划的前瞻性也使公众和私有企业能够有计划地开发和利用地下空间,避免了无序开发和设施间的相互隔离。

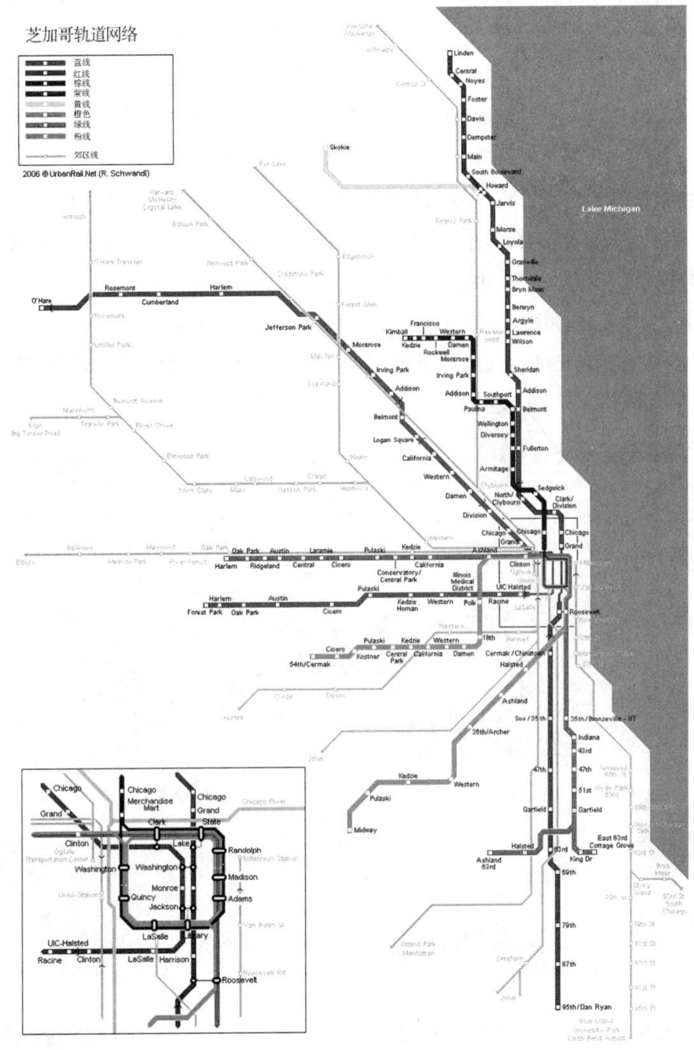

图 3.7 芝加哥轨道

Pedway 的发展始于地铁的兴建。1951 年，联系中心区两条地铁线路站厅层地下人行通道的建成，拉开了芝加哥利用地下空间建设步行系统的序幕。20 世纪 60 年代，人们开始关注中心区的环境，并且编制了《芝加哥综合规划》(1966)和《芝加哥中心区交通规划研究》(1968)；同时，公共与私有资金开始介入地下步行系统的建设，对 Pedway 的发展起到了积极的促进作用。20 世纪 70 年代—20 世纪 80 年代，芝加哥中心区的复兴带动地下步行系统的形成。1971 年,第一国家银行下沉广场建成,广场提供可享受阳光的、通向地铁站点的半地下步行区;1972 年,依据城市规划发展局提供的规划导则,综合性建筑群伊利诺中心地下步行系统建成;1988 年,伦道夫(Randolph)步行通道建成,Pedway 得以进一步扩展。

随着城市格局的基本定型,城市的建设步伐也逐渐放缓。受美国土地私有制度的影响,在建成区下修建地下设施涉及高昂的投资及产权与维护问题,这也是 2003 年《芝加哥中心区规划——为了 21 世纪的中心城市》中 Pedway 系统覆盖面明显缩小的原因之一(图 3.8)。近年来,Pedway 的改进主要关注易达性等服务水平的提高、设施配套的完善以及安全、整洁等软性环境的建设①。

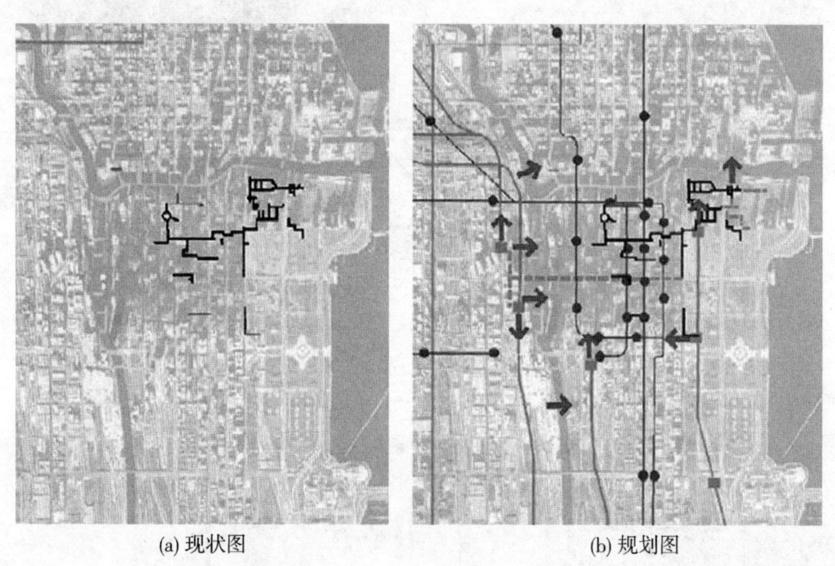

(a) 现状图　　(b) 规划图

图 3.8 Pedway 现状图和《芝加哥中心区规划——为了 21 世纪的中心城市》Pedway 规划图

3.3.3 管理机制

区划法规(Zoning)规定了先提交方案的项目审批流程和容积率奖励程序。清晰成熟的管理机制使 Pedway 的建设有章可依。区划法规是美

① 王岳丽,梁立刚. 地下城——芝加哥 Pedway 综述[J]. 国际城市规划,2010,25(1):95-99.

国城市进行开发控制的重要依据，以此规定地块的使用性质、建筑类型及开发强度。针对 Pedway 的建设，区划法规有着明确的要求，具体包括：

区划法规规定了 Pedway 审批的流程。涉及 Pedway 建设或更新的项目均被分类在规划项目内，申请者(公共和私有公司)需持含有 Pedway 设计方案的相关文件上报规划发展局、规划委员会审查，经公众听证会后，由市议会批准方可实施。其中，规划方案须符合城市规划和区划法规的要求。

区划法规提供了建设的导则和激励政策。在严格管理的同时，政府鼓励沿线开发商建设 Pedway。芝加哥区划法规规定，建设 Pedway 的地块容积率可在基本容积率的基础上上调 20%，开发商只要在满足有关条件的情况下，均可享受这一优惠政策。

3.3.4 投资模式

Pedway 通道建设资金的来源既有公共资金也有私有资金，且建设模式可分为两种：一种为独立的人行地道，多由政府投资建设。这类通道多分布在道路或公共区域地下，以交通功能为主，简洁实用。另一种通道为合建式道路，建设和管理一般由开发商运作。这类通道与建筑有很好地融合，通道及沿线设施的功能也更为丰富。

3.4 日本

3.4.1 概述

日本国土面积为 37.78 万 km^2，人口约为 1.3 亿，经济高度发达。首都东京是全球最大的经济中心之一，东京大都市圈面积为 13 550 km^2，人口3 300 万；东京都由 23 个特别区、26 个市、5 个町和 8 个村所组成，面积为 2 188 km^2，人口约为 1 501 万；2012 年，东京都的 GDP 达 29 900 亿美元，排名世界第一。

日本是全球最早开展地下空间开发利用的国家之一，也是当今在地下空间利用规模、深度、用途方面最为广泛和深入的国家。从 20 世纪 30 年代开始进行地下街的开发；20 世纪 50 年代地铁大发展，推动地下街迅速成长；21 世纪初开始对大深度地下开发进行研究，至今已逐步实现地下空间的系统化、网络化和规模化(表 3.1)。

表 3.1　日本地下空间发展历程概述①表

阶段划分	利用状况
初步阶段:19世纪末至二战	19世纪末,日本完成产业革命,人口向城市集结,造成水质恶化。1890年,日本颁布了《水道条例》,开始在城市地下铺设上下水道
	1923年,在关东大地震灾后重建设中,土木学会提出在城市干线道路下开设共同沟的建议,把电信、电话、电力、照明等线路和水道、煤气管道等设于共同沟内,以减轻再改造困难,使共同沟建设得到推广和发展
	20世纪30年代,开始尝试用建设地铁解决交通拥挤问题,二战期间地铁暂停建设
大规模利用阶段:二战后至20世纪80年代	20世纪50年代,先后有大约60个城市相继开始地铁建设
	20世纪60年代制定《有关修建共同沟的特别措施法》,使大规模的共同沟得到发展
	20世纪60年代—20世纪70年代中期,日本地铁大规模发展,带动地下街、地下停车场大发展。东京都7.5万幢4层以上建筑中约有40%附建地下室,地下空间平均利用深度为15 m,最深地下建5层25—28 m,这一时期基本形成地下人行网络
	20世纪80年代,静冈地下街爆炸事件使政府开始反思地下空间的无序建设,并着手制定相关法规,出台了《关于地下街建设的通知》,加强《都市计划法》、《道路法》和《消防法》等对地下建设的约束,地下街建设一度陷入停顿。 20世纪80年代末,开始研究50—100 m深的地下空间开发利用
综合利用阶段:20世纪90年代至今	《大深度地下公共使用特别措施法》规定地下40 m以下空间属国有,公共建设活动可不必补偿土地所有人,也无需土地所有人同意;"大深度地下空间开发计划"拟实施100 m深度的地下开发,包括运输省的"大深度地铁"、邮政省的"地下动力"、建设省的"地下高速公路"以及通产省的"地下动力基础设施建设",等等

由于日本国土面积较小,发展空间有限,又是火山地震多发区;同时城市街区规模相对较小,道路空间狭窄。因此,城市发展选择了商业、办公高度集中的空间模式,居住向郊外蔓延引发了居民对交通等城市基础设施的大量需求,进而推动了地铁、地下街、地下停车场、共同沟等的建设。

3.4.2　法律体系

日本是世界上地下空间开发利用比较早的国家,建立了比较科学合

① 刘皆谊. 日本地下街的崛起与发展经验探讨[J]. 国际城市规划,2007,22(6):47-52.

理的地下空间开发利用管理体制，拥有全球最为完善的地下空间法律体系，包括基本民事法、综合法律、单项法律、配套辅助法律等(表 3.2)。

表 3.2　日本地下空间利用法律体系架构表①

基本民事法	《日本民法典》及《不动产登记法》
综合法律	《大深度地下公共使用特别措施法》 该法主要内容包括： (1) 明确了大深度地下、事业者、事业区域、对象地域、对象事业的定义。“大深度地下”指：① 政令规定的没有供用于建筑物地下室及其建设的地下深度；② 在即将使用地下的地点，政令规定的可以支持通常建筑物地桩的地盘最浅深度加上政令规定距离的总深度。 “对象事业”涉及道路、河流、铁路、轨道、通信、电气、煤气、上下水道、工业用水道，等等。 (2) 规定了安全、环境要求、公共利益基本方针。 (3) 规定了大深度地下使用的认可、取消等，包括有关程序、要件、条件、申请书、听证、公告等。 (4) 规定了事业区域转让、补偿。有必要对大深度空间进行利用时，可以对开发区域内物件占有者在规定期限内提出转让要求。但是开发者必须对事业区域转让者进行补偿，补偿由双方协议而定。如不能达成补偿协议，则适用土地使用法的规定，但提出裁决申请或诉讼时，不停止事业开发的进行或事业区域的使用
单项法律	单项立法中对涉及地下空间的内容做了规定。 单项法律主要包括：1952 年《道路法》、1964 年《河川法》、1980 年《铁道事业法》、1921 年《轨道法》、1984 年《电气通信事业法》、1964 年《电气事业法》、1954 年《煤气事业法》、1957 年《上水道法》、1959 年《工业用水事业法》、1958 年《下水道法》等。 此外，1951 年《土地征用法》、1963 年《共同沟法》、1968 年《都市计划法》等法律对土地征用、共同沟及地下空间规划进行了规定
配套或辅助法律	《促进民间参与都市开发投资紧急措施》(2001)、《道路整备紧急措施法》、《公路附属物停车场整备的补助制度》(1991)、《交通安全设施事业紧急措置法》、《符合交通空间整备事业制度要纲》、《促进共同停车场整备事业制度要纲》、《道路开发资金贷付要纲》、《推进民间都市开发特别措置法》、《有关民间事业者能力活用临时措置法》、《地方自治法》、《地方财政法》等。 这些法律主要规定了地下空间开发利用的建设费用辅助、融资制度等相关内容

地下空间法律法规涉及的主要问题如下：

① 刘春彦，沈燕红. 日本城市地下空间开发利用法律研究[J]. 地下空间与工程学报，2007，3(4)：587-591.

1）关于空间权：分层确立

(1) 1966 年修改《民法典》，对地下、地上、空中权做出规定，《不动产登记法》规定空间权登记程序。

(2) 对地上权的设置和限定：涉及空间分层利用，可以以设定行为对土地使用加以限制。即使第三人有土地使用或收益权利情形，在得到权利者全体承诺后，仍可予以设定，并且土地收益、使用权利者不得妨碍前款地上权的行使。

(3) 不动产登记法第 111 条规定了设定区分地上权的登记程序，即：设定地下、空中的地上权时，除必须登记设定目的、存续期间及地租数额或其支付期限之外，还应登记空中或地下权的上下范围，及有关土地使用的限制性约定等。该登记程序属日本确立不动产财产权利归属的通例。

2）关于管理主体：民间自管、政府监督

1972—1995 年的系列法规关于地下空间的管理主体都有规定，并逐步明确、完善。鼓励地方共同团体的自治，国家政府方面由 20 世纪 80 年代的五省厅到 2001 年后的国土交通厅行使国家对地下空间管理职能。

(1) 1973 年，成立地下街中央联络协议会。

(2) 1981 年，《关于地下街的基本方针》要求各地方政府、消防单位介入监督，也鼓励各地下街成立自己的管理公司自主管理。

(3) 1985 年，建立电缆专线系统研究员委员会。

(4) 1988 年，地方公共团体主导地下街开发。

(5) 1991 年，成立共同沟专责管理部门。

(6) 1995 年，解散地下街中央联络协议会，由地方自治团体管理。

(7) 2001 年以后，日本正式实行新的省厅制度——1 府 12 省厅。其中将运输省、国土厅、建设省和北海道开发厅合并为国土交通厅，负责地下空间开发方针的制定。

3）关于发展策略：重视安全、统筹、人性化

从策略演变历程可以看出日本政府对公共领域、防灾安全、综合管理的重视，而 2000 年以后的变化体现了对地下空间的舒适度、人性化的追求目标。

(1) 1963 年，规范共同沟建设。

(2) 1972 年，加强防灾管理。

(3) 1980 年，加强使用管理，加强政府监管，鼓励业主联合自管。

(4) 1988 年，强制要求公共空间比例，其中交通空间不得少于 50%。

(5) 2001 年，消防安全以性能式法规取代条例式法规，给有创意的空间设计创造条件，使公共空间更加人性化。

3.4.3 轨道交通

日本地铁十分发达，且公私合营。东京大都市圈拥有世界上覆盖密度最高的轨道交通网络(图 3.9)，由近郊铁路、市内铁路和 35 条地铁组成，日客流超过 3 000 万人次，客流分担率达 86%。

东京地铁总长(不含与私营铁路直通运转的路段和副都心线)为 292.2 km，共 13 条路线，每日平均运量近 800 万人次。

(1) 东京轨道线路由于复杂的建设历史而存在公私并立的局面。其中，国营的 13 条地铁由两家大运营商经营：东京地下铁股份有限公司经营的 9 条"营团线"和东京都交通局经营的 4 条"都营线"。

(2) 私营铁路线主要分布在"山手环状线"的外围，连接东京都中心和外围主要居住区。这些私营铁路线路是有轨电车(JR)线路的补充和竞争者，在日常运输中发挥着重要作用。私营铁路线路通常都是独立线路，但近年来为了提高线路的可达性，特别是能够延伸到东京都的中心部分，私营铁路列车逐步与东京都的地下铁路相互直通运行；并且，最近一些私营铁路公司也开始和 JR 合作开行相互直通的列车。如：日本最大的私营铁路公司之一的东急铁路公司曾将它的一条铁路线延伸到东京西南郊；同时，在没有任何政府辅助资金的情况下，将沿线原来的农业区发展成大规模的居民区，因此成为利用私营铁路公司的活力发展城市的典型例子。

地铁车站建设颇具特色。车站出入口多、体量小，多数地铁出入口体量仅约报亭大小，出入口最窄的仅为 1.2—1.5 m，但下去后梯段变宽并布置了自动扶梯。日本在有限的地块尽可能多地布置出入口，方便乘客并满足疏散要求。

(3) 站厅紧凑，站台窄长，运营水平高。多数站厅从付费区(很多只有一跨宽)经过闸机就到了非付费区；但连接通道口多，往往一侧站厅就出现 4—5 个通道口，追求方便实用，不求装修华丽。侧式车站最窄的站台仅为 1 m 左右，岛式站台也只有 7—8 m，但高峰期时并不拥挤。这一方面是因为有效站台长度较长(大约 200 m)；另一方面，运营水平高、列车编组大、发车间隔短，进一步提高了输送能力，加之乘客上下车井然有序，客流能被及时疏导。

(4) 换乘空间大。尽管日本地铁站厅面积较小，但换乘站面积很大。城市地铁交通网十分发达，可达城市的各个角落，不仅线路多，换乘站也多，同一个换乘站有多条线交会。如：由京都乘坐新干线到达大阪后，经过一座车站可以换乘 4—5 条线路，甚至更多。

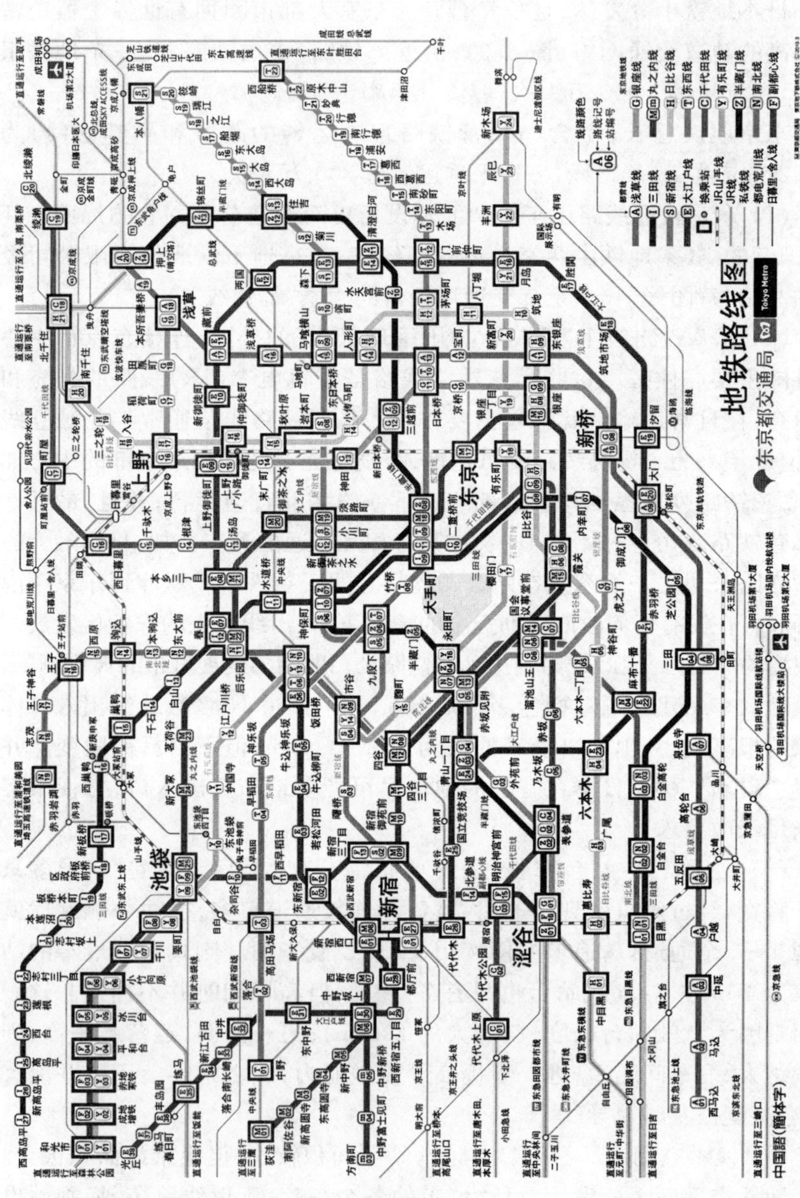

图 3.9 东京地铁路线图

(5) 地铁车站与商业空间紧密结合。日本地下空间开发坚持以规划为先导,非常重视人性化设计理念。商业与站厅的公共区直接连通,地下商城与地面、地下交通融为一体,为人们购物、会友、娱乐、休闲、公务活动等提供了保障,也带动了城市的繁荣。许多地下街建造在繁华街区道路下方,地下 1 层为商场,2 层为车库,出入口则设在路中以方便车辆进入①。

3.4.4 停车场

日本国民每 4 人中就有 1 人拥有汽车,但停车场的建设却十分落后,常因路旁停车造成交通拥挤或市区活力下降。早期政府只管公路建设,停车场为民间投资;后来因停车问题严重,政府才利用公路或公园等地下空间建设停车场;20 世纪 60 年代后半期,东京、大阪、名古屋等陆续建设地下停车场,其中有 10 座停车场面积超过 1 万 m^2;未来研究计划更包括如何有效地利用河川空间、公园地下、公路地下等城市地下空间建设停车场。

(1) 投资及建设模式:20 世纪 60 年代末—20 世纪 70 年代初,由财团法人建设的停车场占绝对多数。

(2)《公路附属物停车场整备补助制度》:1991 年推出新措施,由建设省负责交通安全事业;市区停车场的建设车位数量原则上为 100—200 辆;路上停车密度原则上每平方公里 50 辆以上;收费公路融资事业范围内不能进行整备事业;为防止因路上停车而发生的交通功能妨碍,需要紧急建设的征收停车费用。

(3) 机械停车为主,充分利用空间:以麻布十番地下停车场为例,停车设施的 92%为机械方式,每辆汽车占用面积缩小到 1/3;高屋顶车也可以收容,还设有自进方式停车设施②。

3.4.5 地下道路

快速干道的下地很大程度上是由于高昂的土地拆迁费所致,拆迁成本远远超过道路下地的建设成本。在东京首都圈"三环九射"的高速网络中,很大一部分为地下隧道。其中,中央环状线全长为 47 km,时速为

---

① 曲淑玲.日本地下空间的利用对我国地铁建设的启示[J].都市快轨交通,2008,21(5):13-16.

② 赵鹏林.关于日本东京地下空间利用的报告书[R].深圳:深圳市涉外培训领导小组,2000.

60 km/h,建设有 18 km 双向 4 车道地下道路,沿线设置 6 个出入口、9 个换气所,并采用直径为 13.23 m 的盾构;中央环状新宿线全长约为 11 km,几乎全采用盾构隧道施工法,为目前日本最大级别的双设盾构隧道。东京外环线全长为 85 km,建设有35.5 km 双向 6 车道地下道路,并准备建设长为 16 km 的大深度地下道路,设计车速为 80 km/h。日本准备用 10 年的时间完成外环线的建设,同时正在研制直径为 16 m 的盾构①。

3.4.6 地下街

日本地下空间利用的代表作——地下街——是把地下空间公共部分建设发挥到极致的产物,也是日本土地私有条件下的必然选择。全日本几乎 50 万人口以上的城市都有地下街,26 座城市有大约 150 条地下街。随着经济的增长,地下街从早期通道型街铺发展成大规模的综合体,空间趋向深层立体化,空间品质及抗灾能力越来越强。日本地下空间利用经历了萌芽、发展、反思 3 个阶段。① 1932—1954 年,小规模店铺型地下街的萌芽;② 1955—1979 年,伴随地铁大发展,80%的地下街在此时期建成;③ 1980—2000 年,引入防灾法规,研究大深度地下空间利用,地下街由“量”的累积转为“质”的提升。

1) 日本地下街的主要特色

(1) 沿路敷设较多。日本地下街的开发成本主要包括土地成本、建设费与设备费 3 部分。在不含土地费的状况时,地下建筑的建设费约是地面建筑的 2—4 倍,能耗费用比地面高 3 倍;但若考虑土地成本,则地下街开发的费用只是地面建筑的 1/20—1/4。因此,昂贵的土地费用是造成日本地下街位于广场、道路、公园之下的主要原因。

(2) 公共交通和停车场所占比重大。地下街一般分布在交通枢纽所在地区,其建设目的主要是缓解城市交通压力。建设地下商业并非主要目的,而仅仅是地面商业的补充。

(3) 重视防灾。不提倡单个地下街的规模过大;地下街平面布局强调简单,减少发生灾害时迷路的可能性;不允许安排娱乐设施;也不鼓励与周围大型建筑物的地下室连通。

(4) 一般在公共范围内修建,规模差异大。日本土地私有,其所有权包括地下空间在内。多数地下街在铁路和地铁主要站点地区建设,地面

---

① 黄平,周锡芳,关博.日本东京都地下道路规划与建设[J].交通与运输,2009(5):24-25.

多为公路、车站广场或公园。因此，地下街的形态比较固定，以线形和矩形居多，线形多在公路下，矩形一般在广场和公园下，线形和矩形的组合在车站广场连接公路的地面之下。

地下街规模差异大。根据日本学者尾岛俊雄统计的日本 76 个地下街的资料显示，有一半面积低于 10 000 m^2，其中 30%甚至比 1 000 m^2 还小；少数一些特大地下街超过 50 000 m^2，如：八重洲（74 413 m^2），川崎杜鹃（59 916 m^2），名古屋中心公园（52 222 m^2）；大型购物街多在 20 世纪 90 年代以后建设。

2）日本地下街的经营

（1）收入靠店铺租金，成本回收多为 10 年以上

地下街的营运收入主要靠商店租金、管理费和附属设施的收入，支出则有设备维护费、环境维持费、人事管理费等。

地下街投资的回收周期情况，大致以那霸市 1988 年公布的地下街事业计划收支计算表可以看出。那霸市的总建设资金为 150 亿日元（折合当时人民币为 6.9 亿元），到第 13 年才出现收支盈余，而每年的管理维护费高达 2.5 亿日元。但回收周期的长短和地下街所在地区有很大关系，如：东京繁华地段的八重洲地下街就在第 10 年成功回收投资成本，便是因其具地点经营的优势，才可缩短回收周期。

（2）借助民间投资与管理力量是日本地下街的既定政策

日本政府鼓励民间参与公共建设的投资，不但能分担财政，而且能带动经济发展，同时还能反映出民间对城市更新的实际需求。2001 年提出的《促进民间参与都市开发投资紧急措施》中指出，鼓励民间进行城市再生计划的投资。2006 年，19 个地区及民间都市再生事业计划中有超过 10 个以上的方案与地下街相关。

（3）超过 20 年的地下街自治管理的经营模式

日本各地下街采用由店铺组成地下街经营管理公司的模式，或是采用由专业管理公司进驻地下街进行管理的方式。政府极少直接参与经营，只作为辅导与监督者，既减少负担，也不违反安全要求，形成了有效的地下街管理机制。

3.4.7　共同沟

日本的共同沟建设起步于 1923 年关东大地震后东京都的复兴事业；1955 年后，由于汽车量的快速增长，积极新建道路，埋设各类管线；为避免经常开挖影响交通，1959 年又再度于东京都淀桥旧净水厂及新宿西口

建设共同沟;1962年,政府宣布禁止开挖道路,并于1963年4月颁布了《共同沟特别措施法》,制定出建设费用的分摊办法,同时在全国各大城市拟定5年期的共同沟连续建设计划。1991年,日本成立了专门管理共同沟的部门;1992年,日本全国共同沟总长310 km;1997年,完成干管长为446 km,目前仍以每年15 km的速度增长。较著名的有东京银座共同沟、青山共同沟、麻布共同沟、幕张新都心共同沟、横滨21世纪未来港(M21)共同沟、多摩新市镇共同沟(设置有垃圾输送管),其他各大地区,如大阪府、京都府、名古屋、冈山市、爱知县等,均进行大量的共同沟建设。

日本东京临海副都心历时7年、耗资3 500亿日元建成总长度为16 km的共同沟是世界上规模最大,并且能将各种基础设施融为一体的建设项目。该共同沟距地面10 m,宽19.2 m、高5.2 m,把上水管、中水管、下水管、煤气管、电力缆、通信电缆、通信光缆、空调冷热管、垃圾收集管等9种城市基础设施管道科学、合理地分布其中。在共同沟中,中水管将污水处理后再进行回用,有效地节约了水资源;空调冷热管分别提供7℃—15℃和50℃—80℃的水,使制冷、制热实现了区域化;垃圾收集管采取吸尘式,以每小时90—100 km的速度将各种垃圾通过管道送到垃圾处理厂。

为了防止地震对共同沟的破坏,日本采用了先进的管道变型调节技术和橡胶防震系统。1995年1月阪神大地震时,神户市内房倒屋塌、断水断电,但是当地的共同沟仅有个别地方出现水泥表皮稍许剥落和开裂的现象,整体结构毫发未损,从而使人们认识到了共同沟在防震中的巨大威力。因此,日本政府计划今后所有的干线道路下都将兴建共同沟。

1) 充分体现规划先导作用

日本共同沟的发展目标为:21世纪初,在80个城市干线道路下建设长度约为1 100 km的共同沟。东京更提出在大深度(−50 m)建设规模更大的干线共同沟网络体系的设想(图3.10),其中相关施工技术及法律问题等已初步得到解决。

规划方面,政府做了大量工作。以东京都为例,根据1995年12月制定的《东京都的共同沟基本规划》,东京都内1 100 km的干线道路中119 km建设了共同沟。

2002年,东京都各工程的施工比例为:道路施工22.7%、电力施工13.9%、上水道施工12.9%、煤气管道施工11.6%、下水道施工9.6%、电话线施工7.0%。人口集中地区计划道路的共同沟建设比率约为7%。

图 3.10　东京都的共同沟基本规划

2）成立专门的管理机构

1991 年，日本成立了专门管理共同沟的部门负责推动共同沟的建设。建设费用由预约使用者和道路管理者共同负担，其中，预约使用者投资额占工程总额的 60%—70%。

日本在中央建设省下设了 16 个共同管道科，主要职责为：负责相关政策和具体方案的制定；负责投资、建设的监控；共同沟建成后，负责工程验收和营运监督等。

3）政策立法

1963 年 4 月颁布了《关于建设共同沟的特别措施法》及《共同沟法实施细则》，共同沟随之在日本得到了规模化地建设和发展。至 1987 年 9 月共进行了 5 次修改和完善，从根本上解决了日本共同沟"规划建设、管理及费用分摊"等关键问题。如：① 明确了必须建设共同沟的城市道路范围、建设管理主体、编制规划、管理规程等；② 确立了共同沟的使用申请、许可，使用权的继承转让，监督与处分等管理内容和程序；③ 规定了共同沟的相关费用，重点明确建设费、维护管理费的分担原则与计算办法以及国家、地方政府的政策性补贴、收入的归属等；该法是日本在共同沟规划、设计、管理、费用分摊等领域研究成果的集大成者。

2001 年颁布《大深度地下公共使用特别措施法》，确立了大深度地下公共使用的管理原则和程序，强化了大深层地下空间资源公共性使用的规划、建设与管理。

《关于建设共同沟的特别措施法》、《关于建设共同沟的特别措施法的施行令》、《关于建设共同沟的特别措施法的施行规则》详细见相关条文。

4）技术标准

1963 年 4 月 1 日，日本制定了《关于建设共同沟的特别措施法》，后又颁布了《共同沟设计指针》，统一了共同沟建设的技术标准与规范，对共同沟的各种设计、施工方法、检查验收和材料设备制定了具体的标准和规范。

在设计方面控制：① 建筑物间距；② 与已埋设物的关系；③ 与将来规划的构造物的关系；④ 共同沟覆土；⑤ 纵断坡度。

地下占有物的覆土根据《道路法》规定，应距行车道 1.2 m 以上；若像地铁和共同沟那样大规模的建筑物设置在道路纵断方向，考虑横断管用的空间，则覆土最好在 2.5 m 以上。

共同沟的纵断坡度对应于道路的纵断坡度，施工时尽可能减少开挖深度，考虑到沟内排水需要的最小坡度为 0.2%。

3.4.8 大深度利用

1991 年，日本《地下空间公共利用基本规划编制方针》的规划理念。

理念一：地上地下空间规划同等重要

日本在大规模地开发利用地下空间过程中暴露出一些问题，如：中长期规划制度不够完善，部分城市中心街区地下设施拥挤、形状复杂、通行不便、事故影响大；既有地下设施制约新设施布局，建设管理费用增加。1991 年，政府制定了《地下公共利用基本规划编制方针》，其主要内容：地下空间是城市空间构成的重要组成部分，地上地下空间规划同等重要，试行统一规划、合理布局，最大限度地提高城市空间的利用效率。

理念二：以地下交通建设为中心

首先是城市立体交通网络，其次是人员地下活动空间的开发，最后是地下供给处理设施的扩充和改造。

理念三：集约利用、立体规划

根据地下利用设施对象、地质条件、建设时期、施工方案、有人无人空间区分、安全管理等实际情况，周密地分配各类设施的断面位置，谋求集约化的地下空间利用。

理念四:规划统筹、多方参与

各地区设立城市地下空间综合利用基本规划策定委员会,统一协调规划,多方参与。规划编制主体是相应的规划主管部门。

适用范围:30 万人口以上的城市,积雪寒冷地区 10 万人以上的城市,中心市区,成片开发区,地铁、地下停车场等交通设施建设地区等。

3.4.9 典型案例

1)《东京都市区地下空间规划》(1992)①

该规划由东京都规划局制定,主要内容:关于综合地下利用规划的基本方针,关于综合地下利用规划地区的选定,关于地下利用的守则,关于地下利用基本规划图等的作成要点等内容,基本方针中的对象设施。

(1) 主导功能设施的配置,涉及步行者使用设施,汽车使用设施,轨道使用设施,供应处理、通信使用设施。

(2) 地下空间利用基本原则:应保留既存设施的功能更新所需的空间,道路地下的配置原则,综合考虑旧设施与新设施的统筹,新旧公共设施应由该设施的管理者调整,地下空间规划应预留适当的空间以应对暂时无法预测的新设施的需要。

以地下道路为例,其配置原则首先根据干线道路的宽度及其功能可分为:① 广域干线道路;② 地区干线道路。其次,将道路地下按平面和垂直方向进行了分割。其中水平方向划分为地下车道部分和地下步行道部分。垂直方向划分为 4 层:① 地表附近(地下 0—地下 3 m);② 浅深部(地下 3—地下 5 m);③ 中间部(从地下 6—地下 10 m 到地下 30 m 为止);④ 深深部(地下 30 m 以下)。

(3) 地下利用地区的选择:以基本指针为基础,按照重要度可分为第 1 次地下利用计划区和第 2 次地下利用计划区。前者是指今后预计土地的高度利用地区或将要实施地下利用的地域;后者是指为将来做准备,决定地下空间利用的调整方式,需要度较高的地区。

2) 东京八重洲地下街

东京八重洲地下街是日本地下街建设鼎盛时期的重要代表作。地下街分 2 期建成:1963—1965 年和 1966—1973 年,总建筑面积达 9.6 万 m^2(图 3.11)。

---

① 赵鹏林. 关于日本东京地下空间利用的报告书[R]. 深圳:深圳市涉外培训领导小组,2000.

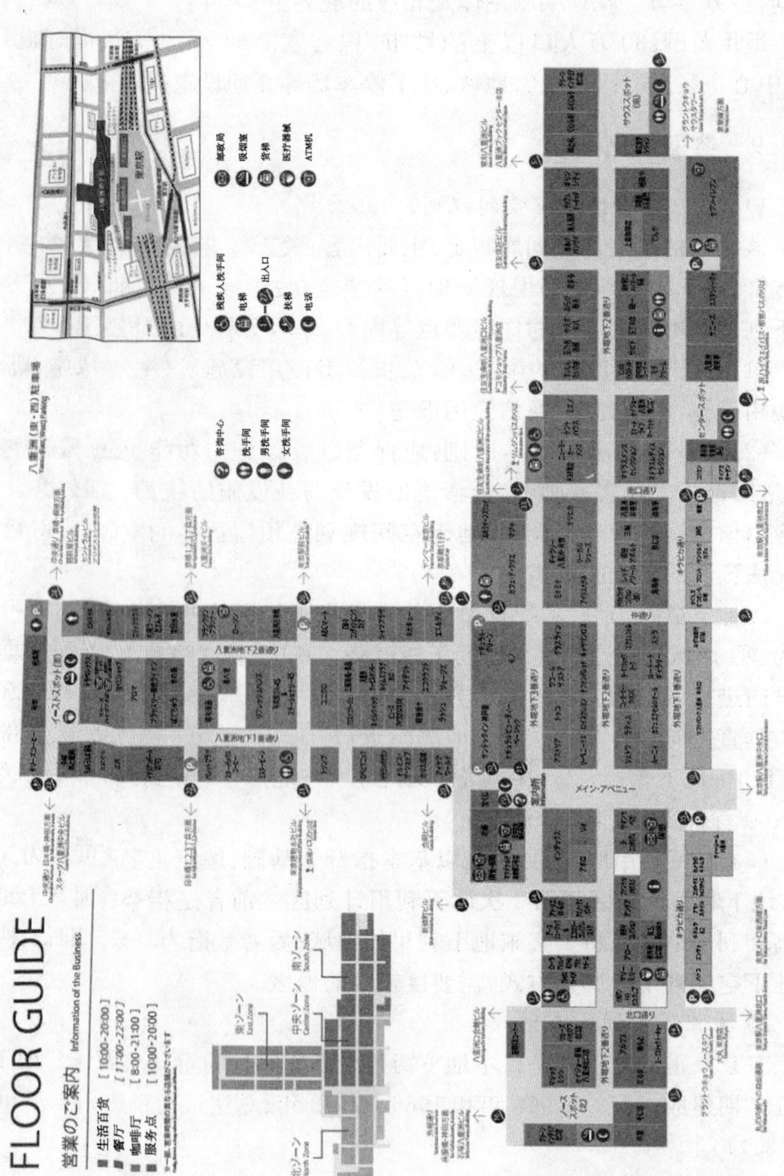

图 3.11　东京八重洲地下街平面图

(1) 20 世纪 60 年代,为满足铁路客运量的增长需要,在丸之内车站另一侧新建八重洲车站,定名为东京站,同时对两个车站附近地区进行立体化再开发,在八重洲站前广场和八重洲大街一段建设地下街。八重洲大街两侧多为 6—9 层建筑物,拓宽后的两侧为车行道,在中间街心花园内安排地下停车场的出入口和地下街的进、排气口。东京站腹地范围有新干线、山手线和 8 条地铁线路穿过,均由地下步行道通道网络相互连通、换乘。

(2) 地下街共 3 层:负 1 层为车站站厅、站前广场下的地下街、八重洲大街下的一段地下街(150 m 长,共有商店 215 家);负 2 层包括两个停车场,总容量 570 辆车;负 3 层有 4 号高速公路、高压变配电室、管线和廊道,公路车辆可从地下进入两侧公用停车场,路上停车现象基本消除。分布在人行道上的 23 个出入口可方便行人从地下穿越街道和广场进入车站,设在街道中央的地下停车场出入口又使车辆可以方便地进出而不影响其他车辆的正常行驶。这样,尽管东京站日客流量高达 80 万—90 万人,但站前广场和主要街道上的交通秩序井然,步行与车行分离,行车顺畅,停车方便,环境清新,体现出现代大城市应有的风貌(表 3.3)。

表 3.3 东京八重洲地下街出入口布置情况统计表

商业空间面积(m^2)	出入口(个)	每个出入口平均服务面积(m^2)	室内任何一点到出入口的最大距离(m)	建筑时间(年)
18 352	42	435	30	1965/1973(二期)

(3) 八重洲地下街日用品商店的营业额为东京站周边地上商店的 18.3%,饮食店营业额相当于地上饮食店的 83%,足见地下商业街对地上商店的重要补充作用。其商业盈利可弥补交通设施收益不足,有助于更快地收回建设投资。八重洲地下街总投资为 100 亿日元,1981 年,停车库收入为 6.7 亿日元,商店租金收入为 17 亿日元,其他收入为 10 亿日元,扣除税收、运行和维护费用,净收入为 8.1 亿日元,10 年左右收回建设资金。

3) 川崎杜鹃地下购物中心(Kawasaki Azalea)

川崎杜鹃地下购物中心是日本第二大购物中心,也是严格遵守新规则建设的第一个大型购物中心,总建筑面积为 59 916 m^2,地下共两层。其中地下 1 层有公共步行道 1.4 万 m^2,商店 1.3 万 m^2;地下 2 层有可容纳 380 个车位、面积为 1.5 万 m^2 的公共停车场,辅助用房 1.2 万 m^2。该地下购物中心的建设是以站前地区交通改造为主要目的的城市再开发的组成部分,与车站周围的商业、银行、办公楼等 10 层左右的新建筑统一规划设计,并同时施工。

新规定下的川崎杜鹃地下街的设计特色:

(1) 面积为 11 400 m^2 的大广场直接与相邻的火车站相连。

(2) 地下街有一个 1 300 m^2 的地下广场,广场上方没有天窗,顶棚很高,约为 4.35 m。因自然光线可以直接照入广场,故名"阳光广场"。

(3) 地下商店不到总面积的 1/4。广场两侧分布着 4 条商业街、154 家商店。

(4) 中心有 7 条通道,宽度从 22 m 到 6 m 不等,每个通道端头都有一个公共广场。

(5) 拥有世界上最高标准的建筑物防火系统。设有 5 个为消防队提供的专用通道,同时将使用煤气的 20 家饮食店集中在东侧 4 号街的两侧,这样不仅有利于对煤气使用的监控,还可以形成一条饮食街,方便顾客使用。

(6) 在地面进入地下的大台阶下设有防灾中心,位置适中。在防灾中心,遥感器可以不断检测参数并对其进行控制。

(7) 地下 2 层主要是停车场,设两个出入口。车辆进入后沿着环行车道进入停车位,单向行驶,可从出口到地面;也可以继续行驶,从地下进入京滨第一或第二国道。

(8) 川崎杜鹃地下购物中心包括其他许多设施,如警局、信息中心、银行、旅行信息社、救济站等,应有尽有。地下 2 层主要还布置有各种机房、仓库、办公室、职工生活间等。由于这些设施的位置均按逻辑顺序安排,所以,规划图很容易被看懂。

初投资约 4 亿 9 千万美元,其中 2 亿美元来自川崎市内的捐赠;1 亿美元来自神奈川县,用于川崎杜鹃地下购物中心的运作。为了遵守新的建设标准,完成这项设计的建设费用高达 45 亿美元,远远超过了预算;但是,川崎杜鹃地下购物中心安全舒适的购物环境每年吸引 6 300 万顾客,是日本 20 世纪 80 年代地下街建设的典范。

通常在新规范颁布后,地下街的财政管理变得困难,如:每年川崎杜鹃地下购物中心商店和停车场的盈利是 2.36 亿美元,而每年花费高达 3.16 亿美元,年亏损 8 千万美元。然而其对整个地区的正面影响可以在某种程度上补偿每年的亏损①。

---

① 吉迪恩·S.格兰尼,尾岛俊雄.城市地下空间设计[M].许方,于海漪,译.北京:中国建筑工业出版社,2005.

3.5　中国台湾

台湾岛是中国的第一大岛，总面积为 3.6 万 km^2，人口 2 997 万人。台湾于 20 世纪 60 年代起注重发展工业，已形成以加工外销为主的海岛型工商经济，2009 年 GDP 为 27 110 亿元。主要城市有台北、高雄等。

台北市为台湾省省会城市，总面积为 271.8 km^2，人口约为 262.9 万人。根据 2009 年“台湾经济研究院的研究报告”，台北市人均 GDP 为 48 400 美元。与亚洲各城市相比，仅次于东京都的 65 453 美元，比中国香港、新加坡、韩国首尔还要高。

3.5.1　概述

台湾地区城市地下空间的开发利用源自于 20 世纪 50 年代—20 世纪 70 年代，因两岸政治敏感因素，台湾处于戒严时期，对于城市公私建筑凡 4 层以上的公共空间均设置地下防空避难空间，形成台湾地区城市地下空间利用的雏形。20 世纪 70 年代—20 世纪 80 年代，由于台湾地区经济起飞，城市建设规模扩大，大型超高建筑物相继出现，地下空间的开发往下深度扩展，开始发展商业、地铁等。1980—1990 年，台湾地区城市超高建筑物的地下空间已经充分利用为商场、地下停车场，这一时期代表作是台北火车站。1990—2000 年，台湾地区进入地下空间开发利用的全面发展时期，重大工程较多，主要有捷运系统、地下停车场、地下街、共同管沟等；此外，利用公园地下空间建设地下停车场，新辟道路建设共同管沟，各大建筑物地下建设综合性设施，如：地下体育设施、游泳池、商店街及各种娱乐设施等。

目前，台北市续建第 2 阶段捷运系统，高雄也开始建设捷运系统。台北信义计划区新完成的 101 大楼附近的大楼群地下空间作为联络通道，开发利用更加完善①。

台湾地下空间建设特点主要包括：

(1) 台湾地区地下空间开发利用主要由台湾地区“政府”及地方“政府”负责，并由“政府”建立协调机构。同时，“内政部”和“军方”在地下空

---

①　刘春彦，束昱，李艳杰. 台湾地区地下空间开发利用管理体制、机制和法制研究[J]. 辽宁行政学院学报，2006，8(3)：122-124.

间开发利用中发挥着重要作用，因此，地下空间具有民用和军用双重性质。

(2) 中国台湾地下空间管理没有形成类似于日本国土交通省的综合性统一管理机构，地下空间开发利用仍处于分散管理的阶段，这主要的原因是中国台湾地区的土地资源还没有像日本东京等地那样紧张。

3.5.2 地铁

台北捷运(地铁)采用“政府”统筹集中管理模式。1996 年，台北第一条地铁线正式通车。目前运营线路有文湖线(木栅线)、淡水线、新店线、中和新芦线、板南线、小南门支线共 6 条线，线路总长度为 114.6 km，平常日运量为 178 万人次(图 3.12)。规划至 2021 年建成 230 km 路网，平常日运量预测可达 360 万人次。台北市“政府捷运工程局”承担台北地下铁道的规划建设，开通后的线路运营维护由 1994 年 7 月正式成立的台北大众捷运股份有限公司(简称大众捷运)负责。二者作为“政府”的职能机构，负责整个台北地区捷运工程的投资、建设、运营及开发，管理职权相对集中、统一。

大众捷运管理融资、土地开发、补偿及民间参与机制，而涉及地下空间利用则由台湾地区“交通部”和各级“政府”协调负责。各级主管机关可以设置协调委员会负责规划、建设及营运的协调事项。

1) 融资机制

地方“政府”建设大众捷运系统所需经费遵循预算程序：① 各地方“政府”之一般财源；② 上级“政府”辅助；③ 都市建设捐部分收入用于调拨；④ 土地开发收入；⑤ 其他经“政府”核准之收入。

地方“政府”为建设大众捷运系统，可以发行建设债券。大众捷运系统由民间投资兴建者，资金自行筹措。

2) 相关土地开发机制

为有效利用土地资源，促进地区发展，地方主管机关可以自行开发或与私人、团体联合开发大众捷运系统场站、路线及毗邻地区的土地。联合开发用地作为多目标使用者，可以调整当地的土地使用分区管制或区域土地使用管制；并且得以市地重划或区段征收方式取得；协议不成者，得征收之。联合开发办法由台湾“交通部”会同台湾“内政部”定之。

3) 对土地权利人的补偿机制

大众捷运系统主管机关因路线工程上的需要，可以穿越公、私有土地之上空或地下，其土地所有人、占有人或使用人不得拒绝，必要时得就其

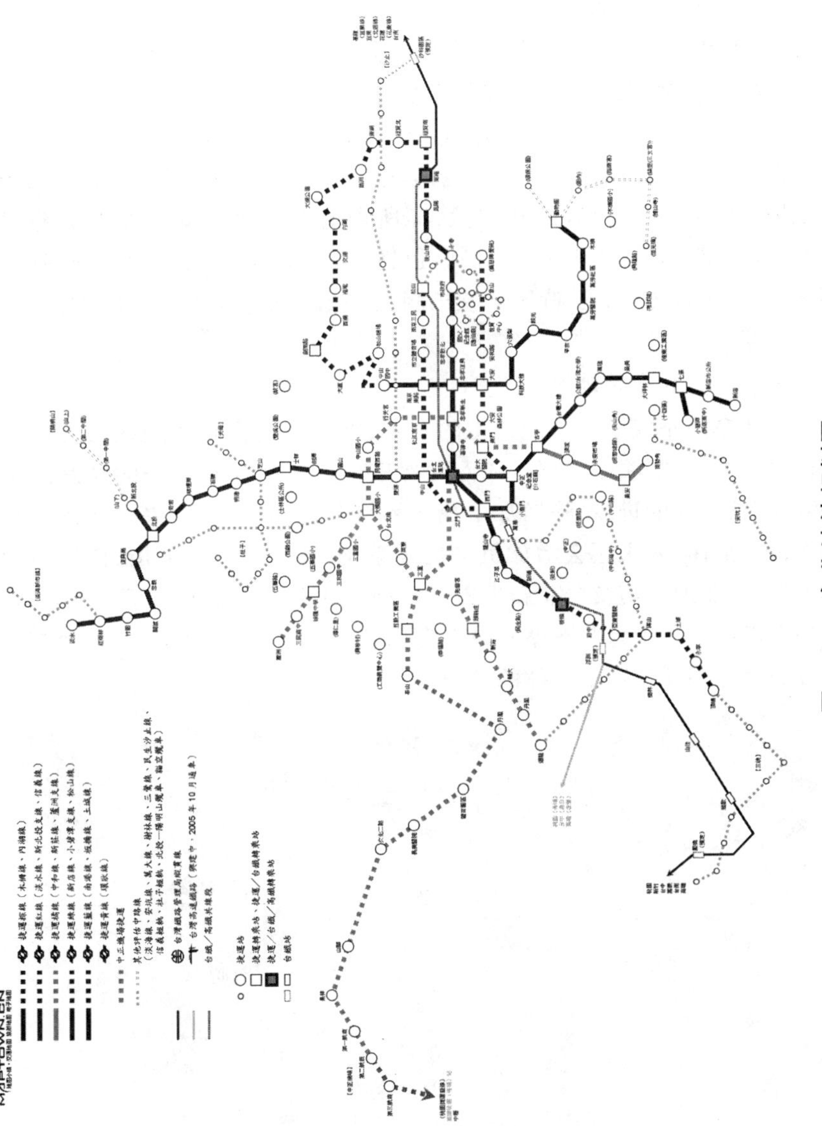

图 3.12 台北地铁规划图

需要的空间范围协议取得地上权;协议不成时,可以用征收规定取得。但应选择损害最少的方法为之,并支付一定的补偿。前项土地因路线穿越导致不能被使用的土地所有人得于施工之时起至开始运营后 1 年内请求征收土地所有权,主管机关不得拒绝。前两项土地上空或地下使用的程序、使用范围、界线划分、登记以及设定地上权、征收、补偿的审核办法,由台湾"交通部"会同台湾"内政部"定之。

4)《促进民间参与公共建设法》规定的管理机制

台湾地区除了所谓的"《共同管道法》、《大众捷运法》"外,还有专门的规定推动民间机构参与公共建设,即所谓的"《促进民间参与公共建设法》",该规定制定了一些管理机制,包括:① 民间参与公共建设(包括共同管道)的 7 种方式;② 特殊贷款机制;③ 民间机构参与公共工程建设的税收政策。

案例　台北车站地区

台北车站不仅是台湾最繁忙的车站,亦是目前大台北地区最大的交通枢纽(图 3.13),每天约有 40 万人次进出。早期仅有单一的铁路运输系统;随着时代的进步,除增加了捷运系统及高速铁路,近来客运系统也加入这个量体;未来还会增加机场捷运系统,并与站前地下街、捷运中山地下街、台北地下街及台北新世界地下街等 4 条地下街相连通(表 3.4),再加上微风广场于台北车站开设美食广场,最终将形成集车站、购物广场及办公室等多元用途于一体的场所。

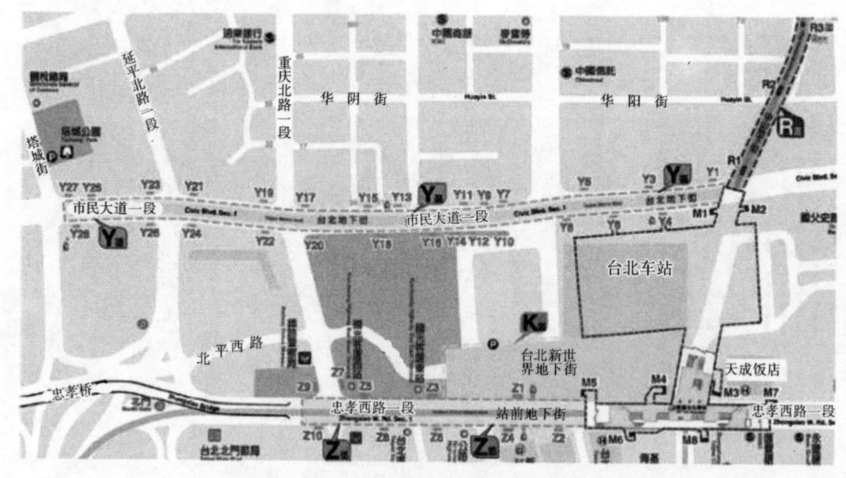

图 3.13　台北车站地区区位图

表 3.4　台北部分地下街基本情况一览表

地下街	长度(km)	商铺数(间)	设置目的
台北捷运地下街	1.3	106	连接 3 个捷运站；将候站区的商业、公共活动引导与延伸至车站主体
台北地下街	0.82	187	连接铁路、捷运站、客运总站、转运站和公共汽车转运站等城市大型运输系统；作为周边区域的换乘据点
站前地下街	0.34	17	作为主要连通地面、台北车站、地下街的步行区域；连接地面商圈及安排城市活动，来强化地下街与地面商业的活动关联
新世界购物中心地下街	0.26	90	修正地下街布局及带动运营的目标；地下街与台北车站站前广场共同开发

(1) 建设历程

第 1 阶段(1984—1994 年)：与捷运系统同步发展的地下街，理想而庞大的规划阶段。

与捷运系统重叠规划，形成以车站为核心，东西向及南北向“L”形的两条地下街轴线的交会，将商业活动从台北车站贯通城中区，延伸到西门町地区，达到周边地区一体化发展。

第 2 阶段(1994—2005 年)：地价飞涨，适当调整规划，集中重点发展阶段。

经过 10 年的拆迁、征地、开发，第 1 阶段计划的开发成本已是当年的 11 倍，因此在 1996 年对该区的地下街规划进行了调整。中华路的地下街规模缩小；台北车站周边则地上地下一体化发展，以区域整合为目标，将原已被分隔的前站与后站地区再度联系起来。

第 3 阶段(2005—2016 年)：结合未来台北市的城市发展阶段。

第 3 阶段重点是将已形成的城市公共空间网状布局调整成以台北车站为区域核心的城市轴线状布局，并通过将地下街部分的顶部空间开放，使车站区域形成地上地下一体化的格局①。

在上述 3 阶段的整合演变中，第 1 阶段以城市规划来决定车站地区与地下空间开发，导致规划不符合实际需求，最终迫使规划改变；第 2 阶

① 刘皆谊. 台北车站地上地下一体化整合开发探讨[J]. 铁道运输与经济，2009，31(3)：35-38.

段由于城市设计机制的介入，将开发规划转变为以提升台北车站功能为主要目的，城市设计与城市更新为辅助手段，使城市规划拟定的框架、地下空间的布局与车站的整体功能配置相结合，最终使车站整合得以形成；第3阶段强化地上地下一体化的发展，扩大车站与周边区域的整合（表3.5），得到解决台北车站未来扩大发展的实施方案。

表3.5　台北车站周边地区变化情况统计表

阶段	布局的调整	区域的改变
形成基本布局框架（1984—2002年）	(1) 开发台北捷运大街、台北地下街与站前地下街，形成全区公共空间布局调整的基本框架； (2) 通过2个阶段开发地下街，并结合地下通道、公共停车场与商业设施	(1) 形成以车站地下层为核心、地下街为骨干的公共空间网络； (2) 形成全区人车分离的步行空间及足够的停车空间，使地下街与地面广场、地面绿地与公交枢纽有效衔接； (3) 形成区域内地铁、铁路、长途客运与公交运输系统的连接体系
形成区域整合（2002—2005年）	(1) 强化公共空间调整布局的效果，增加第4条地下街与站前广场作为结合点的设计； (2) 进行站前广场下方新世界购物中心与站前广场地上地下一体化开发	(1) 强化车站与忠孝东路南端间的联系，形成区域整体公共活动体系； (2) 由车站广场可直接进入车站进行交通转换，形成区域地上地下主要活动的聚集点
形成区域间整合（2005—2016年）	(1) 强化车站与周边区域、地下街、交通综合体间的关联； (2) 通过开放连接综合体最近的地下街空间，扩大地上地下的结合区域	使台北车站周边地区出现纵向贯穿地上地下的公共空间

（2）启示：地下空间开发并非一蹴而就，需要长时间的努力以及必要的反馈机制的引进。

台北车站是用近20年的时间来进行地下街的开发、商业与交通的各层面整合，经过反复地调整论证，才使地下街达到区域整合的效用。由此可见，交通枢纽结合地下街的建设，并非只是以平面规划一次性设计定稿就能完成，而需要循序渐进的反馈机制，才能达到开发的最终目标。

台北车站的综合性区域的开发模式说明：并不是只有同时进行地上地下的开发才是所谓的地上地下一体化发展；而需要通过区域布局与实际需求相结合，并通过地下街与地面的策略调整等不同等级的规划设计协调，才能真正地实现地上地下一体化发展。

针对台北车站地上地下一体化的开发，为交通枢纽结合地下街进行区域整合开发提供了以下重要启示。① 要体现区域空间的最佳状态，并非一次性规划与执行就能完成，需要制定阶段性的规划，建立区域整体布局的框架，并根据地上地下一体化的整体开发策略，对地上地下共同布局进行重新调整，并以结合点设计的修正来达成区域整合目标。② 在进行交通综合体周边与地下空间的共同开发时，不能仅考虑提高车站自身的运输能力，还需要考虑与周边区域、城市间的区域整合后的整体运作，并为未来交通综合体的发展预留发展的空间。因此，在车站区域整合时需要考虑交通综合体与其他(包括商业、运输、公共空间等)区域整合界面的衔接问题，并明确未来铁路运输中交通综合体所能达成的预定发展定位，才能真正使交通综合体的开发产生最大效益。

3.5.3 地下街

台北捷运系统的地下街从 1990 年台北捷运大街开幕开始，到目前已经开发 7 条地铁地下街。台北捷运系统地下街的地点分布主要集中在台北火车站周边，其中的 4 条地下街——台北捷运大街(Taipei Easy Mall)、台北地下街(Taipei City Mall)、站前地下街(Station Front Metro Mall)与忠孝西路站前地下街(Zhongshan West Rood Front Metro Mall)——以台北火车站或台北火车站捷运站为主互相连通，形同一个地铁地下街网络；其他的 3 条地下街则散布在捷运南港线与西门线。

1）开发目的：缓解交通压力，实现地区重振

台北捷运地下街兴建的主要目的是为了解决地上拆迁后原有商家的安置问题，也希望借此疏散地面人流，并将人潮引入市区已经衰败的商圈，进而使其复兴。

台北捷运系统的 7 条地下街中分布在台北火车站周边的 4 条地下街，是为了解决原有火车站地面交通混乱的问题，凭借拆除台北老旧的中华商场与兴建地下街的机会，将原本交通已经陷入恶化的台北火车站周边地区进行重整，并将地面上的商家安置到地下街中。

2）功能定位：商业互补策略

地下街的性质也是决定地下街商业形态的关键因素，地下街需按不

同的性质去设定其商业经营策略，借此定位地下街本身的商品价格与商业等级，并以此与其他地下街及地上商圈进行经营策略区分。因为台北捷运系统地下街设立的初衷是使周边商圈再复兴，所以，商业互补为基本原则。从形式看可分为以下 4 类：通路型、地面商业机能扩充型、副中心型、主中心型。

3）经营模式的成功经验

台北捷运系统地下街的经营模式主要是依照地铁地下街的商家形成背景及是否与捷运系统共构来决定是采取何种经营模式对地铁地下街进行管理。其中，形成背景影响到经营者的组成，而与捷运系统共构与否则影响到政府管理单位与角色。

(1) 地上商家的安置。台北捷运系统地下街的兴建目的中，有一部分是将地面上旧有商圈的店家移转至地下街，对地下街本身的商铺是种财务上的补偿。在这基础上，地下街的商家组成便从一开始就被固定，地下街管理单位也只能借由商业分区将商家进行管理区分，但无法决定商家的定位与商业形态，这便成为地下街发展的一个重大限制。

(2) 对外招商引入。部分地下街因不牵涉到安置问题，地下街管理单位可以不背负安置的包袱，因此，地下街内部商店的引入是由管理单位对外所委托的经营主体负责。此种方式的好处是地下街的商业定位与形态可以由经营单位进行筛选，除了可避免破坏地下街整体经营策略的商业规划与业态外，也可以借此将具有独特性及潜力的商家引入地下街；此种模式亦可将不适合的商店以市场机制进行淘汰，使地下街本身的商业体系更具竞争力。

(3) 权属与经营主体

台北捷运系统地下街的权属是由是否与捷运系统共构来决定的。若与捷运系统共构，因土地与投资方较为单纯，主管机关为台北市“政府”财政局，再由台北市“政府”委托捷运公司经营；而不与捷运共构的地下街则视土地与投资情况决定。以台北地下街为例，因不与捷运共构，所以土地权属于台铁公司；而建筑体部分因为是由台北市“政府”投资，所以建筑体的主管机关为台北市“政府”市场管理处，并且由台北市“政府”直接管理。由上述两种情况可以发现，台北捷运系统地下街的经营主体具有两种情况，即台北市“政府”直接管理与捷运公司委托专业管理公司管理，但不管是哪种模式，地下街的产权仍属台北市“政府”。

(4) 经营模式

台北捷运地下街的主要经营模式有两种，经营模式的目标都是希望确保地下街内部能够进行自主管理与维护。“政府”单位主要的角色在于监督与维持地下街的整体环境及公共空间部分能够按原有的规划被使用;经营主体则确保地下街的营运能够上轨道,并进行实际的维护工作;商家则是在付出使用租金后,按合约规定内容履行其责任与义务,并专心进行其商店的经营。

① 模式一:由“政府”单位直接对地下街商家进行管理与招商。此种模式的优点是能确保整体地下街的使用按原规划进行,并能够维护某些较为弱势的商店与商业形态存在于地下街,同时由“政府”承受地下街本身的盈亏风险;但缺点是由于“政府”单位需同时担任管理与监督工作,并且“政府”单位本身对于商业的管理并不十分专业,因此,不易有效经营与管理地下街,并且在无形中增加“政府”单位许多人事成本。此类模式通常适用在安置背景的地下街,或是因商业利润不大、导致专业管理团队较无兴趣的地下街。

② 模式二:地下街由主管单位进行对经营权的招标,中标的专业管理公司取得地下街的商业经营管理权,契约时间大约是3—5年,每个月管理公司只需要交出固定的营业收益及地下街的公共费用,其他利润则归由管理公司,而商店的管理费、租金收取与招商全由管理公司负责。此模式的优点是角色定位清楚,管理公司专门负责经营,商家负责自己的商店营运,“政府”单位则只需监督。管理公司有专业的团队与经验,对于地下街的经营相对于“政府”直接管理来说在风险上较低,而且“政府”单位也不需要额外编列经费与增加人事上的费用,同时此种管理模式相对于模式一比较灵活。但其缺点是容易因为商业收益的考虑及管理单位的强势处理,造成对商家进入的门槛限制,因而引起彼此的纠纷。

台北市捷运系统地下街的管理模式原则上是将两者混合使用,各段地下街再按情况采用不同的模式管理。但这两种模式并非固定不变,在台北市捷运系统地下街经营的过程中,也有过一些变化。如:部分原本由“政府”将其管理的地下街释放出来给专业团队管理,或是管理团队因经营效益差而不续约,导致部分商店又转回给“政府”单位直接管理,但大原则上只是两种模式间的互相调整。

(5) 经营策略的调整

在吸取高雄地下街的失败经验后,台北捷运系统地下街对于经营模式进行部分调整,特别是对于产权、经营主体、管理体制、商业策略及专业管理这几项进行修正,以防止高雄地下街的弊端再次产生。其经营策略的调整主要在下列部分:

① 产权。与高雄地下街产权的最大差异是在台北捷运系统地下街产权的归属。台北捷运系统地下街的产权由台北市"政府"或其他"政府"单位所拥有,并不释放产权给私人,即使是对于地面拆迁户的产权补偿,也不给予其店铺的产权,只以租赁的方式授予其经营权。这种方式主要是要避免高雄地下街所产生的因为产权转移后而导致经营管理上责任互推的弊端;另外,捷运系统地下街除了商业营运外,本身兼具有很强的公共使用的性质,在此前提下不将产权释出,才有可能保持公共使用的效能可以持续运作,而不因私人因素被破坏;同时,在地下街本身统一管理上,"政府"才能成为主导的角色并进行管理与监督。

② 经营主体。台北捷运系统地下街的经营主体可分为两种:一种是"政府"单位自己经营,另一种是委托专业的经营管理公司进行经营。这两种方式的共同点就是"政府"单位控制整个经营主体,最多也只是委托给民间公司经营,和高雄地下街将所有经营权都移转给民间公司的做法有很大的不同。在这个模式下,"政府"单位便能有监督权,且能对经营方针与绩效进行干涉,无形中也避免了民间资本因为获利而牺牲掉地下街公共性质的问题,并能使地下街的整体经营控制在原本的经营目标内。

③ 管理机制。台北捷运系统地下街在管理机制的组成与高雄地下街的松散管理有很大的不同。在台北捷运系统地下街的管理体制中,"政府"单位占有主导地位,并在机制上强调管理、监督、维护及信息反馈上的平衡,彼此间同时又具有制衡性。

④ 店铺的整合。台北捷运系统地下街有部分商铺是为了补偿地上商店的拆迁,而台北市"政府"让原本数目众多的零售商铺进行整合,并要求数家商铺整合于一家公司行号进行登记,这样的方式让原本零散且各自为政的店铺必须要进行合作。对于管理方来说,需要管理的端口变少,使得管理更为容易;而对于商家来说,采用合作的模式更能够让商家本身团结起来进行策略联盟,并且商家对地下街本身的向心力增强。与之前高雄地下街各商家互相敌对产生不良竞争的态度相比,台北捷运系统地下街的商家彼此间采取的则是一种相互合作的态度。

⑤ 引入专业管理机构。部分地下街采用对外委托经营,但在招经营标时要求经营单位的专业性不仅必须要有管理大型百货商场的经验,还需要很完整的商业经营团队,而不单纯只从经营者能付给捷运公司或台北市"政府"多少收益来考虑。反观高雄地下街的经营团队,则缺乏此类的管理经验与专业性,而是只着重在开发与获利部分,因而使地下街产生衰败现象。

⑥ 业态分区与公共空间的经营。台北捷运系统地下街由于规模较大,并且与捷运系统相连,所以,规划中将防灾放在第一位;又鉴于高雄地下街对业态分区与公共空间的忽略教训,台北捷运系统地下街对于业态分区与公共空间的管理十分严格。各业态被规划在固定的范围内,特别是餐饮业的位置离逃生与消防通道均有一定的距离限制,且要求餐厅不得使用明火。经营单位将地下街内的商业环境按营业主题不同进行空间的规划,经过整合与限制后的业态对于整体的地下街安全与环境控制有一定提升。在公共空间的经营方面,强化对公共空间的管理,除严格禁止商家占用公共走道外,也由管理单位统一对各节点广场举办活动、美化与主题布置,并利用广场之间的串联,使地下街产生整体的商业氛围。

⑦ 小结。地下街的经营可以引入民间资本与专业管理,但"政府"不能只看重引入民间资本的利益或为了省事,而只单靠民间管理地铁地下街。"政府"在整体的管理与经营体制中的角色也十分重要,缺少强有力地制约很容易使地铁地下街的管控失衡,将导致经营不良而趋于衰败①。

3.5.4 民防工程

台湾民防工程管理主要由台湾"内政部"与"军方"负责。台湾民防由于其特殊性,由"行政院""内政部"主管民防行政,其"警政署"设有民防组,统管民防事宜。台北、高雄各"直辖市"警务处以及各县市警察局分别设立民防科和民防指挥管制中心,各分局设民防组,具体负责民防行政和业务。台湾"国防部"主管战时的民防管制运用,并通过各级警备单位实施管制、协调。台湾防空避难设施主要有地下室、防空洞、防空坑和防空掩体等。台湾所谓"《国防法》"规定:重要的乡镇、市、区建设 3 层以上的楼房均应附建地下室,所有 2 层以上的营业场所,均在周围空地或底层建造防空避难设施。另外,台湾近年来在大城市兴建的地铁也可作为大容量的防空避难设施使用。

3.5.5 共同沟

台湾建成发达的共同沟网络已超过 300 km,正在建设新北市淡海区、高雄新市镇、南港经贸园区等共同沟,完成了洲美快速道路、大度路等

---

① 刘皆谊. 地铁地下街经营经验探讨——以台北市捷运系统地下街为例[J]. 地下空间与工程学报,2006,2(7):1269-1275.

共同沟工程的设计，制定了台中市、嘉义市、新竹市、台南市、基隆市的共同沟整体规划，进行了配合捷运路网、敦化南北路、新社区、铁路东延等项目的共同沟规划。

台北的共同沟建设是在吸取其他国家共同沟建设经验的基础上，经过科学的规划而有序地发展。在建设模式上非常重视与地铁、高架道路、道路拓宽等大型城市基础设施的整合建设。如：东西快速道路共同沟的建设，全长为 6.3 km，其中 2.7 km 与地铁整合建设，2.5 km 与地下街、地下车库整合建设，独立施工的共同沟仅为 1.1 km，这种科学的决策极大地降低了共同沟的建设成本，有效地推动了共同沟的发展。

台北市共同沟的建设能够有效推进的重要原因是：1992 年设立了非营业循环的"台北市共同沟建设基金"，该基金共筹集资金 25 亿元新台币，主要用于诸如共同沟规划、政策研究、共同沟防洪等课题的研究，从而使共同沟的建设步入了科学化的轨道。

台湾地区是继日本之后，最具共同沟完备法律基础的地区。1994 年，台湾交通大学运输研究所进行了"共同沟管道设置标准及财务分摊研究"，提出建设共同沟的决策标准以及费用分摊的原则与方法。1990 年，制定"《公共管线埋设拆迁问题处理方案》"，委托"中华道路协会"进行了所谓"《共同管道法立法》"的研究，并"颁布所谓的《母法施行细则》、《建设经费分摊办法》以及《共同沟设计标准》"，授权各基层"政府"制定共同沟的维护办法。目前，在台湾省已经建成了比较发达的共同沟网络，并先后制定了多项有关共同沟建设的规定，进而推动共同沟的建设。主要包括以下几个方面：① 所谓"《共同管道法》"共 34 条，于 1989 年 6 月 14 日公布实施。② "《共同管道法施行细则》"共 14 条，于 1990 年 12 月 28 日公布。③ "《共同管道经费分摊办法》"共 6 条，于 1990 年 12 月 19 日公布。④ "《共同管道系统上下空土地使用征收及补偿办法》"共 9 条，于 1991 年 5 月 1 日公布。⑤ "《共同管道设计标准》"共 18 条，于 1992 年 4 月 23 日公布，将共同沟的计划、规划、设计形成了一套标准运作程序。

所谓"《共同管道法》"等相关规定对台湾地区的共同管道的管理体制进行了规定，台湾地区共同管道由"内政部"负责，在"直辖市"由市"政府"负责，县(市)为县(市)"政府"负责，各级主管部门设专业机构负责；各管线事业机关(构)应该设立专责单位配合；共同管道的管理实行综合管理与各事业单位专门管理的相结合的管理体制。

(1) 主管部门与各管线事业机关的协商机制

(2) 管线强制纳入机制

(3) 对土地权利人补偿机制

以道路用地范围为准,如因工程之必要,可以穿越公、私有土地之上空、地下或附着于建筑物、工作物;但应选择损害最少的方法为之,并采用协商方式补偿。

(4) 共同管道运营管理机制

共同管道可以由各主管机关管理,也可以委托投资新建者或专业机构管理;而共同管道中的公共设施及附属设施由各专业机关管理,并定期巡检。

台湾共同沟的投资为"政府"投资,由"内政部"或当地"政府"筹措、设置共同管道基金,供各级"政府"及管线机构办理共同管道及缆线地下化工程的贷款并循环运用。

(5) 共同管道建设与管理费用机制和基金

所谓"《共同管道建设及管理经费分摊办法》"由"中央主管机关"会商"中央目的事业主管机关"确定。台湾地区为此制定的所谓"《共同管道建设及管理经费分摊办法》(2002)"规定,共同管道完成后,未负担共同管道经费的新增管线进入共同管道时,主管机关可以收取使用费;"中央主管机关"依管线事业机关的申请,可以就其应负担的共同管道建设部分经费酌情予以贷款;贷款由"中央主管机关"设置的共同管道建设基金支付。

3.5.6 相关法规

台湾地区地下空间开发利用主要涉及共同管道、民防工程、大众捷运等。台湾地区参照日本,先后制定了所谓"《共同管道法》(2000)、《大众捷运法》(1989 年,最近修改是 2005 年)"以及其他相关规定。台湾关于地下空间的开发利用还停留在"专项立法"阶段,没有形成"综合立法",相关配套"法律法规"比较完善,管理体制也具有特殊性。

1) "民事基本法"

"民事基本法"主要包括台湾地区所谓"《民法典》、《台湾土地法》"等。所谓"《民法典》"是 20 世纪 30 年代制定的,"《台湾民法物权编》、《民法物权编施行法》、《台湾土地法》、《台湾土地法施行法》、《大众捷运法》、《共同管道法》"等对空间地上权进行了规定。

台湾地区在最近的一次"《民法典》"修改中,仿效日本,增加了"地上权得在他人土地上下的一定空间范围内设定之"。此即空间地上权,中国大陆称为空间使用权。

2)"地下空间开发利用的专项立法"

台湾地区地下空间开发利用"立法"只有"专项立法",还没有"综合立法",但是"相关配套法律"比较健全。

台湾地区地下空间开发利用"专项立法"除了"最高权力机构"的所谓"《共同管道法》、《大众捷运法》"外,还包括行政机关的"立法"和地方机关的"立法",如:"《共同管道法实施细则》(2001)、《共同管道建设及管理经费分摊办法》(2001)、《共同管线系统使用土地上空或地下之使用程序使用范围界限划分登记征收及补偿审核办法》(2002)、《共同管道工程设计标准》(2003)、《共同建设管线基金收支保管及运用办法》、《台北市市区道路缆线管理设置管理办法》(2003)"。

3)"地下空间开发利用配套立法"

配套"立法"除了所谓"《促进民间参与公共建设法》"外,还包括行政机关的"立法",主要有:所谓"《政府对民间机构参与交通建设补贴利息或投资部分建设办法》、《民间机构参与交通建设长期优惠贷款办法》、《土地开发配合交通用地取得处理办法》、《民间机构参与交通建设适用投资抵减办法》、《公共交通工具无障碍设备与设施设置规定》、《大众捷运系统工程使用土地上空或地下处理及审核办法》、《民间参与公共建设申请及审核程序争议处理规则》、《促进民间参与公共建设法施行细则》、《都市计划公共设施保留临时建筑使用办法》、《民间参与经建设施公共建设使用土地地下处理及审核办法》、《促进民间参与公共建设公有土地出租及设定地上权租金优惠办法》、《公营事业移转民营条例施行细则》、《促进民间参与交通建设与观光游憩重大设施使用土地上空或地下处理及审核办法》",等等①。

尽管没有形成地下空间开发利用的综合性规定,但涉及地下空间开发利用的3个主要行业的规定比较健全。不仅有"最高权力机构"的"立法",也有行政机关的"立法"。不仅有"民事基本法律基础",也有地下空间开发利用的"行政管理法"。地下空间开发利用的"配套法律"非常健全,对吸引民间资本进入地下空间开发利用起了巨大的推动作用。

---

① 刘春彦,束昱,李艳杰.台湾地区地下空间开发利用管理体制、机制和法制研究[J].辽宁行政学院学报,2006,8(3):133-134.

3.6 中国香港

3.6.1 概述

1）轨道交通为骨干

香港自 20 世纪 70 年代至今，经济快速发展，人口稳步增长，但建成区面积的增长速度却非常缓慢。目前，全港地域面积为 1 108 km^2，草地、林地面积占 79%，建成区面积只占 21%。独特的地貌特征及地权因素决定了香港高度集约化的城市用地结构，而以高效率的交通系统支撑并引领城市健康发展、实现城市空间格局与交通系统高度融合成为必然的选择。

2）借地势利用岩洞安置公共设施

（1）香港地势多山，且大部分地层属火成岩，适宜兴建大规模岩洞配置设施。目前，香港已有一些地下空间用做购物商场、废物转运站、污水处理厂和配水库。

（2）自 20 世纪 80 年代起，为配合社会需要，香港有多项公共设施在岩洞内建成，包括地下储油池、太古港铁站大堂、摩星岭废物运转站、赤柱污水处理厂和狗虱湾政府爆炸品仓库。这些工程证明了岩洞可以是合乎成本效益的另一种选择，并且能在多方面带来额外的环保、安全和保安的好处。

（3）随着香港岩洞工程的发展，政府岩土工程处(GEO)于 1988 年起开始对地下空间潜在利用(SPUN)进行研究。SPUN 的研究达到顶端是在 1989 年召开的“岩洞—香港”讨论会。

3.6.2 规划编制

1）控制性详细规划

《九龙地区地下空间规划研究》(1998)(《Cavern Area Study of Kowloon》)(表 3.6)

表 3.6 《九龙地区地下空间规划研究》(1998)章节结构表

类　别	内　　容
项目简介	该规划的研究范围位于九龙地区，北至笔架山、狮子山及大老山的脚下，总用地面积约为 43.8 km^2

续表 3.6

类 别	内 容
研究范围	2.1 概述;2.2 地质情况;2.3 影像地质
岩洞工程研究地图	3.1 概述;3.2 地表发展现状及规划;3.3 地下空间现状及规划;3.4 地质工程条件;3.5 地形地貌;3.6 信息系统(GIS);3.7 岩洞工程研究地图;3.8 其他因素;3.9 具潜能的地下出入口位置
研究和结论	主要结论:在九龙地区的地下空间人造岩石洞室的使用中可以提供一系列的设施,如:污水处理、垃圾转运站以及住宿等计划。本研究就此领域提供了一个大致说明,其中人工岩溶洞的选址是一种基于对纯粹的地形和地质条件的评估。 研究区按适宜岩洞发展的情况分为 3 个基本土地类型。该分类是基于地表的区域发展、现有的地下设施、工程地质条件以及地形的限制等因素进行。在整个 43.8 km^2 研究区,约 30%被认为是非常适合岩洞工程发展,即一级土地;另有 5%划分为具有中等适宜岩洞发展

【编制单位】香港特别行政区政府土木工程拓展署 K. J. Roberts & P. A. Kirk

【报告编号】GEO Report No. 101

《九龙地区地下空间规划研究》是针对九龙地区地下空间的开发潜能展开的研究。它不同于以往研究的地方是全面地引入了计算机辅助,研究中将绝大部分需要的数据都以电子数据的形式输入地理信息系统(GIS),再通过简单地操作便可形成一张地下岩洞的研究地图(图 3.14)。

图 3.14 九龙地区适合开发成岩洞的地点

2）修建性详细规划

《地铁尖沙咀站北行人隧道工程项目报告》(2007)(表 3.7)

表 3.7　《地铁尖沙咀站北行人隧道工程项目报告》(2007)章节结构表

类　别	内　　容
基本资料	1.1 工程名称;1.2 目的和性质;1.3 工程倡议者名称;1.4 工程位置和规模;1.5 指定工程的类别数目
对环境可能造成的影响	2.1 建议施工方法概要;2.2 噪音;2.3 空气质量;2.4 建造废物管理;2.5 施工阶段水质;2.6 生态环境;2.7 景观及视觉
周围环境的主要元素	3.1 商业用地;3.2 政府机构及社区用地;3.3 休憩用地
缓解措施说明	4.1 噪音;4.2 空气质量;4.3 建造废物管理;4.4 施工阶段水质;4.5 生态环境;4.6 景观及视觉;4.7 公众咨询

【委托单位】香港地铁有限公司

【编制单位】茂盛(亚洲)工程顾问有限公司

重点内容:该工程位于香港尖沙咀区闹市,地面发展有商业和住宅。该隧道工程从金马伦道路口开始,沿着弥敦道延伸至金巴利道附近的美丽华商场。该工程于 2007 年开始前期研究,2008 年设计完成并动工建设,2012 年初投入使用(图 3.15)。

(1) 工程项目。为乘客提供一条直接、方便和安全的隧道以及地面出入口。作为新的高流量行人走廊,以便舒缓地铁尖沙咀站现时繁忙的北面大堂和月台区的人流压力。主要工程项目包括:1 条行人隧道,1 个位于弥敦道下面的地下新车站大堂,两个公共出入口,1 个新地库机房。

(2) 环境评估。该报告针对工程施工和运作两个不同阶段,论述了由工程建设带来的噪音对空气质量、生态环境、景观及视觉等方面的影响。

3.6.3　法规建设

香港有关地下空间开发的“立法”工作已经开展了很多年,相应的“法规”体系较完备,且随着环境变化和城市发展不断进行修改和完善(表 3.8)。

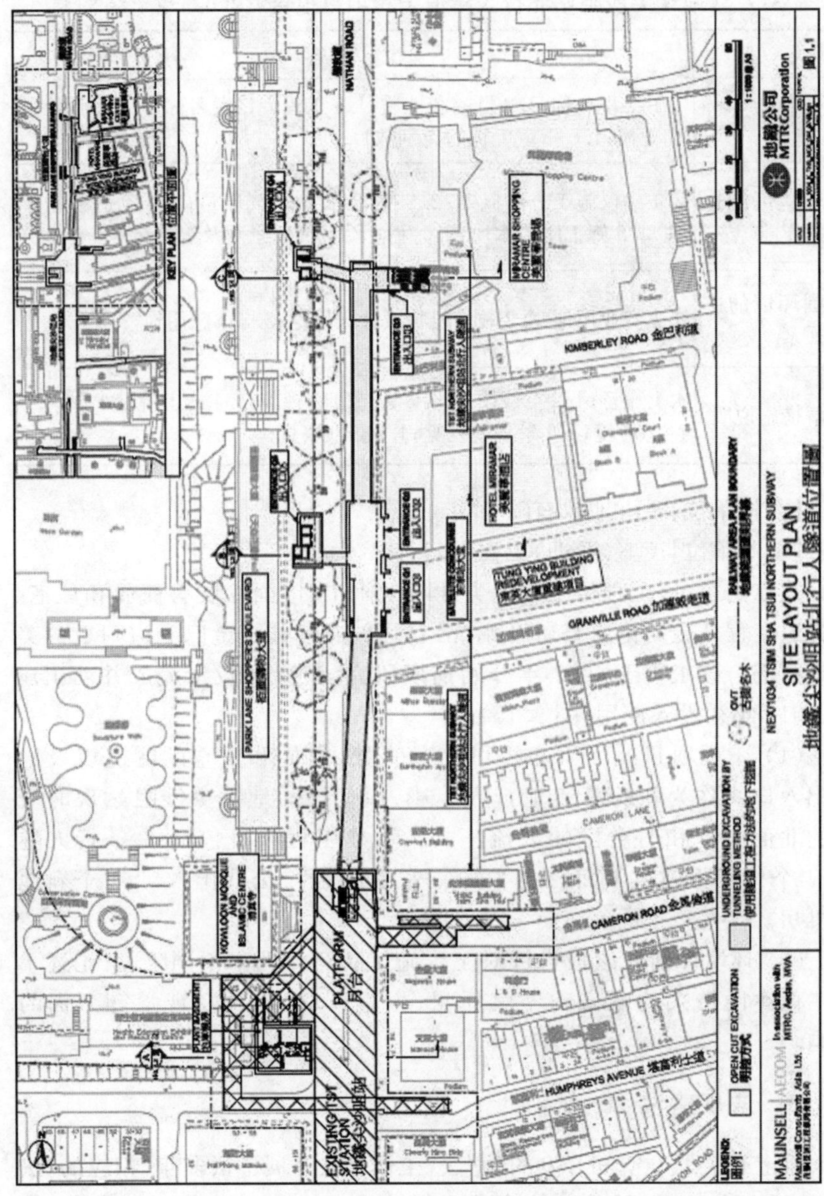

图 3.15 《地铁尖沙咀站北行人隧道工程项目报告》(2007)示意图

表 3.8 香港地下空间相关“法规”一览表

名称	性质	颁布年份(年)	主要规范对象
“《城市规划条例》”	法规	1939(2005 年最新修订)	香港土地的开发和使用
“《香港规划标准与准则》”	技术标准	1990(2009 年最新修订)	确定不同类型土地用途和设施的发展规模、位置及场地要求
“《建筑物管理条例》”	技术标准	1955(2000 年最新修订)	私营开发商建筑的规划、设计和相关工程内容,“政府”的建筑工程则不受本条例规管
“《铁路保护法》”	法规	1978	为地铁的建设提供了安全和稳定的保障,限制了保护区域内的物业开发
“《污水隧道(法定地役权)条例》”	技术标准	1994(1998 年最新修订)	提供了在已开发的土地及其他设施之下修建污水道隧道的法律依据

1)“《香港规划标准与准则》(2008)”

“《香港规划标准与准则》(2008)”第 12 章第 2 节“岩洞发展重点”指出,在进行规划过程初期要鉴定岩洞发展机会,也要在“政府”拟议新工程的初步规划阶段评估岩洞方案,以及提出如何克服岩洞工程困难的对策(表 3.9、表 3.10)。

表 3.9 “《香港规划标准与准则》(2008)”章节结构表

章节名称	小节名称
1 . 什么是岩洞	—
2. 具有岩洞发展潜力的土地用途	—
3. 岩洞发展规划	鉴定岩洞发展机会、“政府”拟议新工程的规划
4. 实施方面的事宜	环境影响、私营机构的拟议工程、地下结构保护区

表 3.10 “《香港规划标准与准则》”确定的具有岩洞发展潜力的土地用途一览表

土地用途类别	内　容
1. 商业用地	零售
2. 工业用地	工业、储物、货仓大型油库、大型石油气库
3. “政府”、机构、社区用地	屠房，文娱中心，焚化炉，室内游戏、运动馆，批发市场，废物转运设备，污水、食水处理设施，配水库，运输连接路及网络，灵灰安置所、多层式陵墓、殓房
4. 公共设施用地	电力站

在规划发展中鉴定岩洞发展机会的流程以及“政府”拟议新工程的规划：

有关部门在拟备工程规划限制声明的工程初步规划阶段进行有关岩洞方案的评估，以提供技术和规划方面的基本资料评估岩洞与非岩洞发展方案的利弊。规划评估会由香港规划署负责统筹，消防处、运输署和地政总署等相关“政府”部门提供相关意见，确定各项发展参数：a 发展密度和是否协调；b 安全；c 交通；d 财务可行性。

① 地政总署——就选址表格所载可能的非岩洞用地的潜在售卖价值提供意见。

② 土力工程处——就可能的岩洞用地及相关地下工程建造成本提供意见。

③ 消防处——就岩洞用地的消防安全规定提供意见。

④ 运输署——就连接岩洞用地的通道及交通事宜提供意见。

⑤ 屋宇署——就“《建筑物条例》”所订明的基本规划及安全事宜提供意见。

2）香港“《建筑物管理条例》(1955)”

“《建筑物管理条例》”通过注册制度规管建筑师、工程师、测量师及承包商，通过规划的批准制度控制建筑工程，通过实施许可证制度规范施工、场地占用和工序等。

1988 年，“政府”预计到私营开发地下空间的迫切需求，修正了相关条例，把地下建筑物也包含到该建筑物条例之中。修正后的建筑物条例允许私营发展商开发地下空间(包括在已有建筑物下的地下开挖)。虽然开发地下空间的立法已经存在了 10 多年，但实际上香港的私营发展商还没有开发这种类型的地下空间；而地铁公司通过法律的豁免条例，进行了地下空间的开发。

3）香港“《铁路保护法》(1978)”

香港的“《铁路保护法》”为地铁的建设提供了安全和稳定的保障，之后九广铁路也被纳入该法规的保护范围。香港房屋署出版的“《操作备忘录77》”详细规定了私人物业建筑工程详细条文，距离铁路结构约30 m范围为“铁路保护区界限”，其范围内的建筑作业活动必须受到限制，包括地质勘察、新建筑靠近铁路通风结构之间的约束以及其他影响。该保护法规规定地铁沿线发展引起地铁结构上的附加荷载不得超过20 kPa，不能造成超过20 mm变形或大于1∶1 000的倾斜；桩和基础与铁路建筑的距离不能少于3 m等，因此，该法规的目的是保护地铁结构。然而，香港并没有同等的条例来限制新建地铁对已有建筑的影响。

4）“《污水隧道(法定地役权)条例》(1994)”

香港于1994年颁布了“《污水隧道(法定地权)条例》”(简称“《条例》”)。规定必须在“政府”宪报上刊登新深层污水隧道线路计划，以及线路上方可能涉及的土地役权；如果没有法定地役权的公布，现有的土地租赁制度是不允许污水隧道穿越此类被外租的土地之下。此“《条例》”颁布后，为了保护新建建筑物对深层污水隧道的影响，“《建筑条例》”也相应地进行了修正。新条例规定，在污水隧道100 m范围内的建筑工程或者地质勘察工作，必须先得到房屋署的批准才能进行。

3.6.4 机制保障

1）香港地下空间开发模式包括“政府主导”与“业主主导”两种模式

“政府主导”如垃圾处理厂、污水处理厂等工程性项目地下化，大部分放入山体下。

“业主主导”商业型的地下空间开发，如地下停车场、商场。旧区若建地下走廊，应由站点开发公司周边大厦的业主商讨地下空间的权属和利益如何分配。

2）告知与商讨的制度

一般地铁建设初期，旧区开发商开始收购土地，并到屋宇署登记，屋宇署会把图纸分发给可能受到影响的开发商以及地铁公司，再由“政府”、地铁公司、开发商共同商讨。

3）参与规划、加强沟通

地铁公司是“政府”的控股，有疏导交通的责任，也有商业利益所得；

既服务市民，又服务股东。地铁公司是“政府”落实地铁保护区规划的工具和实施的主要载体，“政府”觉得有价值的土地会转给地铁公司，地铁公司可能做规划，把各种界面处理好，再与开发商合作，取得双赢。如地下连廊在公共领域下，业权由“政府”转给地铁公司；但若有商业价值，则要交地价；如单用作地铁，则不交地价。

不同层次的图则，“政府”都会邀请轨道公司参与，作为专家和工作小组提意见，并讨论设计方面如何衔接。

铜锣湾是比较成规模的地下开发，约为 3 000 m^2，地下共 1 层，地下商业与地铁连接，主要是解决人流疏散问题；中环地区也比较成功，20 年前就规定好地下通道、天桥的位置，并在改造过程中逐步实施。

4）弹性规划机制

通过告知、商讨、谈判制度协议规划，最后通过法定图则落实。

通过工程实践，香港已经建立了一套完整的地下空间开发体系，并通过“立法”来规范地下空间的规划及建设。“《城市规划条例》”规定，由团体、“政府”、铁路公司或发展商提出地下空间的详细计划，这些计划需接受公众的咨询和“政府”监管。目前，香港的地下空间项目都是由多个团体联合开发。

根据香港地铁公司在过去 30 年的经验所得，整合地铁、人行道和商场的项目能带来可观的社会及经济的效益。因此，这类地下空间发展很受“政府”、地铁公司和私营发展商的欢迎。快速的交通、便捷的出入、舒适的环境是地铁最大的优点，而轨道交通最显著的外延效益是使得地铁沿线物业具有巨大的升值潜力。通常情况下，通过对私营发展商租借合同的修订，不仅可以共同开发地下空间，还可以降低地铁的建设费用，从而间接得益于社会。

3.6.5 典型案例

香港中环地下空间开发

于 1975—1978 年修建的旧中环站系统是由遮打道下的中环站扩展、与德辅道下的港岛线相连的形成。独立的地铁出入口可以通往遮打道的行人道及环球大厦的地下室；后来，私营发展商们又修建了通往历山大厦及置地广场地下室的出入口。在 1995—1997 年又为机场快线和东涌线加建了香港站，新的车站与地铁公司联营开发的国际金融中心地下室相连，其地下人行通道是在交易广场（私人物业）及干诺道下面暗挖而建。

从中环地下空间开发的例子可见,其地下空间的建设跨越了长达30年的时间。通过逐步完善地铁站厅、大楼下地下购物商场的人行道,提供便捷的行人路线,从而达到改善地面交通拥挤的目的。

开发这种地铁地下空间都是为了吸引人流方便、快捷、安全地从地铁车站到地下商场购物消遣,这些工程一般由地铁公司或附近的大厦发展商提议建设。类似的工程实例还包括:① 连接太古广场和金钟地铁车站的2条地下隧道;② 连接九广铁路及九龙塘又一城地铁车站的通道;③ 尖沙咀地铁站和九广铁路尖东站地下通道。

3.7 欧洲

在欧洲地下空间利用中,一个非常突出的特征就是工法先进、技术精湛,这与北欧等地区的地质条件良好(以岩层为主)以及大量需保护的文物古迹有关。

公路隧道是欧洲地下空间利用的亮点之一。世界最长的公路隧道是挪威西部24.5 km长的拉达尔隧道,该隧道有完善的通风照明、安全防火、通讯监控等设施。阿尔卑斯山脉是为中欧和南欧间的天然屏障,因此,100多年前就分别在瑞士和意大利间修了长为14.99 km的圣哥达隧道和长为19.8 km的辛普伦隧道。20世纪末又开始兴建世界上最长的山岭隧道——长为57 km的新圣哥达隧道,这将会使欧洲中南部交通更为快捷;但由于隧道太长,单靠从两头掘进将拉长工期,需从中间增加工作面,竖井就深达800 m。

3.7.1 西欧

英国、法国等国有很强的自然环境、城市景观和历史性建筑的保护意识,他们利用地下空间主要是为了保护城市环境和自然景观(图3.16)。如:巴黎的卢浮宫就是综合应用地下街、地铁、娱乐设施、地下道路、地下停车场等的综合体,是为保护地上历史环境和建筑物景观而建造于地下的代表性设施。

案例 法国巴黎

巴黎,这座欧洲时尚之都的地下同样光彩炫目:绵延几百公里的巨大采石场、高大空旷的梯形石膏矿石场,纵横交错的地下铁路网、地下公路、地下排污管道网、压缩空气管道和电缆线路以及地下教堂、地下天文台、地下墓穴、秘密隧道等。

图3.16　以历史保护和艺术修养为特色的西欧地下空间建设

巴黎地下交通。巴黎的地下交通体系发达，包括密集的地铁和系统的地下道路（图 3.17）。巴黎地铁总长为 221.6 km，包括 14 条主线和两条支线，合计 380 个车站（384 个站厅）和 87 个交汇站，由巴黎大众运输公司（Régie Autonome des Transports Parisiens，简称 RATP）管理。

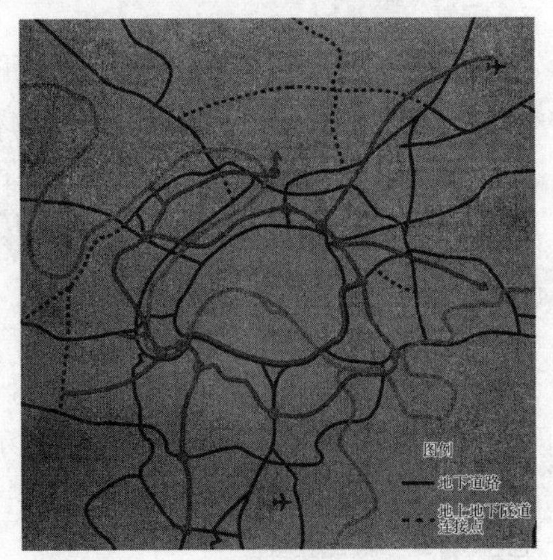

图 3.17　巴黎地下道路网

巴黎地铁建设起步很早，在 20 世纪初—20 世纪 20 年代，在市中心核心路网下敷设；20 世纪 30 年代—20 世纪 50 年代，扩至近郊；20 世纪 60 年代—20 世纪 80 年代，以建设区域快线(Regional Express Road，简称 RER)为主；整体网络于 20 世纪 90 年代末期完工。

巴黎的地下道路形成环状干线，并连接几条放射状郊区的道路，地下道路承担了近 1/3 的交通量。

1）巴黎列·阿莱(Les Halles)中心广场

巴黎的列·阿莱地区的前身是巴黎的中央肉类菜市场，周边密布着众多古老建筑，地下数条地铁亦在此交汇。随着城市的快速发展，该地区的批发功能渐渐衰退。

自 20 世纪 70 年代后期以来，巴黎人选择了借助轨道交通在列·阿莱地区建设大型地下空间综合体，让该地区焕发生机并有效地保护古建筑。目前，该地区成为了欧洲最大的地铁联络站，建成的综合体分 4 层，地铁、城郊铁路、公交换乘站、车库、商店、步道、游泳池等都被有序安排在地下，形成一个总面积超过 20 万 m^2 的地下城，成为世界上最成功的旧城改造范例。

巴黎对中心广场的改造规划花了很长时间。在完善地下部分的建设后，将改造重点移至地面公共空间以及与周边卢浮宫、蓬皮杜艺术中心等重要节点建筑的联系上(图 3.18)。

2）卢浮宫(Musée du Louvre)

卢浮宫是世界著名宫殿，始建于 12 世纪，最初是用来存放王室的财宝和武器，后来曾经作为国王的居所。到 18 世纪法国大革命期间，卢浮宫被改为博物馆对公众开放。1981 年，因原展览面积不够需扩建，法国政府决定对卢浮宫实施了大规模地整修。在没有地面用地且古典建筑必须保留的状况下，国际建筑大师贝聿铭先生利用被宫殿建筑包围的拿破仑广场的地下空间容纳了全部扩建内容：广场正中和两侧设置了 4 个大小不等的金字塔形玻璃天窗，而剧场、餐厅、商场、文物仓库、一般仓库和停车场等设施全被有序地安排在金字塔天窗的地下(图 3.19)。扩建后的卢浮宫于 1989 年重新开放，展厅面积扩大 80%，每年接待的参观者从 300 万人增加到 500 万人。巴黎卢浮宫的扩建是古建筑现代化改造的典范之一。

3）拉德芳斯(La Défense)

拉德芳斯地区是立体城市最典型的案例。该地区占地 7.5 km^2，核心商务区为 1.6 km^2，办公建筑面积约为 300 万 m^2；就业人口为 15 万，居住人口为 2 万；主导产业为金融、保险、房地产、生产性服务业等产业。

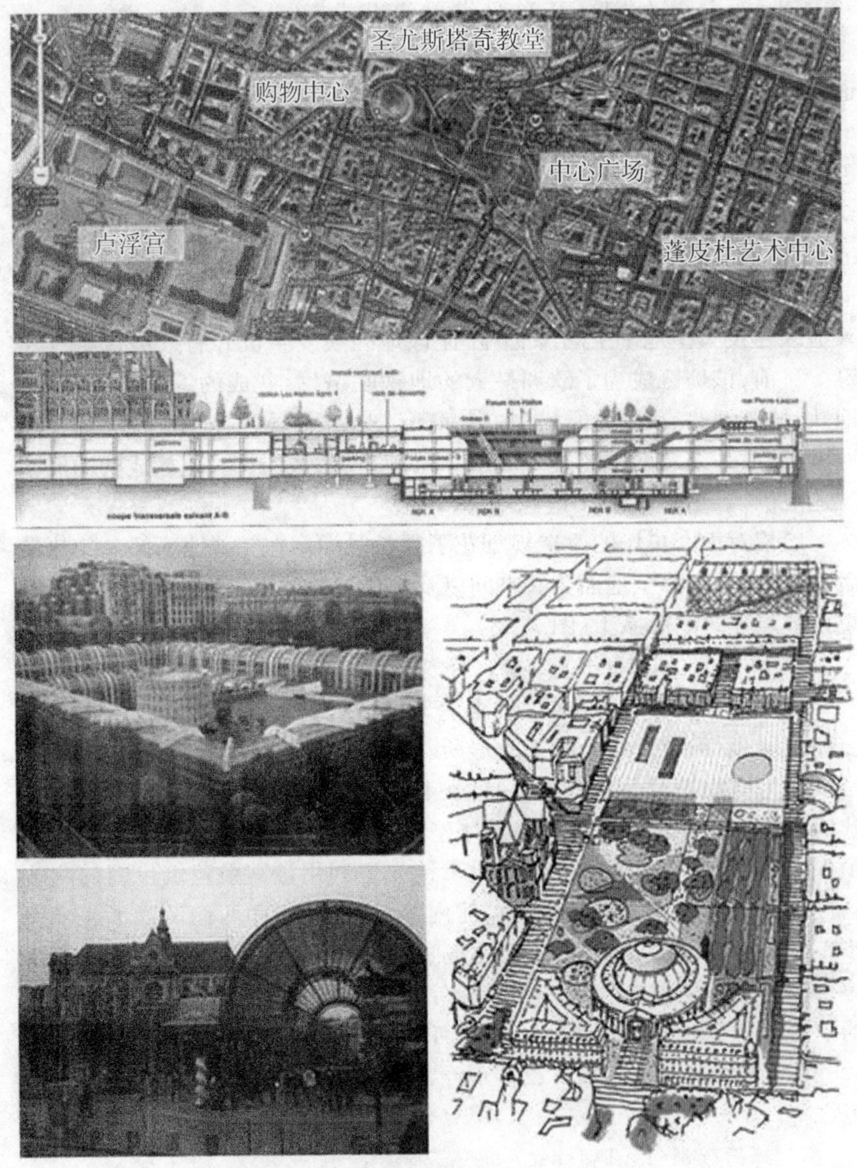

图 3.18 巴黎 Les Halles 中心广场

图 3.19 卢浮宫地下空间

拉德芳斯作为立体新城的代表，以巨型城市平台广场和立体交通网络最为特色。经过 16 年分阶段地建设，如今已是高楼林立。地下快速交通系统、大型下沉式广场、高楼地下的多层立体停车库、11 部电梯组成的地下换乘枢纽、地下快速道路两边的商务中心以及为附近大楼提供能源、信息和动力源的共同沟使这一地区真正成为集办公、商务、购物、生活和休闲于一体的现代化多层立体城区（图 3.20）。

图 3.20 拉德芳斯

3.7.2 北欧

北欧具有地质条件良好，基岩坚硬、稳定及开挖时很少使用辅助设施的优势，加上现在机械化程度的提高，在许多情况下，城市基础设施建在地下比建在地上的成本还要低，特别在市政设施和公共建筑的建设方面十分先进。

北欧在二次大战后的冷战时期建造了许多核防空洞，如：瑞典“克拉拉教堂的地下民防洞”和“伊艾特包里控制中心”。地下民防洞平时多作为停车场、体育设施、娱乐设施、仓库等使用。北欧诸国的这种防空设施是作为国家政策被推出的，如：芬兰的《国防法》规定，在防御区内 3 000 m^2 以上砌体结构的建筑物必须有民防设施；在瑞士还要求义务性修建可避难两星期的防空洞。

1）芬兰

芬兰在 20 世纪 90 年代开展了“地下空间规划与土地利用”课题研究（表 3.11）。该研究课题全面地回顾了芬兰城市地下空间规划的现状，探讨了不同层次的地下空间规划和地下空间建设的许可程序。由于芬兰同我国一样，也是通过各个层次的规划对土地利用进行调控，该研究课题对其研究的核心内容有重要的参考意义。

表 3.11　芬兰地下空间规划与土地利用课题研究一览表

	城市地下空间总体规划	城市重点地区地下空间详细规划
规划原则	地下空间开发应成为地面土地利用的补充：在很难提供地面空间时，或出于环境保护的原因，应开发地下空间	如果希望地下空间在改善环境和合理的土地利用方面起非常重要的作用，就需要在该地区进行详细的地下空间规划
规划范围	(1) 为同一地区的多项地下工程项目提供规划协调工作； (2) 在高密度地区提供地下空间出入口和通风管井保留位置的方案； (3) 为大规模建造项目预留与地面联系的用地（如：出入口、垂直管井等）	(1) 重要的地下工程建设地点 (2) 有商业设施的地下空间 (3) 会影响附近市民生活地下工程的施工 (4) 影响到交通（停车场和交通隧道）的地下与地面的联系 (5) 对地面设施有重要影响的地下工程（通风管道、出入口） (6) 与地面建筑结构有直接联系的地下工程项目的施工 (7) 独立的大规模地下空间——地铁隧道等
表达形式	专门的地下空间规划图	详细利用规划图；工程规划图 （如有不同深度，需要各个层次的规划图）

续表 3.11

	城市地下空间总体规划	城市重点地区地下空间详细规划
规划对象	地下建筑和建筑地下部分;不同类型的地下通道;地下基础设施建设所保留的地下空间	
规划内容	(1) 开发深度 (2) 利用功能:地下街、市政设施、人防设施等 (3) 环境设计:与城镇景观协调等 (4) 与地面的协调:出入口、通风管道的数量和位置等 (5) 环境安全等规范:安全区、地表水相关、噪音等	

规划研究:

(1) 提出了地下空间的"最终用途分类",确立了规划的统一标准。

(2) 在协议或法律的基础上,明确土地的拥有权和地下空间的使用权。

(3) 评估地下空间对环境的影响。对地下开发项目十分慎重,必须进行环境评估;开发商主要通过地方环境咨询中心与政府协调。

(4) 评估地下空间的城市经济效益。通过成本和受益的评估,分析地下空间开发的可行性;评估土地价值和开发维护成本。

(5) 城市总体规划中的地下空间规划。提出了总规层面的应用范围、规划内容、深度、表达形式以及成果等;政府可以编制覆盖城市范围的专项地下空间规划,但需要提交评审;规划内容主要是确定需要保留的地下空间以供将来开发,并确定其与地面空间的关系;成果落实到专门的地下空间规划图上。

(6) 城市详细规划中的地下空间规划。提出了详细规划层面的应用范围、内容、深度、表达形式以及成果等;在城市重要的地区应编制地下空间详细规划①。

2) 瑞典

(1) 大型地下排水系统。瑞典的大型地下排水系统的数量及处理量均居世界领先水平;并且排水系统的污水处理厂全在地下,仅斯德哥尔摩市就有大型排水隧道200 km。拥有大型污水处理厂 6 座,处理率为100%;在其他一些中小城市,也都有地下污水处理厂。瑞典南部地区供水的大型系统全部在地下,埋深为 30—90 m,隧道长为 80 km,靠重力自流。

① 薛华培.芬兰土地利用规划中的地下空间[J].国际城市规划,2005,20(1):49-55.

(2) 共同沟。瑞典斯德哥尔摩市地下有共同沟长为 30 km,建在岩石中,直径为 8 m,战时可作为民防工程使用。

(3) 管道清运垃圾系统。瑞典在 20 世纪 60 年代初就开始研制空气吹送系统,并于 1983 年在一个有 1 700 户居民的小区内建造一套空气吹送的管道清运垃圾系统,预计可以使用 60 年。但由于与回收和处理系统的配套建设,4—6 年就回收了投资成本。

(4) 大型供热隧道。瑞典斯德哥尔摩市有长为 120 km 的地下大型供热隧道,很多地区实现集中供热,并正在试验地下贮热库,为利用工业余热和太阳能节约能源创造有利条件。

3.7.3 东欧

俄罗斯也是地下空间开发利用的先进国家,其特点是地铁系统相当发达。其中,莫斯科地铁系统号称最豪华的地铁,素有“欧洲地下宫殿”之称,9 条线路纵横交错,线路总长为 146 km,103 个车站内到处点缀圆雕、浮雕,形态各异;并且它还是世界上客运量最高的城市,每年达 26 亿人次。莫斯科以其建筑上和运营上的高质量而闻名于世,特别是其车站建筑风格,每站都有其特点;并且各转乘站的建筑布置相当巧妙,在多达 4 条线路相汇处,乘客可以在最少的时间内达到换乘的目的。此外,俄罗斯的地下共同沟也相当发达,其中莫斯科地下有 130 km 的共同沟,除煤气管外,其他各种管线均有;但是截面较小(3 m×2 m),内部通风条件也较差。

3.8 国际经验的启示

3.8.1 基本认知

地下空间的建设是一项长期工作,需多方持续不懈的努力。从各国及地区的实践看,如:日本东京、蒙特利尔、多伦多以及芝加哥等地下步行网络系统从最初建设到完善都需要 30 年左右的时间,不可能一蹴而就。

3.8.2 核心理念

地下空间的开发应结合自然及经济条件、结合轨道交通、因地制宜地利用空间资源;同时,地下空间利用水平与城市经济发展水平、自然、地理、气候、地质条件息息相关。如:日本因为是岛国,土地资源不足,而北美拥有气候寒冷等自然条件。因此,只有结合地铁及交通设施建设地下空间,方能取得较好效果。综上所述,地下空间的利用因地制宜。

地下空间利用虽没有大而全的规划,但强调科学合理的规划理念。除一般的先浅层后深层、人在上物在下、公共优先、综合利用的基本理念外,还包括:

理念一,地上地下空间规划同等重要

日本政府制定了有关地下公共利用基本规划编制方针,认为地下空间是城市空间的重要组成部分,地上地下空间规划同等重要,实行统一规划、合理布局,最大限度地提高城市空间的利用效率。

芝加哥未有单独的地下空间规划,涉及地下空间的规划内容从一开始就直接体现在地面城市规划中,并作为整体城市规划或交通规划的一部分来进行研究。

理念二,以地下交通建设为中心

在日本,规划重点首先是城市立体交通网络,其次是人员地下活动空间的开发以及地下供给处理设施的扩充和改造。

芝加哥、多伦多、蒙特利尔的地下城也以交通为重心,相对务实、人性化,并易于使用。这与我国城市大而全的综合规划有较大差异。

理念三:集约利用、立体规划

日本根据地下利用设施对象、地质条件、建设时期、施工方案、有人无人空间区分、安全管理等实际情况,周密地分配各类设施的断面位置,谋求集约化的地下空间利用。

3.8.3 沟通机制

各国及地区都有良好的政府民间沟通机制。如:日本各城市设立由多方成员组成的城市地下空间综合利用基本规划策定委员会,统一协调规划与开发;蒙特利尔组成土地所有者联合会,与政府沟通对话,并在政府政策指导下,自主进行规划、建设和开发;中国香港成熟的公众参与机制渗透各个公共空间的建设领域。因此,具备良好的沟通机制是地下空间得以建设成功的保障。

3.8.4 公共政策

公共政策是推进地下空间健康发展的基础。如:蒙特利尔独特的公共政策和激励措施(20 世纪 60 年代的长期租用权、一元地价优惠政策、公共领域的占用许可等)平衡了付出者和受益者的利益;日本、中国台湾对共同沟的推进政策大力促进了共同沟的发展。

4 地下空间法律法规

4.1 国家法律规章

4.1.1 《中华人民共和国人民防空法》

1997年1月1日开始实施的《中华人民共和国人民防空法》是第一部具有中国特色的涉及城市地下空间开发利用的法规。其相关条文规定如下。

第2条:人民防空实行长期准备、重点建设、平战结合的方针……(该条文影响深远)。

第18条:人民防空工程包括……单独修建的地下防护建筑,以及结合地面建筑修建的战时可用于防空的地下室(该条文指出人防工程包括单建和结建的类型)。

第19条:国家对人民防空工程建设,按照不同的防护要求,实行分类指导。国家根据国防建设的需要,结合城市建设和经济发展水平,制定人民防空工程建设规划。

第20条:建设人民防空工程,应当在保证战时使用效能的前提下,有利于平时的经济建设、群众的生产生活和工程的开发利用。

该法的制定、颁布和实施是集我国近40年人防建设的经验,是我国人防在新时期向民防实施战略转移,实现防空和防灾、防空与城市社会经济环境建设等多重功能的集合和整合,进而得以科学合理、经济高效地开发利用地下空间资源的重大法律保障,具有里程碑意义。

4.1.2 《城市地下空间开发利用管理规定》

为了迎接我国城市地铁建设、人防向民防实施战略转移、城市地下空间资源开发利用热潮的到来,国家建设部于1997年12月1日颁布实施了《城市地下空间开发利用管理规定》(简称《规定》,并于2001年11月20日进行了修订),是我国城市进入地下空间开发利用新时代的总动员令。

该《规定》第一次以法规形式明确"城市地下空间规划是城市规划的

重要组成部分。各级人民政府在组织编制城市总体规划时，应根据城市发展的需要，编制城市地下空间开发利用规划”（第 5 条），“依据《中华人民共和国城乡规划法》的规定进行审批和调整”（第 9 条），使城市地下空间资源开发利用的规划成为地方法定性管理文件，与城市总体规划具有同等的法律效力。该《规定》还对“城市地下空间规划主要内容”（第 2 章）作出了相关规定，包括：地下空间现状及发展预测，地下空间开发战略，开发层次、内容、期限、规模与布局以及地下空间开发实施步骤等。

这在我国城市地下空间大规模开发利用的初期，对于提高地下空间资源利用、规划编制的法律地位和国民意识起到了重要作用，为推进我国城市地下空间法制化建设迈出了实质性的一步。自该《规定》颁布实施之后，已先后有深圳市、上海市、天津市等多座城市相继制定了适应本地城市发展的地下空间开发利用管理规定或管理条例，进一步规范了我国城市地下空间资源开发利用的行为。

4.1.3 《城市规划编制办法》

2005 年 10 月 28 日，由建设部颁布的《城市规划编制办法》（简称《办法》）为城市地下空间规划正式地纳入城市规划体系提供了进一步的法律保障。

2005 年新颁布的《城市规划编制办法》规定了城市中心区规划应当“提出地下空间开发利用的原则和建设方针”（第 31 条 17 款），“地下空间开发布局为城市总体规划中建设用地规划的强制性内容”（第 32 条 3 款）；同时规定了地下空间规划在总体规划层次和详细规划层次应明确的基本内容：“城市总体规划应明确地下空间专项规划的原则”（第 34 条）和“控制性详细规划应当确定地下空间开发利用具体要求”（第 41 条 5 款）。因此，该《办法》对促进城市上下部规划相结合、规范地下空间规划编制起到非常重要的积极作用。

4.1.4 《中华人民共和国物权法》

2007 年 3 月 16 日，《中华人民共和国物权法》（简称《物权法》）的颁布，在城市地下空间开发利用的权属问题上实现了重大突破。

《物权法》第 136 条规定：“建设用地使用权可以在土地的地表、地上或者地下分别设立。新设立的建设用地使用权，不得损害已设立的用益物权。”该项规定对于城市土地空间资源的“分层开发”和“多重开发”利用提供了重要的法律依据；对进一步开发利用土地的空间资源、实现土地的节约和集约化提供了重要的法律保障；同时，对于进一步利用民间资本科学合理经济高效地开发利用城市道路、广场、绿地、山地、水体等公共用地的地下空间资源，对城市交通、经济、社会、环境、防灾等功能设施的规划建设和使用管理具有重大法律意义。

继《物权法》正式施行之后，国务院国土资源部、建设部分别在2007年12月30日、2008年2月15日颁布了《土地登记办法》及《房屋登记办法》。土地等不动产新增登记类型及参照范围的扩大，都强化了不动产登记的民事作用，有助于进一步弥补和完善《物权法》的原则性规定，使作为一种新兴的建设用地使用权的“地下空间权属”问题正在快速得到完善。

4.1.5 《中华人民共和国城乡规划法》

2007年10月28日颁布的《中华人民共和国城乡规划法》(简称《城乡规划法》)在《城市地下空间开发利用管理规定》和《城市规划编制办法》的基础上，为适应我国已初见端倪的大规模地下空间开发利用热潮，进一步将城市地下空间开发利用的相关内容上升到国家法律层面，明确规定了地下空间的开发利用应遵循的原则以及地下空间开发与人民防空和城市规划的关系。

如第33条规定：“城市地下空间的开发和利用，应当与经济和技术发展水平相适应，遵循统筹安排、综合开发、合理利用的原则，充分考虑防灾减灾、人民防空和通信等需要，并符合城市规划，履行规划审批手续。”

但由于编制细则的缺位，国家法律法规对于地下空间规划如何纳入现行城市规划体系，地下空间规划与城市地面规划的如何接轨，地下空间规划与交通、市政等专项规划的如何协调等一系列问题均缺乏规定；各层次地下空间规划的控制内容、深度、范围、表达形式及成果等内容也存在空白①。

4.2 地方法规规章

近10年来，全国各大城市开始大规模地进行地铁规划建设，极大地带动了城市地下空间资源的开发利用，许多大城市已呈现出大规模、超常规发展态势。伴随着城市地铁建设的快速发展，《物权法》、《城乡规划法》

① 束昱，路姗，朱黎明，等. 我国城市地下空间法制化建设的进程与展望[J]. 现代城市研究，2009(8)：7-18.

的颁布实施，2007 年以来，各城市相继制定或正在编制适应本地城市发展的地下空间开发利用管理规定(条例、办法、规划编制导则、通知)，规范各城市地下空间资源开发利用的行为。归纳其内容，主要涉及规划编制审批、用地审批管理、工程建设管理、用地登记测绘、使用管理 5 个方面，具体如表 4.1 所示。

表 4.1 我国关于地下空间管理法规规章概览表

地域	名　称	时间	规划编制审批	用地审批管理	工程建设管理	用地登记测绘	使用管理
全国	《中国城市地下空间规划编制导则》(征求意见稿)	2007-05	●				
江苏	《关于加强城市地下空间规划和管理工作的通知》	2010-05	●				
山东	《山东省城市地下空间开发利用规划编制审批办法(试行)》	2001-03	●				
浙江	《浙江省城市地下空间开发利用规划编制导则(试行)》	2010-04	●				
上海	《上海市城市轨道交通设施及周边地区项目规划管理规定(暂行)》	2005-09	●				
	《上海市城市地下空间建设用地审批和房地产登记试行规定》	2006-07		●	●	●	
	《上海市地下空间规划编制暂行规定》	2007-10	●				
无锡	《无锡市城市地下空间建设用地管理办法(暂行)》	2007-08		●		●	
	《无锡市地下空间商业开发国有建设用地使用权审批和登记办法(试行)》	2012-03		●		●	
重庆	《重庆市城乡规划地下空间利用规划导则(试行)》	2008-01	●				
深圳	《深圳市地下空间开发利用暂行办法》	2008-07	●	●	●		

续表 4.1

地域	名　称	时间	规划编制审批	用地审批管理	工程建设管理	用地登记测绘	使用管理
沈阳	《关于规范全市地下空间开发利用管理意见的通知》	2008-07	●	●			
天津	《天津市地下空间规划管理条例》	2008-11	●	●	●		
苏州	《苏州工业园区地下空间土地利用和建筑物房地产登记管理办法(试行)》	2009-03		●		●	
	《苏州市地下(地上)空间建设用地使用权利用和登记暂行办法》	2011-06		●		●	
杭州	《杭州市区地下空间建设用地管理和土地登记暂行规定》	2009-05		●		●	
成都	《成都市中心城区地下空间规划管理暂行规定》	2009-08	●				
郑州	《郑州市城市地下空间开发利用管理暂行办法》	2010-12	●	●			
厦门	《厦门市地下空间开发利用管理办法》	2011-05	●	●		●	●
东莞	《东莞市地下空间开发利用管理暂行办法》	2011-08	●	●	●	●	●
广州	《广州市地下空间开发利用管理办法》	2011-12	●	●	●	●	●

4.2.1　综合法规规章

天津、深圳、广州、郑州等城市针对地下空间开发利用管理无法可依的状况，制定综合型地方法规，对规划编制审批、用地审批管理、工程建设管理、用地登记测绘、使用管理等方面进行全面的规范。

1）代表案例 1:《深圳市地下空间开发利用暂行办法》①

2008 年 7 月，深圳市出台了《深圳市地下空间开发利用暂行办法》

① 全国人民代表大会. 深圳市地下空间开发利用暂行办法[R]. 2008.

(简称《办法》)。该《办法》是国内首部全面规范地下空间开发利用管理的地方政府规章,为国家和各省、市政府研究制定和完善城市地下空间资源综合开发利用的法规起到了重要的示范、推进作用。

该《办法》在借鉴了日本、台湾等国家和地区成功经验的基础上,全面规定了深圳市地下空间规划的制定与实施、地下建设用地使用权取得、地下空间工程建设和使用、法律责任等,并且明确了地下空间开发利用规划管理的程序。其中较为重要的部分包括:一是明确了地下空间各类出让方式相应采取的出让流程,搭建了地下空间项目规划管理的整体框架;二是该《办法》规定了针对不同用途的地下空间可依法采用不同的使用权取得方式。其中,用于国防、人民防空专用设施、防灾、城市基础和公共服务设施的地下空间,可以采用划拨方式;而独立开发的经营性项目则应通过招标、拍卖或者挂牌的方式出让。但考虑地下公共空间与交通空间的密切联系以及地下空间特别需要统筹建设的需求,对紧密联系交通设施的空间提出变通措施,即:地下交通建设项目及附着地下交通建设项目开发的经营性地下空间,其地下建设用地使用权可以协议方式一并出让给已取得地下交通建设项目的使用权人。

该《办法》尽管对深圳全市性地下空间开发利用专项规划和城市重要地区地下空间开发利用专项规划的编制程序和编制内容进行了规定,但是对其他的一般地区地下空间规划编制通则并未作出明确规定。未规划地区的地下空间土地出让和规划许可缺乏依据是深圳地下空间规划管理遇到的焦点问题之一,给地下空间连通项目带来了很大的阻力,难以满足伴随轨道建设而开展的地下空间网络建设需求。

2)代表案例 2:《广州市地下空间开发利用管理办法》①

2011 年 11 月 21 日,广州市公布《广州市地下空间开发利用管理办法》(简称《办法》),该《办法》是目前国内同类法规覆盖内容最全面的文件,从以下 5 个方面进行了探索:

(1) 规划管理。一是突出地下空间开发利用的规划统筹作用,明确了地下空间规划是城市规划的重要组成部分,实现了地下空间开发利用与现有城市规划体系的衔接;二是明确了地下空间规划的总体原则,确立了合理分层以及项目之间的同层、相邻、连通规则,并规范了地下空间的用地界线、出入口用地、通风口、排水口等特殊问题;三是明确了地下空间规划的编制、报批以及行政许可的要求和办理程序。

---

① 广州市人民政府. 广州市地下空间开发利用管理办法[R]. 2011.

(2) 用地管理。一是按照单建地下空间和结建地下空间的不同特点,分门别类地明确了土地使用权的取得方式,确立了经营性单建地下空间实行招牌挂出让的基本原则,结建地下空间可随同地面建筑一并办理用地审批手续。明确了各种类型用地的取得程序,有利于规范和引导用地单位顺利办理各项审批手续。二是根据地下交通建设等项目的特点,明确规定可以协议出让少量难以分割的经营性地下建设用地使用权。原土地使用权人利用自有用地开发建设地下空间项目可以协议出让地下建设用地使用权,以促进地下连通。

(3) 工程建设管理。一是规范地下工程建设管理,实现对地下空间的精细化管理。着重加强地下建设工程的施工管理,重点对地下工程变更设计、文明施工管理进行了规定。二是形成了全程规范化的管理体系,从资质管理、设计要求、设计审查、施工许可、变更设计、竣工验收等方面加强对工程建设的有力控制和引导。

(4) 产权管理。一是坚持在现行产权登记制度框架下建立地下空间登记制度,明确地下空间登记流程与要素;二是明确了历史遗留地下空间登记原则,可以凭规划报建及验收等房屋权属来源证明办理房地产权登记。

(5) 使用管理。加强建后使用管理,从配合公共利益、日常管理和维护、环境保护、卫生要求、防水排涝等方面进行了创新性的规定。

该《办法》基本明确了广州市地下空间开发利用的规范范畴和基本原则,对细化规划管理、明晰供地制度、规范供地审批程序、厘清权属界线方面有着一定的促进作用。

4.2.2 规划编制审批

目前,我国城市针对各自发展需求制定的地下空间规划编制审批的相关法律法规对地下空间规划的编制体系架构、规划定位、编制内容、编制组织审批主体等问题的规定存在差异。

各城市对地下空间规划体系尚未有统一的划分方式,大致可分为专项规划型、城市规划型两类。

专项规划型(浙江省、深圳、成都)强调地下空间的专项规划特性,其划分方式与交通、市政等典型的专项规划相类似。如:《浙江省城市地下空间开发利用规划编制导则(试行)》赋予专项规划层次十分重要的地位,是指导城市地下空间开发利用和管理的依据,而《深圳市地下空间开发利用暂行办法》、《成都市中心城区地下空间规划管理暂行规定》则按规划范围划分为全市性地下空间开发利用专项规划和重点地区地下空间开发利用专项规划。

城市规划型(上海、天津、广州)主要考虑地下空间规划是城市规划的一部分,强调在规划层次上与城市规划的衔接,以便将地下空间规划的内容纳入城市规划中;但各城市对于详细规划的层次划分和编制组织存在差异。如:《上海市地下空间规划编制暂行规定》将地下空间详细规划划分为控制性详细规划和城市设计;《广州市地下空间开发利用管理办法》、江苏省《关于加强城市地下空间规划和管理工作的通知》、《郑州市城市地下空间开发利用管理暂行办法》均未单独编制地下空间控制性详细规划,而是在现有城市控制性详细规划的基础上逐步补充和完善有关城市地下空间开发利用的内容(表 4.2)。

表 4.2 我国各地法规关于地下空间规划编制体系的规定一览表

<table>
<tr><th>地域</th><th colspan="4">地下空间规划层次</th></tr>
<tr><td rowspan="2">江苏</td><td rowspan="2">总体规划</td><td rowspan="2">—</td><td colspan="2">详细规划</td></tr>
<tr><td>地面控制性详细规划(包含地下空间内容)</td><td>修建性详细规划</td></tr>
<tr><td rowspan="2">浙江</td><td rowspan="2">总体规划</td><td rowspan="2">专项规划</td><td colspan="2">详细规划</td></tr>
<tr><td>控制性详细规划</td><td>修建性详细规划</td></tr>
<tr><td rowspan="2">上海</td><td rowspan="2">总体规划</td><td rowspan="2">—</td><td colspan="2">详细规划</td></tr>
<tr><td>控制性详细规划</td><td>城市设计</td></tr>
<tr><td rowspan="2">天津</td><td rowspan="2">总体规划</td><td rowspan="2">—</td><td colspan="2">详细规划</td></tr>
<tr><td>控制性详细规划</td><td>修建性详细规划</td></tr>
<tr><td>深圳</td><td>—</td><td>全市性地下空间开发利用专项规划</td><td colspan="2">重点地区地下空间开发利用专项规划</td></tr>
<tr><td rowspan="2">广州</td><td rowspan="2">城市地下空间开发利用规划</td><td rowspan="2">—</td><td colspan="2">详细规划</td></tr>
<tr><td>地面控制性详细规划(包含地下空间内容)</td><td>修建性详细规划</td></tr>
<tr><td>成都</td><td>—</td><td>中心城区地下空间开发利用专项规划</td><td colspan="2">重要地区或重要项目专项规划</td></tr>
<tr><td rowspan="2">郑州</td><td rowspan="2">—</td><td rowspan="2">地下空间开发利用专项规划</td><td colspan="2">详细规划</td></tr>
<tr><td>地面控制性详细规划(包含地下空间内容)</td><td>地面城市设计(包含地下空间内容)</td></tr>
</table>

1）代表案例 1:《上海市地下空间规划编制暂行规定》①

《上海市地下空间规划编制暂行规定》是目前我国地方城市针对地下空间规划编制审批制定的最为细致的地方规范（表 4.3），对地下空间规划的层次划分、编制条件、审批程序及各层次地下空间规划编制任务和主要内容进行了具体规定。

表 4.3 《上海市地下空间规划编制暂行规定》内容摘要概览表

地下空间规划的制定	层次划分	分总体规划和详细规划两阶段，其中详规阶段分控制性详细规划和城市设计。 控制性详细规划：可单独编制，也可作为所在地区控制性详细规划的组成部分。地下空间城市设计：一般应与所在地区城市设计的内容一起编制，并纳入该地区控制性详细规划
	编制条件	市级中心、副中心、地区中心、新城中心、黄浦江两岸规划区、市级交通枢纽地区、两线以上（含两线）换乘的轨道交通地下站点地区以及市规划部门指定的其他地区，应当编制地下空间详细规划
	编制审批	【总体规划】全市的地下空间总体规划由市规划局组织编制，经市规划局综合平衡报市人民政府审批后，纳入全市总体规划。郊区区、县以及新城的地下空间总体规划由区、县人民政府组织编制，经市规划局综合平衡，提请同级人民代表大会或其常务委员会审查同意后，报市人民政府审批
		【详细规划】地下空间详细规划由区、县人民政府组织编制，报市规划局审批，但特定区域的地下空间详细规划除外。纳入控制性详细规划和城市设计的地下空间详细规划，随相应规划一同审批。浦东新区除特定区域的地下空间详细规划外，由浦东新区规划管理部门组织编制，报浦东新区人民政府审批，并报市规划局备案。涉及市人民政府确定的特定区域的地下空间详细规划，由市规划局组织编制，报市人民政府审批

① 上海市规划和国土资源管理局.上海市地下空间规划编制暂行规定[R]. 2007.

续表 4.3

<table>
<tr><td rowspan="6">地下空间规划的主要内容</td><td rowspan="2">地下空间总体规划</td><td>【任务】提出地下空间资源开发利用的原则和方针，研究确定地下空间开发利用的功能和总体布局，统筹安排近远期地下空间开发建设项目，制定各阶段地下空间开发利用的发展目标和保障措施</td></tr>
<tr><td>【内容】(1) 地下空间开发利用的现状分析；(2) 地下空间资源的适建性评价；(3) 地下空间资源开发利用的基本原则与发展方针；(4) 地下空间资源开发利用的功能；(5) 地下空间资源开发利用的总体布局和竖向规划；(6) 交通、防灾、市政及公共性地下空间设施的系统规划与整合；(7) 地下空间资源开发利用的技术、经济、安全与效益评估；(8) 近期开发建设项目及总体规划的实施措施</td></tr>
<tr><td rowspan="2">控制性详细规划</td><td>【任务】确定地下空间各功能系统设施的空间关系，地下公共空间开发建设的各项控制指标，开发地块地下建设的规定性和引导性控制要求</td></tr>
<tr><td>【内容】(1) 确定规划区内地下空间各功能系统设施总体布局和竖向分层关系；(2) 地下公共活动系统功能组成、设施规模、空间位置和连通要求；(3) 地下交通设施规模、空间位置和连通要求；(4) 落实民防工程专业规划要求的各项民防工程的功能、规模、设防要求；(5) 开发地块的地下空间利用范围与深度以及必须公共开放的地下空间设施位置、功能和连通要求；(6) 地下开发建设时序、运营与管理建议</td></tr>
<tr><td rowspan="2">地下空间城市设计</td><td>【任务】对地下公共空间的功能布局、活动特征、景观环境等进行深入研究，充分协调地下与地上公共空间的关系以及地下公共空间与开发地块地下空间、市政基础设施的关系，提出地下空间设计的导引方案、各项控制指标、设计准则和其他规划管理要求</td></tr>
<tr><td>【内容】(1) 根据城市地下空间总体规划和规划区控制性详细规划的要求，进一步明确地下各类功能系统设施的空间布局和建设规模。(2) 结合区内公共活动系统和交通系统进行地下空间的形态设计，合理组织地下公共空间，明确地下公共空间各层的功能、平面布局、竖向标高；提出地下公共空间之间，以及与地面公共空间、开发地块地下空间的连通位置和标高控制；提出地下交通设施的设置位置与出入交通组织。(3) 根据规划区自然环境、历史文化和功能特点，提出地下空间景观环境的设计准则。(4) 根据地下空间布局对地块开发建设的影响，对规划区内的开发地块提出具体的控制指标和规划管理要求；明确开发地块内必须公共开放或鼓励开放的地下空间范围、功能和连通方式等。(5) 在未编制地下空间控制性详细规划的地区，地下空间城市设计还应包括控制性详细规划中的地下空间规划内容</td></tr>
</table>

2）代表案例 2:《浙江省城市地下空间开发利用规划编制导则（试行）》①

《浙江省城市地下空间开发利用规划编制导则（试行）》（简称《导则》）侧重对总体规划阶段和专项规划阶段的地下空间规划编制任务、内容、成果内容等进行了细致、全面的规范，并强调专项规划的地位和作用——专项规划是指导城市地下空间开发利用和管理的重要依据（表 4.4）。

表 4.4 《浙江省城市地下空间开发利用规划编制导则（试行）》内容摘要概览表

<table>
<tr><td colspan="2">与其他规划关系</td><td>规划范围、期限、规模应与相应城乡规划一致，纳入后的同步实施应与国土、交通、市政、防灾、环保、历史文化名城保护等专项规划相衔接与相协调</td></tr>
<tr><td colspan="2">编制重点</td><td>着重公共安全及利益的地下公共空间设施，对商业性等私有空间重在引导</td></tr>
<tr><td colspan="2">规划层次</td><td>包括总体规划、专项规划和详细规划 3 个层次</td></tr>
<tr><td colspan="2">各层次要求</td><td>城市总体规划层次：地下空间以专章形式出现，规模较大的城市应进行地下空间专题研究；已批准总规（未含地下空间专章）的城市，应编制地下空间专项规划。
控制性详细规划、修建性详细规划：都应有地下空间利用内容</td></tr>
<tr><td rowspan="2">总体规划</td><td>专题研究</td><td>资源调查、发展目标与策略、需求预测、分区管制（禁建区、限建区、适建区和已建区）、重点地区（区域、开发强度和建设模式等）</td></tr>
<tr><td>主要内容</td><td>需求预测、空间管制分区、主要功能类型、平面布局、竖向分层、专项设施布局要求、近期建设重点和规划实施保障措施</td></tr>
<tr><td rowspan="4">专项规划内容及成果要求</td><td>现状分析</td><td>地下空间利用的位置、数量、功能、深度等</td></tr>
<tr><td>资源评估</td><td>资源容量，技术经济，地质条件，评估开发规模、深度、价值，发展目标，建设可行性</td></tr>
<tr><td>需求预测</td><td>从社会经济、空间形态、功能布局等角度对地下空间需求量进行预测</td></tr>
<tr><td>规划目标</td><td>近期：以地下交通、人防设施为主，兼顾平战结合的地下公共服务设施；
远期：提高土地利用效率、扩大空间容量、缓解城市矛盾、建立城市安全保障体系；
远景：全面实现城市基础设施地下化，改善环境质量，建立地下城</td></tr>
</table>

① 浙江省住房和城乡建设厅，杭州市城市规划设计研究院. 浙江省城市地下空间开发利用规划编制导则（试行）[R]. 2010.

续表 4.4

专项规划内容及成果要求	总体布局规划	空间管制：划定地下空间禁建区、限建区、适建区范围，开发内容、深度及利用条件。 平面布局：根据空间管制要求，明确地下空间布局结构与形态。 竖向利用：不同地质层对地下空间利用的影响及规划期内地下空间利用的竖向深度。 功能布局：与地面建筑功能相协调
	地下公共服务设施规划	明确地下商业、娱乐、文化、体育、医疗、办公等设施的建设要求，如：地下商业街应明确其起终点、开发规模、深度、与周边连通和地面出入口等
	地下交通设施规划	动态交通，包括地铁、地下车道、人行通道等，以“高效实用”为原则。 地下交通设施规划：鼓励利用公共空间建设地下社会停车场，明确地下停车场开发深度及规模，鼓励地下连通，明确地下人行通道的位置和数量
	地下市政设施规划	根据各城市实际需求开展地下共同沟、地下变电站、地下污水处理设施、地下垃圾收集转运设施等项目建设的可行性研究，并提出建设要求及规划设想
	地下工业/仓储设施	结合城市自然条件，权衡经济、社会、环境、防灾等方面的效益，确定适于安置于地下的工业设施或仓储设施项目
	地下人防工程规划	人防自建、结建和兼顾工程，人防工程配建标准、建设要求及平战结合的重点项目
	地下空间防灾规划	防火、防水、防震、防高温规划要求及措施，地下空间灾（战）时利用规划
	分期建设规划	近期建设目标，重点建设区域和重点建设项目，初步投资估算
	规划实施保障措施	研究制定相关政策，规划统筹，地下空间数据库建设，多元化投融资模式
	规划图纸（注：图纸可根据各城市具体情况增减）	地下空间开发利用现状图（按地下空间利用形势、开发深度、平时使用功能、战时使用功能分布绘制不同现状分析图）、地下空间管制规划图（反映地下空间禁建区、限建区、适建区和已建区界限）、地下空间规划结构图、地下空间规划图（按时间和空间序列分别绘制）、地下交通设施规划图（地下铁路、地下轨道交通、地下机动车通道、地下人行通道、地下机动车社会停车场等规划内容）、地下空间连通内容、各类地下设施规划图、地下空间重点开发区域分布图、地下空间近期建设规划图、地下空间需求预测各类分析图
	附件	规划说明、基础资料汇编、专题研究

续表 4.4

控规阶段主要任务	控制性详细规划	落实专项规划要求，包括各类地下设施规模、布局和竖向分层等控制要求；地下空间地块控制指标，包括建设界限、出入口位置、地下公共通道位置与宽度、地下空间标高等；明确地下空间连通要求，并兼顾人防与防灾要求。 控制性详细规划文本和说明书中应设地下空间开发利用章节，规划图则中应有地下空间控制指标
	修建性详细规划	对地下空间平面布局、空间整合、公共活动、交通系统、主要出入（连通）口、景观环境、安全防灾等进行深入研究；协调公共地下空间与开发地块地下空间，地下交通、市政、人防等设施之间的关系；提出地下空间资源综合开发利用的各项控制指标和其他规划管理规定
附则	各层次规划组织程序	地下空间总体规划按城市总规审批程序报批； 专项规划由规划主管部门组织编制，征求有关部门和专家意见后，报市政府审批； 控制性详细规划由规划主管部门组织编制； 修建性详细规划（城市重要地段和重要项目）由建设主体依据控规及规划设计条件委托城市规划编制单位编制

该《导则》要求控制性详细规划中应设地下空间开发利用专章，规划图则应补充地下空间控制指标，这有利于将专项规划的核心内容通过完善控规而纳入日常规划管理。

4.2.3 用地审批登记

我国城市出于对地下空间建设需要，均各自制定了相应的地下空间建设用地管理法律法规，涉及供地方式、用地审批、禁建项目、地下空间建设用地范围界定、出让年限、出让金的规定与变更等方面。

但由于国家层面的地下空间权属性质、所有权、使用权等相关规定的缺位，《城市地下空间开发利用管理规定》中“谁投资、谁所有，谁受益、谁维护”的原则，导致地下空间权属的确定在当前我国城市进入地下空间开发利用的高潮期、地下空间开发利用类型日益多元化、地下空间资源稀缺性日益凸显的情况下显得定义含糊、指令不清，并在实际操作中也出现越来越多的纷争。

1）代表案例 1:《上海市城市地下空间建设用地审批和房地产登记试行规定》①

① 上海市人民政府. 上海市城市地下空间建设用地审批和房地产登记试行规定[R]. 2006.

上海市人民政府于2006年7月颁布实施的《上海市城市地下空间建设用地审批和房地产登记试行规定》(简称《登记规定》)(表4.5),是国内首个涉及地下空间建设用地审批和权属的管理规定。该《登记规定》将地下空间工程划分为结建地下工程及单建地下工程两类,并明确了地下空间工程建设的土地使用权范围,即"地下土地使用权范围为该地下建(构)筑物外围实际所及的地下空间范围"。

表4.5 《上海市城市地下空间建设用地审批和房地产登记试行规定》内容摘要概览表

适用范围	本规定适用于本市国有土地范围内地下空间开发建设的用地审批和房地产登记,但因管线铺设、桩基工程等情形利用地下空间的除外
供地方式	可采用出让等有偿使用方式,也可采用划拨方式。具体项目供地方式参照适用国家和本市土地管理的一般规定。 单建地下工程项目属于经营性用途的,出让土地使用权时可以采用协议方式;有条件的,也可以采用项目招标、拍卖、挂牌的方式
用地审批	结建地下工程随地面建筑一并办理用地审批手续。 单建地下工程的建设单位按基本建设程序取得项目批准文件和建设用地规划许可证后,应向土地管理部门申请建设用地批准文件。建设单位取得建设工程规划许可证后,应到土地管理部门办理划拨土地决定书,或者签订土地使用权出让合同
出让金的规定	经营性项目的地下土地使用权出让金,按照分层利用、区别用途的原则,参照地上土地使用权出让金的标准收取。具体标准,由市发展改革委、市房地资源局另行制定,报市政府批准后执行。 本办法实施前开发建设的地下建(构)筑物属于经营性用途的,转让时由受让人向土地管理部门补办土地使用权出让手续
建设工程规划审批	规划管理部门在核发建设工程规划许可证时,应当明确地下建(构)筑物水平投影最大占地范围、起止深度和建筑面积
土地使用权范围	建设单位应当在经批准的建设用地范围内依法实施建设;竣工后,该地下建(构)筑物的外围实际所及的地下空间范围为其地下土地使用权范围

续表 4.5

房地产登记	地下建(构)筑物的土地使用权、房屋所有权、房地产他项权利等的房地产权利登记,应当按照本市房地产登记方面的法规、规章和技术规范处理。 房地产登记机构在办理地下建(构)筑物的土地使用权初始登记时,应当按照建设工程规划许可证明确的地下建(构)筑物的水平投影最大占地范围和起止深度进行记载,并注明"地下建(构)筑物的土地使用权范围为该地下建(构)筑物建成后外围实际所及的地下空间范围"
房地产权证注记	房地产登记机构应当在地下建(构)筑物的房地产权证中注明"地下空间";属于民防工程的,还应当注明"民防工程",并记载其平时用途

该《登记规定》还明确了地下空间建设用地的审批办法,即"结建地下工程随地面建筑一并办理用地审批手续。单建地下工程的建设单位按照基本建设程序取得项目批准文件和建设用地规划许可证后,应向土地管理部门申请建设用地批准文件。建设单位取得建设工程规划许可证后,应当到土地管理部门办理划拨土地决定书或者签订土地使用权出让合同"。对于地下空间的登记问题,该《登记规定》采用"按本市房地产登记的法规、规章和技术规范处理。房地产登记机构在办理地下建(构)筑物的土地使用权初始登记时,应当按照建设工程规划许可证明确的地下建(构)筑物的水平投影最大占地范围和起止深度进行记载,并注明'地下建(构)筑物的土地使用权范围为该地下建(构)筑物建成后外围实际所及的地下空间范围'。房地产登记机构应在地下建(构)筑物的房地产权证中注明'地下空间';属于民防工程的,还应注明'民防工程',并记载其平时用途"。

2) 代表案例 2:《无锡市地下空间商业开发国有建设用地使用权审批和登记办法(试行)》①

江苏、浙江两省的城市政府颁布的地下空间管理文件都偏重用地审批管理和用地登记管理。其中,《无锡市地下空间商业开发国有建设用地使用权审批和登记办法(试行)》对用地审批、用地登记管理两部分的规定清晰、操作性强,具有代表性(表 4.6)。

① 无锡市人民政府.无锡市地下空间商业开发国有建设用地使用权审批和登记操作办法(试行)[R].2011.

表 4.6 《无锡市地下空间商业开发国有建设用地使用权审批和登记办法(试行)》内容摘要概览表

定义	地下空间国有建设用地使用权,是指经依法批准建设,净高度大于 2.2 米的地下建筑物所占封闭空间及其外围水平投影占地范围的国有建设用地使用权
分类	地下空间商业开发工程分为独立开发建设的地下工程(以下简称单建地下工程)和由同一主体结合地面建筑一并开发建设的地下工程(以下简称结建地下工程)
地下空间规划指标	工程的位置、建筑面积、地下建筑物的水平投影最大面积、竖向高程和起止深度等。地下空间商业开发建筑面积不计入容积率
供地方式	利用地下空间进行商业开发的单建地下工程,采取单独招标、拍卖、挂牌出让等方式有偿使用国有建设用地使用权;结建地下工程,采取与地上工程捆绑招标、拍卖、挂牌出让等方式有偿使用国有建设用地使用权。采用【划拨方式】的类型包括: ① 国家机关和军事设施使用地下空间的; ② 城市基础设施和公益事业使用地下空间的; ③ 国家重点扶持的能源、交通、水利等基础设施使用地下空间的; ④ 面向社会提供公共服务的地下停车库的; ⑤ 因管线铺设、桩基工程等利用地下空间的; ⑥ 法律、法规规定可以以划拨方式使用地下空间的其他情形
出让金的规定	对结建地下空间商业开发工程,负 1 层土地出让金按照其地上土地使用权成交楼面地价的 50%确定,负 2 层按照负 1 层的 50%确定,并依此类推。单建地下空间商业开发工程,负 1 层土地出让金按照所在区域区段基准地价相对应用途楼面地价(容积率 2.0)的 50%确定,负 2 层按照负 1 层的 50%确定,并依此类推
分层登记	地下空间商业开发工程国有建设用地使用权登记,应当在土地登记卡簿和土地使用证书中注明“地下土地使用权”字样;在土地使用证书中注明地上土地利用现状和地上土地权利状况;并在土地使用证书所附宗地图上注明每一层的层次和垂直投影的起止深度

4.2.4 技术规范标准

目前我国地下空间开发利用相关的各种规划技术规范标准十分欠缺。2012 年,建设部立项开展《城市地下空间规划规范》的制定工作,力图改变目前地下空间规划编制缺乏技术依据的局面;与此同时,各城市也逐步从地下空间开发利用的实践中总结经验和规律,但对地下空间规划设计技术规范标准的制定仍处于初步地摸索中。

1) 代表案例 1:《深圳市城市规划标准与准则》①

① 深圳市人民政府. 深圳市城市规划标准与准则[R]. 2012.

《深圳市城市规划标准与准则》于 2004 年 4 月 1 日由深圳市人民政府批准施行,其中地下空间利用章节具体内容包括:① 明确了地下空间利用“人物分离、综合利用、公共优先”等原则;② 提出了各类设施的基本设计要求,包括地下轨道交通设施(安全保护区、发展引导区设置范围)、人行地道(长度不超过 100 m、防灾疏散间距为 50 m)、地下公共停车库(标识、安全等原则性要求)、地下街(规模、通道宽度不小于 6 m)、地下综合体(设计原则)、地下设施出入口及通风井(尺度要求)。该规范明确的基本原则及各类设施的基本设计要求,确保了地下空间资源不被破坏或不会由于不适当的使用而浪费。

2010 年,深圳市根据城市发展趋势和需求对《深圳市城市规划标准与准则》进行修订,在新的修订中对地下空间利用体系进行完善和优化,明晰地下空间功能类别,分为:一般规定、地下空间功能与设施(地下交通空间、地下市政设施空间、地下商业空间、地下公共服务空间、地下工业仓储空间)、地下空间附属设施;强调地下空间开发利用应坚持资源保护与协调发展并重、因地制宜、集约高效、分层利用、公共优先等原则,并对各类地下空间规划设计准则和具体标准进行规定。

2) 代表案例 2:《重庆市城乡规划地下空间利用规划导则(试行)》①

为了科学地引导重庆城市地下空间资源的开发利用以及便于规划的管理,2008 年初,重庆市规划局发布了《重庆市城乡规划地下空间利用规划导则(试行)》(简称《导则》)。该《导则》是目前我国地下空间利用规划方面最为全面、详细的技术规范。该《导则》的主要内容包括:① 总则;② 地下空间利用的一般规定;③ 地下街[定义、选址原则、类型与组合方式、建设标准);④ 地下交通设施(地下轨道交通、换乘枢纽、人行地道、地下停车场(库)];⑤ 地下管线综合管沟(适用范围、一般规定);⑥ 人防平战结合工程(一般原则、规划要求);⑦ 地下空间防灾(防火、防水、防震、防战争灾害);⑧ 地下空间的环境建设(地下空间的通风、地下空间的人性化建设);⑨ 地下空间的地面附属设施;⑩ 名词解释。

地下空间是一个庞大的系统,涉及公共空间与私有空间。该《导则》侧重公共空间利用的规则制定,对地下空间安全性(地下空间防灾)和舒适性(地下空间的环境建设)的强调和重视,在我国地下空间技术规范标准中仍属首创。该《导则》的制定为重庆地下空间开发利用的科学化、规范化、法制化发展奠定重要基础。

① 重庆市规划局.重庆市城乡规划地下空间利用规划导则(试行)[R].2000.

5 地下空间规划编制

5.1 地下空间规划编制体系

5.1.1 地下空间规划编制体系概况

近 10 年在国家规章的要求和地铁建设的推动下，我国各大城市已纷纷开展与地下空间相关的各类型规划，主要涉及法定规划（城市总体规划层面、城市详细规划层面地下空间规划）和非法定规划规划（地下空间专项规划、概念规划、城市设计等）两大类（图 5.1）。

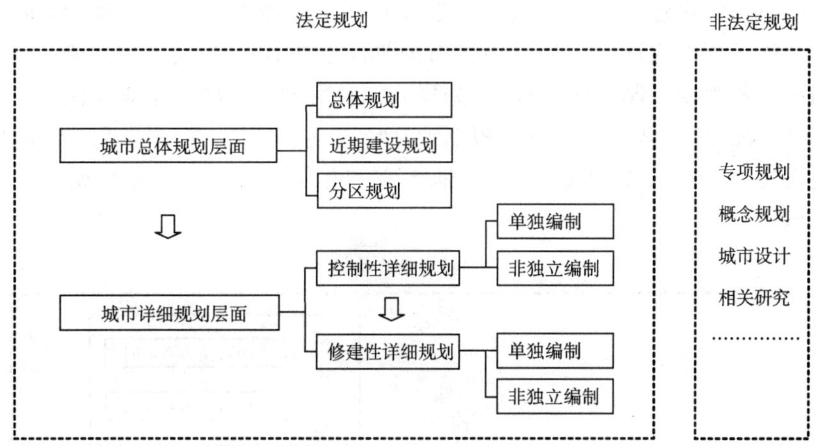

图 5.1　我国现行地下空间规划编制体系

城市总体规划层面的地下空间规划主要包括总体规划、近期建设规划和分区规划 3 个类别；详细规划包括控制性详细规划和修建性详细规划两个层次，其中控制性详细规划又可分为独立编制和将地下空间内容纳入城市详细规划（非独立编制）两种类型。

专项规划方面，以人防规划、共同沟规划、动静态交通规划、市政类规划为主，如：《深圳市共同沟系统布局规划》、《南京市第一批老城区复合利用空间停车场（库）选址规划》等。此外，还有其他如概念规划、城市设计等类型,如:总体层面的《上海市地下空间概念规划》,控规层面的《天津塘沽区响螺湾商务区城市地下空间概念规划》、《杭州市城东新城核心区地下空间城市设计》等。

5.1.2 建立地上地下资源统筹的城乡规划体系

在城市化大背景下,"资源节约型、结构紧凑型、低碳生态型"的城市发展模式是城市和谐发展的必然选择。经济实力的提高、城市空间需求的不断增长、土地资源的刚性约束以及不断上涨的能源成本是支撑城市地下空间开发利用的内在动力。从功能上看,地下空间开发利用有助于提升城市功能和战略地位;而科学、合理、有序地引导城市开发利用地下空间资源,应当首先从城乡规划体系着眼,将地下空间有机融入城乡规划体系。

城市地下空间与地面空间是一个整体,地下空间规划体系不应当自成一体。城市规划编制应转变观念,充分融合地上地下空间要素,建立符合城市立体化建设要求的城市规划编制体系。随着时间的推移,地下空间的相关要素应逐步成为我国城市规划编制工作的常规考虑要素,并如同地面各规划控制要素一样,成为规划师解决城市问题的常规手段。

因此,根据地下空间利用规划编制特点,应在现行规划体系涉及地下空间规划内容的规划类别中,将地下空间相关要素纳入考虑,如图 5.2 所示。

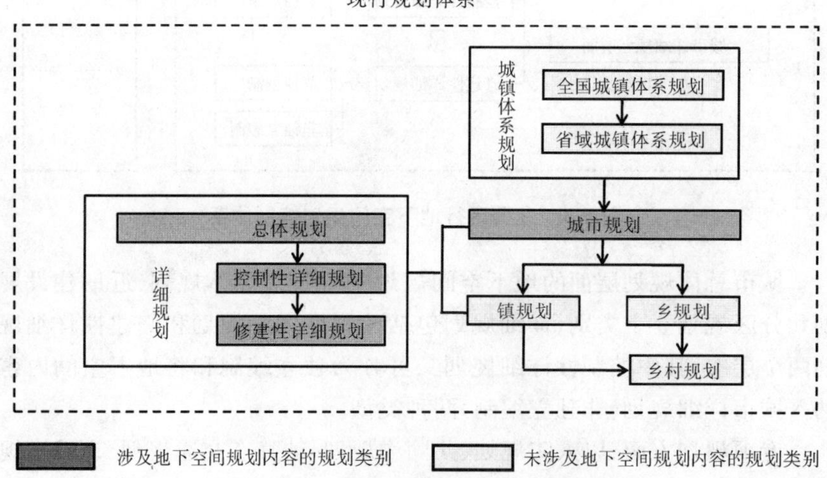

图 5.2 建议地下空间规划纳入现行规划编制体系

现行规划体系中全国、省域城镇体系规划的规划内容过于宏观，镇规划、乡规划、乡村规划等规划对象的地下空间利用需求较弱，因此，上述规划类别进行规划编制时较少涉及地下空间内容，编制需求较弱。

地下空间内容纳入现行规划类别的重点是城市规划中的总体规划和详细规划两个阶段(表 5.1)。各层次地下空间概念规划、城市设计、各专项规划和相关研究等的规划范围、期限及规模应与城市规划一致，并纳入相应城市规划类别，且同步实施。编制城市地下空间开发利用规划应与国土、交通、市政、防灾、环保、历史文化名城保护等专项规划衔接与协调，并且应着重落实涉及公共安全、公共利益等地下公共空间设施的规划，对其他商业性等地下私有空间则重在引导。

表 5.1　地下空间纳入现行规划类别

<table>
<tr><th colspan="2">规划类别</th><th>地下空间规划类别</th><th>纳入内容</th></tr>
<tr><td rowspan="3">城市规划</td><td>总体规划</td><td>概念规划、专项规划、相关研究</td><td>确定城市地下空间发展战略，预测城市地下空间发展规模，制定地下空间布局和发展方向，综合安排城市各专项地下工程设施，提出近期控制引导措施</td></tr>
<tr><td>控制性详细规划</td><td>概念规划、专项规划、城市设计、相关研究</td><td>落实规划范围内各类地下设施的规模、平面布局和竖向分层等控制要求；详细规定规划范围内地下空间开发利用的各项控制指标，包括地下空间建设界线、出入口位置、地下公共通道位置与宽度、地下空间标高等；明确地下空间连通要求和人防及防灾要求</td></tr>
<tr><td>修建性详细规划</td><td>专项规划、城市设计、相关研究</td><td>对规划范围内的地下空间平面布局、空间整合、公共活动、交通系统与主要出入(连通)口、景观环境、安全防灾等进行深入研究；协调公共地下空间与开发地块地下空间以及地下交通、市政、人防等设施之间的关系；提出地下空间资源综合开发利用的各项控制指标和其他规划管理规定</td></tr>
</table>

5.2　城市总体规划

5.2.1　编制概况

1）规划开展

1993 年，杭州市政府在开展城市总体规划编制时，将“杭州市地下空间规划”作为一个重要课题进行研究，并编制了专项规划。这使杭州成为我国最早开展地下空间开发利用综合性规划的城市之一。

1995 年，青岛就意识到地下空间是城市空间资源不可缺少的组成部分，其开发利用在节省土地资源、扩大城市发展空间、完善城市功能、改善生态环境、提高城市总体防灾抗毁能力等方面的巨大作用下编制了《青岛城市地下空间规划》，对城市的地下空间资源进行系统地安排。

1997 年 12 月 1 日，建设部颁布的《城市地下空间开发利用管理规定》明确规定：“城市地下空间规划是城市规划的重要组成部分，各级人民政府在组织编制城市总体规划时，应根据城市发展的需要，编制城市地下空间开发利用规划”（第 5 条）。2000 年，深圳市结合城市正在开展的地铁设计工作，在特区范围内编制了较为系统的地下空间总体规划。但在 2000—2005 年期间，也仅深圳、北京、杭州、南京等少数几个城市编制完成了地下空间总体规划。

2005 年以后，地下空间总体规划才开始全面展开，到目前为止，已有北京、上海、深圳、天津、重庆、南京、杭州、青岛、成都、武汉、郑州、哈尔滨、大连、沈阳、厦门、苏州、无锡、常州等近 40 个城市编制了总体层面的地下空间规划。其中，随着城市的发展变化，深圳、南京、杭州、青岛也重新修编了总体层面的地下空间利用规划。

2）成果内容

目前，我国城市总体规划层面的地下空间利用规划的编制方法较为成熟，内容较为综合，各规划均涵盖了现状分析、战略研究、空间布局、专项规划和规划实施 5 个部分的内容。其重点内容包括：① 现状分析；② 目标和发展战略；③ 资源评估；④ 需求预测；⑤ 总体布局；⑥ 分层布置；⑦ 各专项设施规划：包括交通、市政、公共设施、防空、防灾、生态保护、历史文化名城保护、仓储物流等内容；⑧ 近期建设规划；⑨ 实施保障等。

表 5.2　城市总体规划层面的地下空间利用规划涵盖的重要内容一览表

重点内容		北京	深圳	天津	苏州	厦门
现状	现状分析	●	●	●	●	●
战略	目标策略	●	●	●	●	●
	资源评估	●	●	●	●	●
	规模预测	●	●	●	●	●

续表 5.2

重点内容		北京	深圳	天津	苏州	厦门
空间	平面总体布局	●	●	●	●	●
	竖向分层布置	●	●	●	●	●
	功能及功能布局	●	●	●(各类用地地下空间规划)	●	
	重点地区开发利用	●			●	
	公共空间规划	●			●	
专项	公共设施规划		●(仅商业)			●
	交通系统规划	●	●	●	●	●
	市政设施系统规划	●	●	●	●	●
	人防工程规划	●			●	●
	防灾规划	●			●	●
	仓储规划				●	●
	物流规划				●	
	地下空间安全与技术保障	●				
	地下空间开发利用与历史文化名城保护	●			●	
	地下空间开发利用与生态环境保护	●		●		
实施	近期建设规划	●		●	●	●
	规划实施	●	●	●	●	●

3）存在问题

（1）地上地下两层皮

目前，我国许多城市单独编制的地下空间总体规划往往就地下论地下，地上地下脱节，规划方案存在局限性。地下空间是城市地表空间的自然延伸，因此，地下空间的功能定位、布局设置与地面的区位条件、用地功能、结构形态应紧密联系，规划时应地上地下全面统筹、整体设计。

（2）与专项规划互动不足

目前，地下空间规划大多参照地面规划的思路和方法，专业配置未充分考虑到地下空间规划对多专业的综合需求，不少规划甚至全程由城市规划师单独完成。但地下空间由于自身的特殊性，规划编制几乎涉及了地面空间规划的所有专项，包括居住、工业、交通、市政、城市设计、防灾、生态、实施等多个方面，规划编制一方面需要多专业共同参与，根据自身需求进行专项规划设计；另一方面需要地下空间规划从城市全局出发，对各专项地下设施的规划建设进行全面统筹，才能较好适应地下空间规划的综合性要求。

(3) 地下空间规划难以有效纳入总体规划

2005 年后，按《城市规划编制办法》要求，各城市在总体规划编制时增设了地下空间的相关内容。但一方面，由于地下空间利用受经济、环境、观念、信息基础、工程难度等诸多因素影响，规划编制较地面相对困难；另一方面，大部分城市对地下空间的重要性认识不足，导致多数城市总体规划中的地下空间相关内容单薄、空泛，以原则性指引性内容为主，而强制性内容往往从近期需要考虑，多为重点建设的地区，缺乏长远和系统地考虑。目前的总体规划仍难以从立体空间的角度实现有效地空间统筹与空间管制，总体规划阶段地下空间的实施性以及对下层次作为行政许可依据的控制性详细规划的指导性相对薄弱。

5.2.2 案例剖析

1）国内案例

(1)《北京中心城中心地区地下空间开发利用规划(2004—2020)》①

该规划是迄今为止国内编制体系最完善、覆盖内容最全面、架构最清晰的地下空间总体规划，具有代表意义(图 5.3)。规划编制采取了“政府组织、专家领衔、先期研究、部门合作、总规落实”的方式，自 2000 年起历时 4 年，经历了“编制要则、规划纲要、专题研究、规划综合”4 个阶段。

① 该规划的核心内容

• 经过资源评估提出城市有效开发利用地下空间资源量：浅层为 1.56 亿 m^2、次浅层为 3.14 亿 m^2。

• 提出地下空间发展的总体规模。至 2020 年，北京市域地下空间总规模为 9 000 万 m^2，中心城为 6 000 万 m^2，其中公共空间为 4 000 万 m^2。

• 提出 4 个核心原则：综合利用、连通整合、以轨道交通为基础、以城市公共中心为重点进行布局；分层开发分步实施。

---

① 北京市规划委员会，北京市人民防空办公室. 北京中心城中心地区地下空间开发利用规划(2004—2020)[R]. 2004.

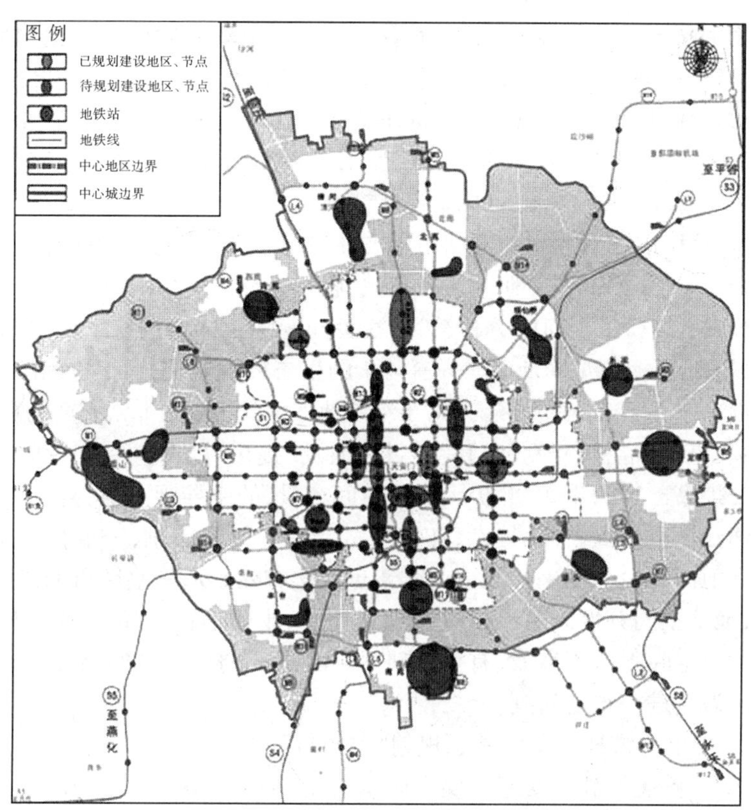

图 5.3 北京中心城中心地区地下空间开发利用规划重点开发利用地区规划图

• 提出地下空间“双轴、双线、双环、多点”的平面布局模式和地下10—30 m为近期利用重点的竖向布局要求。

• 提出地下空间重点开发地区以及近期建设规划。

② 特色

• 综合全面、体系完整

《北京中心城中心地区地下空间开发利用规划》同期开展了17项专题研究，分别为：“北京市区中心地区地下空间利用现状调查与分析、国内外大城市地下空间开发利用情况分析、北京中心城中心地区地下空间资源评估、北京地下空间开发利用前景分析、北京地下空间开发利用发展目标研究、北京地下公共空间系统规划、北京城市重点地区地下空间开发利用研究、北京地下交通系统规划研究、北京地下市政设施系统规划研究、北京城市地下综合管沟规划研究、北京城市地下空间与防空防灾系统规划研究、北京城市地下空间开发利用生态环境保护研究、北京地下空间开发利用的技术保障措施、北京地下空间开发利用与旧城历史文化名城保护、北京城市地下空间开发利用的政策问题研究、北京地下空间开发利用的投融资体制研究、北京地下空间开发利用的综合效益评估。"研究内容覆盖了地下空间开发利用的各个方面，作为规划编制基础和专项探索。

• 注重资源保护，但目标定位待商榷

"北京城市地下空间开发利用生态环境保护研究"的专题研究从地下空间开发对于地下水文、地质、地面开发、噪声、大气、安全、辐射、公共空间、植被等问题进行了全面的分析，对于相关问题的优缺点进行了归纳判断。尤其强调地下空间如同地面一样有复杂的生态环境系统，地下空间的开发对其影响应予以充分的重视，这对于编制地下空间规划是非常必要的。

"北京地下空间开发利用发展目标研究"提出"地下空间开发利用的目标是提高土地利用效率、扩大城市空间容量"的主导观点值得商榷。地下空间建设成本高，管理复杂，环境质量及安全保障困难，一般情况下不如提高地面开发强度来扩大城市容量更直接有效。从一些城市的成功经验看，地下空间开发利用应以完善地面功能、改善地面环境为出发点，使整个城市空间得以更高效、有机地利用。因此，对于地下空间发展目标的问题应做更进一步地研判。

(2)《上海市地下空间概念规划》(2003)①

2003 年，上海轨道交通开展大规模建设，在地下空间建设问题上沿用原有的"一事一议"模式已不再合适。为协调好城市轨道交通与其他地下工程的关系，市政府计划开展地下空间总体规划编制工作；但由于当时相关法规、政策规范基础相对薄弱，缺少对地下空间总体规划编制内容、深度、表达方式等的清晰指导，故改为编制概念规划，作为初步探索(图 5.4)。

该规划结合上海市城市发展目标及资源条件，本着务实规划的原则，提出全市地下空间综合利用目标、原则、分类和分层导则。由于上海地质条件较为复杂，概念规划特别开展了"上海市地下空间开发地质环境条件与评价"专题研究(图 5.5)，根据上海地质环境条件对城市地下资源进行空间分区，划分为 3 类地区：不适宜开发区(东部崇明三岛及长江口)、较适宜开发区(西部山地丘陵)、受限制开发区(中部中心城区)。总体而言，上海不提倡大规模、全面的地下空间开发，而以轨道交通为基础，实行对重点地区以点带面地开发。

① 上海市建设和交通委员会，上海市规划和国土资源管理局，等. 上海市地下空间概念规划[R]. 2003.

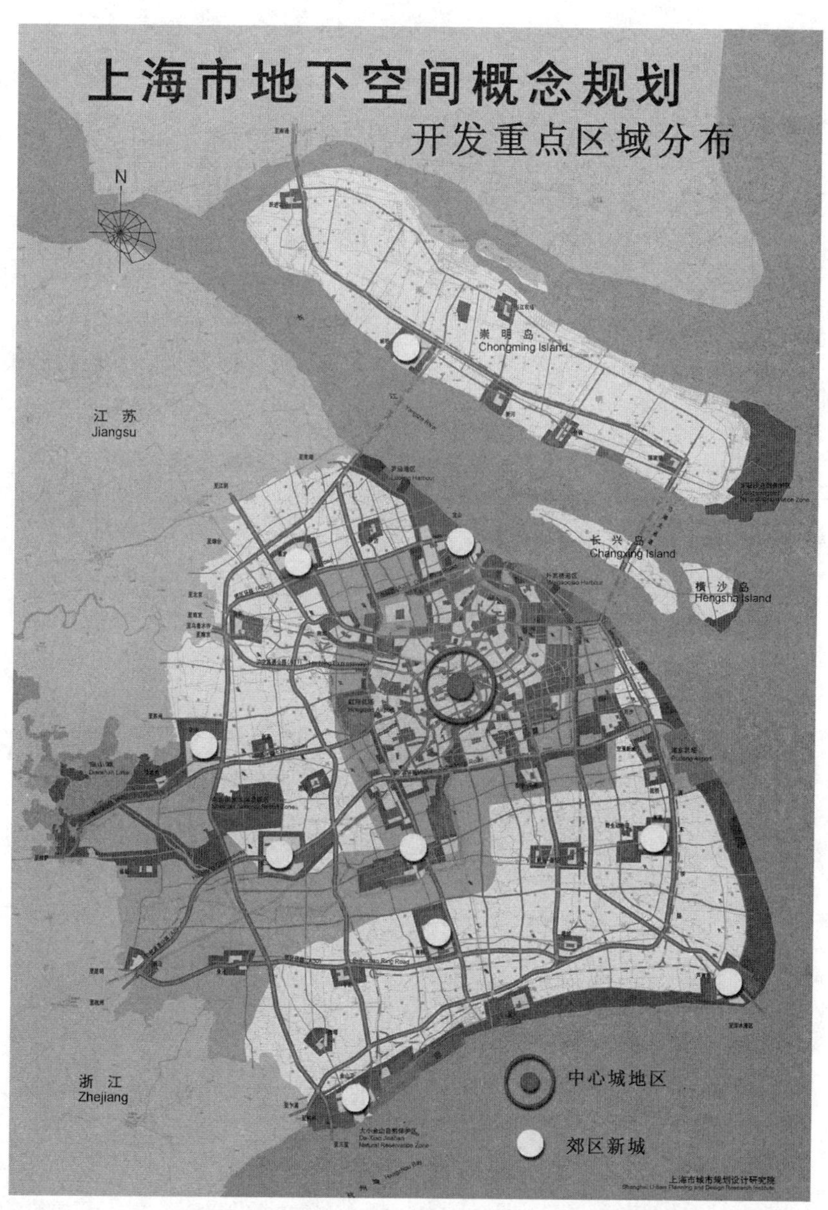

图 5.4 上海市地下空间概念规划开发重点区域分布图

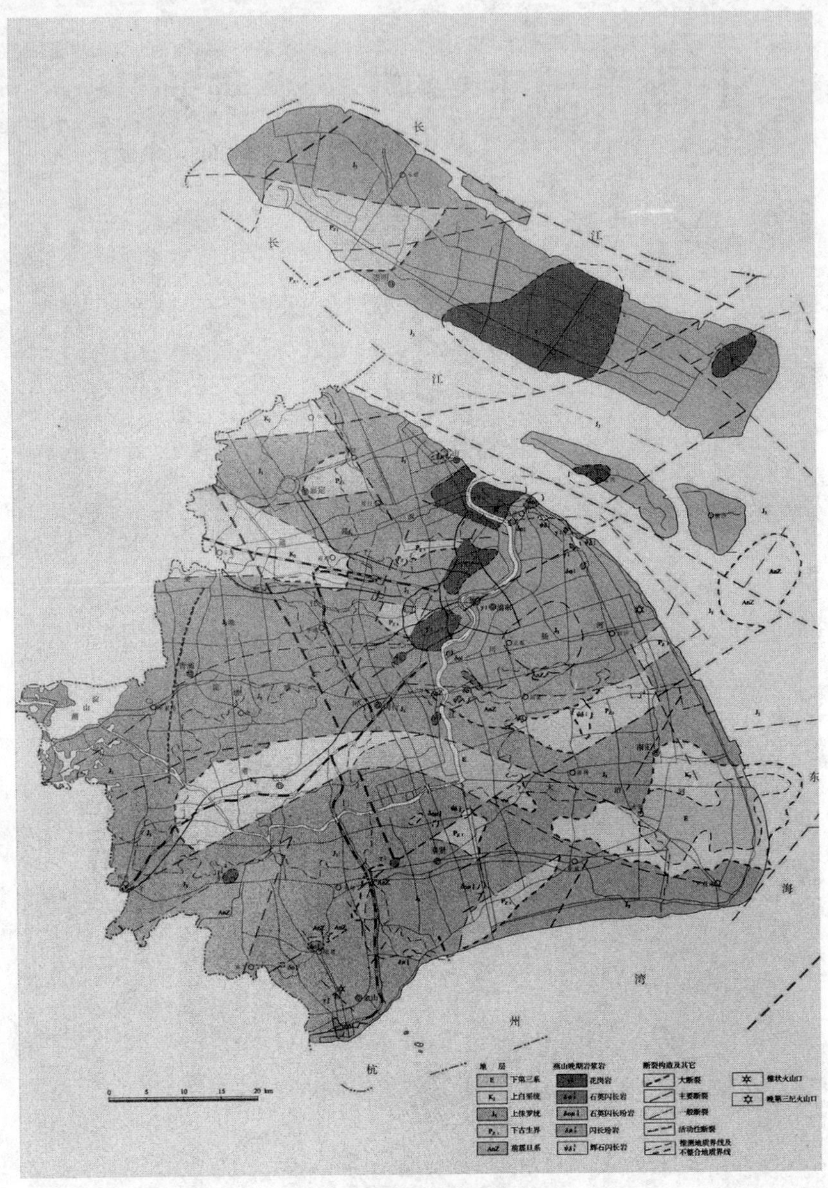
长
江
东
海
杭
州
湾
下第三系
上白垩统
上侏罗统
下古生界
花岗岩
石英闪长岩
石英闪长玢岩
闪长玢岩
辉石闪长岩
断裂构造及其它
大断裂
主要断裂
一般断裂
活动性断裂
推测地质界线及
不整合地质界线
晚第三纪火山口

(a) 基岩地质构造图

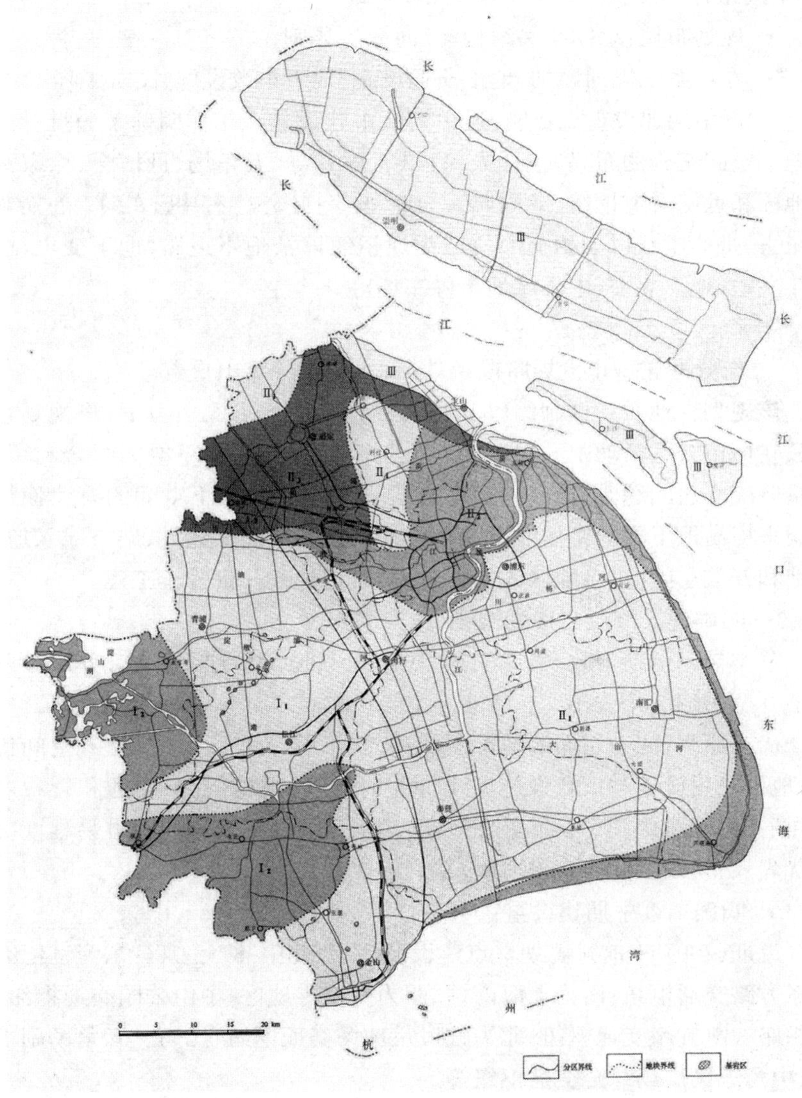

(b) 工程地质分区图

图 5.5 上海市地下空间开发地质环境条件与评价图

① 规划的核心内容

• 序言:上海地下空间开发现状、发展趋势、开发必要性及条件;

• 规划目标及原则:“以人为本、综合开发、地上地下一体化、突出重点、平战结合、集约高效”的 6 项原则;

• 规划布局:总体布局结构、纵向分层导则;

• 专项系统规划导则:地下交通设施、地下市政设施、民防工程;

• 近中期建设重点:结合近中期城市建设重点工作明确了一批骨干性地下空间工程的布局,包括人民广场、静安寺、五角场、世博会、徐家汇等地区和世纪大道枢纽、龙阳路综合枢纽等;此外还有中环线 17 处换乘枢纽、一批 2 条线以上相交的轨道交通枢纽以及地下道路、地下变电站、越江隧道、地下立交、中心城地下停车场等。

② 特色

• 充分考虑城市发展阶段条件,目标务实并突出重点

该规划在地质条件制约以及空间资源释放需求的压力下,将规划重心放在城市公共活动中心以及轨道交通枢纽地区的地下空间综合利用,注重解决交通问题,提倡集约高效并尝试通过建立地下空间的有偿使用机制来提高地下空间使用效率。近中期结合轨道交通建设、架空线入地、绿地和开放空间、重点地区的功能开发,推进建设一批骨干工程。

• 明确建设分层与优先规则

分类导则包括市政、轨道交通、民防及其他大型地下设施,分层导则包括 0 至 −15 m 浅表层、−15 至 −40 m 中层、−40 m 以下深层。

优先原则:同一层面的地下空间构筑物,当人车矛盾时,行人空间优先;地下民用设施与市政设施发生冲突时,市政设施优先;交通和管线产生矛盾时,管线优先;不同交通形式产生矛盾时,根据避让的难易程度决定优先权;管线之间产生矛盾时,重力管优先。

• 明确了近中期建设重点

近期(2007 年前),规划重点建设“东南西北中”8 大工程:东为世纪大道东方路交通枢纽;南为上海南站;西为静安寺地区、中山公园交通枢纽、宜山路—凯旋路交通枢纽;北为虹口足球场交通枢纽、江湾—五角场副中心;中为人民广场综合交通枢纽等。

中期(2010 年前),规划建成世博会地区、徐家汇地区、龙阳路综合换乘枢纽、中环线换乘枢纽 17 处、一批 2 条线以上相交的轨道交通枢纽以及地下道路、地下变电站、越江隧道、地下立交、中心城地下停车场等。

2）国际案例

日本东京、芬兰赫尔辛基、中国香港、美国芝加哥等城市从城市整体层面上对地下空间进行谋篇布局，其规划编制经验为我国总规编制中的地下空间规划的定位、编制方法、成果内容等方面提供了重要的借鉴思路。

（1）利用规划实现对地下资源的统筹

随着城市发展土地紧缺、环境恶化、交通拥塞、能源浪费、防灾安全等问题日益严重，地下空间作为城市重要的空间资源，其开发利用越来越受到重视。利用功能日益多元化，如：交通设施、市政设施、公共服务设施、工业仓储设施、地下商业、地下防灾防护空间等遍地开花。因此，从城市层面整体统筹各类地下设施的建设布局和协调地上地下用地功能衔接关系的需求日益凸显，如：东京、香港、芬兰赫尔辛基市等均在地下空间总体规划方面进行了研究和探索。

案例1 《东京都市区地下空间规划》(1992)①

日本在大规模地开发利用地下空间过程中也暴露出了一些问题，如：中长期规划制度不够完善，部分城市中心街区地下设施拥挤、形状复杂、通行不便、事故影响大；既有地下设施制约新设施布局，新规划设施埋设深度较大，建设管理费用增加。针对上述情况，日本政府于1991年制定了《有关地下公共利用基本规划编制方针》（简称《基本编制方针》），认为地下空间是城市空间构成的重要组成部分，地上地下空间规划应摆到同等重要的位置，实行统一规划、合理布局，最大限度地提高城市空间的利用效率。在《基本编制方针》的指引下，1992年，东京都城市规划局制定了《东京都市区地下空间规划》，其具体内容如下。

① 主要内容。京都关于综合地下利用规划的基本方针，东京都关于综合地下利用规划地区的选定，关于地下利用的守则，关于地下利用基本规划图等的作成要点等内容，基本方针中的对象设施。

② 主导功能设施的配置。涉及：步行者用设施，汽车用设施，轨道用设施，供应处理、通信用设施。

③ 地下空间利用基本原则。应保留既存设施的机能更新等为新设备的设置所需要的空间；道路地下的配置原则；在运用配置原则进行配置调整时，应综合考虑既存设施与新设施一体整备；既存设施和

① 赵鹏林.关于日本东京地下空间利用的报告书[R].深圳：深圳市涉外培训领导小组，2000.

新设施在公共设施内的情况下，应由该设施的管理者调整；进行地下空间配置调整时，考虑保留适当的空间，以应对目前无法预测的新设施的需要。

④ 地下利用地区的选择。以基本指针为基础，按照重要度可分为第一次地下利用计划区和第二次地下利用计划区。前者是指今后预计土地的高度利用地区或将要实施地下利用的地域；后者是指为将来做准备，决定地下空间利用的调整方式的需要度较高的地区。

案例 2 《赫尔辛基地下空间总体规划》(2009)①

赫尔辛基有超过 400 处设施位于地下，总空间约为 950 万 m^3。全面性的地下空间总体规划对地下空间的发展具有重要影响。2009 年，《赫尔辛基地下空间总体规划》生效(图 5.6)，提供管理控制城市地下工程建设框架，旨在确保合理保留基岩资源，用于建设长远公共项目；规划图说明 400 多处现有的地下空间，并预留 200 多处地下空间供将来使用；规划注重地下空间要与重要交通基础设施和重要商业计划相互衔接；地下空间的地点、空间分配、重要性、连接方式以及相互包容性均在考虑范围之内。

《赫尔辛基地下空间总体规划》对土地所有者和政府部门都具有法律约束力。芬兰国家民防部为许多双功能岩洞设施提供部分资金，促进双功能地下设施的发展。

案例 3 "善用香港地下空间研究"(2009)②

2009 年 10 月，香港行政长官发表了"2009—2010 年施政报告"。"施政纲领"第 1 章"发展基建、繁荣经济"包括一项全新措施，提出展开策略性规划和技术研究，以便有计划地开发地下空间，借此推广善用岩洞，以促进香港的可持续发展。

香港土木工程拓展署土力工程处组织开展"善用香港地下空间研究"。此项研究的目的旨在检讨香港地下空间利用的历史和当前状况，将香港的实践方法与其他地区对比，找出香港地下空间发展的机遇，评估划定策略性岩洞区域的可行性，确认策略性规划和有待解决的技术问题，并依据上述结论，建议香港地下空间的发展方式，改进香港善用岩洞的情况，从而释放出土地做其他用途。

该研究一方面研究利用地理信息系统(GIS)技术初步绘制覆盖全港的岩洞适合性地图，作为未来潜在岩洞发展区域的选择；另一方面开展

---

①② 香港土木工程拓展署. 善用香港地下空间研究[R]. 2009.

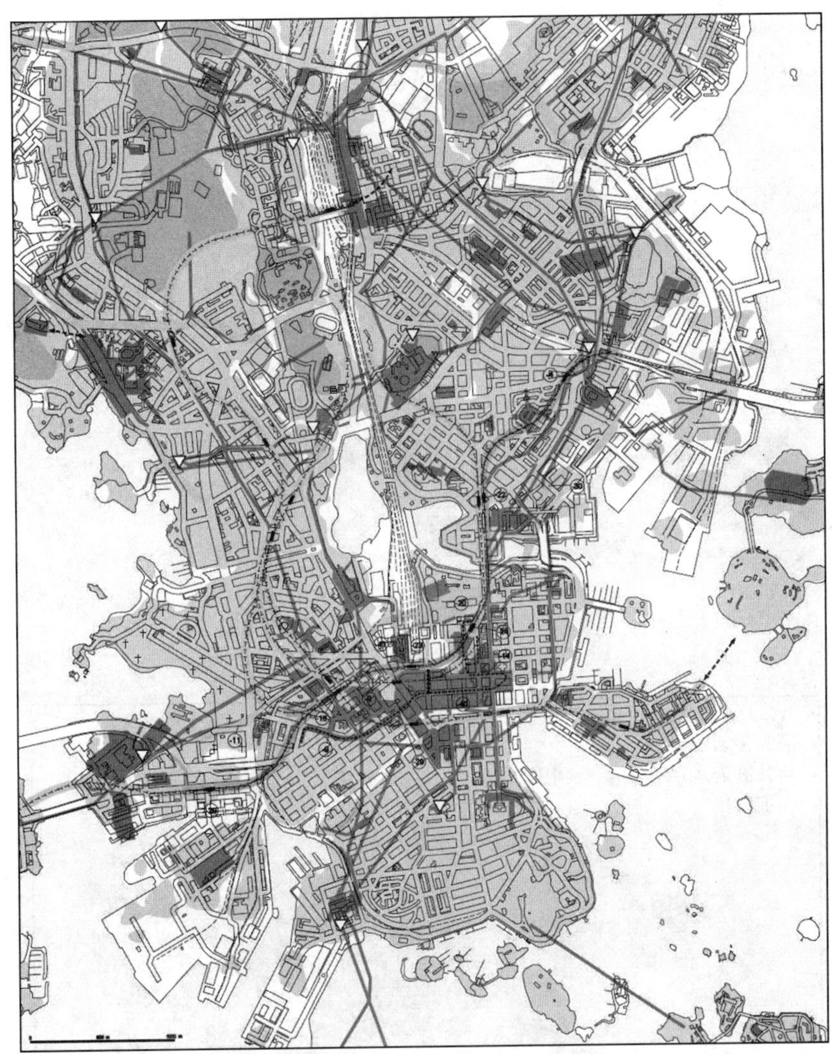

图 5.6 赫尔辛基地下空间总体规划图

全港性的盘点工作，确定有可能转移至岩洞的现有和将来的政府设施。盘点工作的目的包括：确定现有和计划中的有可能利用岩洞安置的地面政府设施，收集有关这些设施的资料，如地点、占地面积、容量以及扩建/改建计划等。研究对约 400 处设施进行定质排序，以确定有可能转移至岩洞的特定政府设施(图 5.7)；盘点和排序之后，研究选择 3 项目设施进行初步可行性研究，论证岩洞方案能否成功执行(图 5.8)。

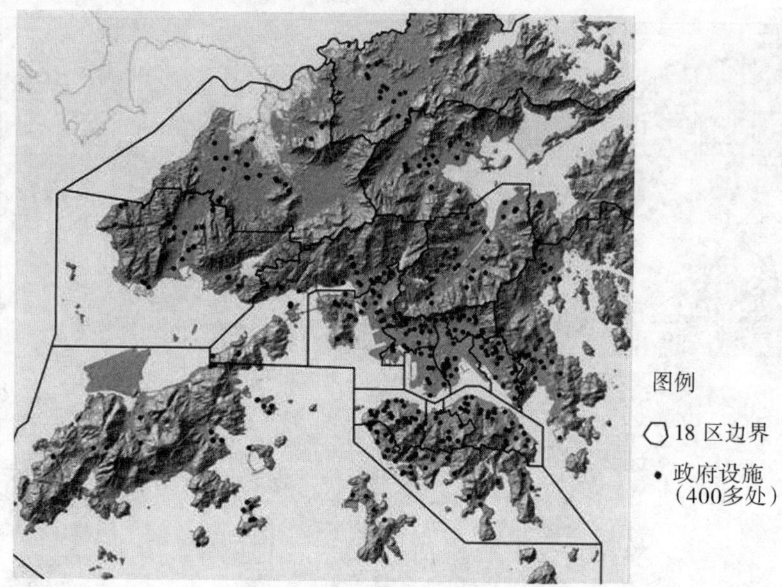

图 5.7　香港政府设施分布图

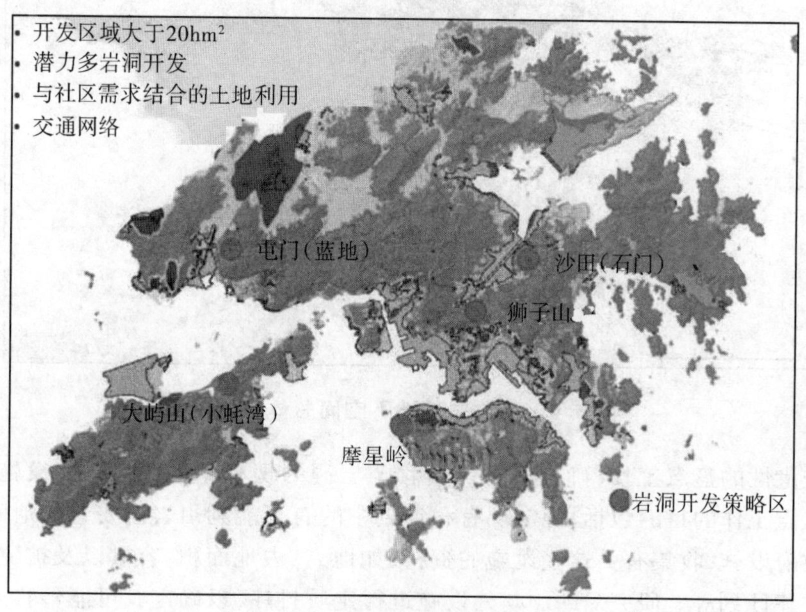

图 5.8　香港岩洞适合性地图

(2) 地上地下整体规划,互动建设

案例 1 香港——轨道交通引领城市发展的公交主导发展模式(Transit Oriented Development,简称 TOD)建设模式

不同的交通系统决定了不同的城市空间拓展模式和土地利用形式。地下空间的开发建设,特别是地铁的迅猛发展,反作用于地表空间,成为拉动城市结构改善、合理分布城市人口的重要手段。

香港可建设用地面积狭小,人口密度高,借助其发达的轨道交通运输系统,在促进土地利用与交通运输协调发展方面几乎做到了极致(图 5.9)。

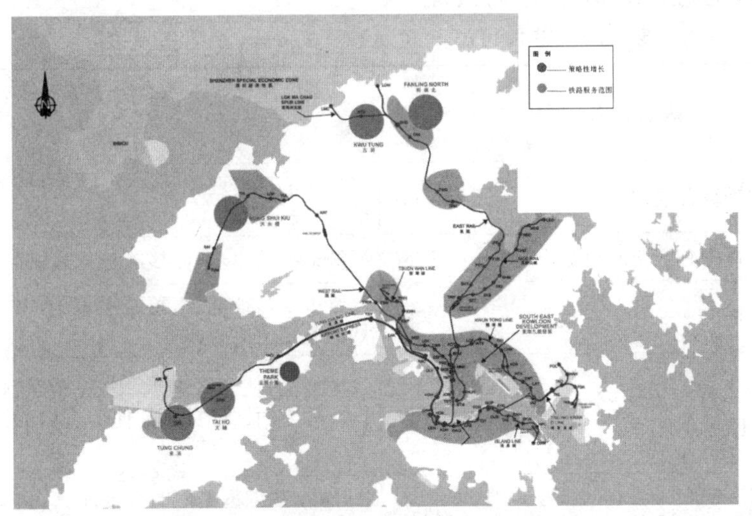

图 5.9 香港铁路服务范围示意图

香港"政府"十分明确,若要面对未来人口的增长以及居民出行的要求,土地开发与运输规划必须更紧密地结合,两者必须在规划的初期即一并考虑,以求降低运输需求,从而降低对昂贵又影响环境的运输基建的依赖。主要的做法有:尽量沿着铁路沿线地区进行混合、高密度、高强度地开发建设,方便这些地区的居住和工作者步行到车站无须依靠其他交通工具;在规划新的土地使用时应优先考虑不会造成污染的出行方式,如步行、自行车等,以降低对汽车的依赖。

案例 2 芝加哥——融入地面城市规划的地下空间规划

Pedway 是芝加哥地下步行系统的通称。迄今为止,芝加哥 Pedway 已形成总长达 8.05 km 的大规模网状系统。这个由地下通道、少量天桥、大厅与楼梯、自动扶梯、电梯构成的系统,覆盖了芝加哥市中心区 Loop(鲁普区)40 余个街区和主要建筑。

从 Pedway 的规划建设历程来看,芝加哥从未有单独的地下空间规划,涉及地下空间的规划内容从一开始就直接体现在地面城市规划中,作为整体城市规划或交通规划的一部分来进行研究。

1966 年,《芝加哥综合规划》首次在规划中明确提出中心区需要建设一个不受天气干扰的步行系统,以改善中心区的生活与工作环境。至此,地下步行空间的研究和建设正式提上日程。

1968 年编制的《芝加哥中心区交通规划研究》第一次在地下步行通道的现状基础上系统地描绘出步行网络,通道基本布置在人流集中的区域,这也就是 Pedway 的雏形(表 5.3)。

表 5.3 芝加哥历年规划涉及 Pedway 内容概览表

规划名称	编制时间(年)	涉及地下空间内容
芝加哥综合规划	1966	提出中心区需要建设一个不受天气干扰的步行系统
芝加哥中心区交通规划研究	1968	系统地描绘出步行网络
芝加哥 21——中心区规划	1973	网络进一步地完善,覆盖面更为广泛,规划的制定也更为详尽
CBD 步行交通研究:分离式步行道路	1979	从区划法规、税收政策、建筑导则、资金投入等方面详尽探讨如何促进中心区地下步行系统的发展
芝加哥中心区规划——为了 21 世纪的中心城市	2003	Pedway 系统覆盖面明显缩小,营造宜于步行的中心区环境

1973 年,综合规划《芝加哥 21——中心区规划》中的步行网络规划在上述规划的基础上又有了进一步地完善,规划网络覆盖面也更为广泛,涵盖中心区大部分区域和建筑,规划的制定也更为详尽。规划研究成熟完善,涵盖区划法规、交通评估、税收政策、建筑导则、资金投入、环境提升等方面。

为改变当时地下步行设施建设缓慢的状况,1979 年美国交通部与芝加哥规划局共同完成《CBD 步行交通研究:分离式步行道路》,重新评估现状设施,并从区划法规、税收政策、建筑导则、资金投入等方面详尽探讨如何促进中心区地下步行系统的发展。

2003 年完成的《芝加哥中心区规划——为了 21 世纪的中心城市》中,Pedway 覆盖面明显缩小,并提出营造宜于步行的中心区环境以及地下步行系统提升计划。

地下空间规划几乎涉及了地面空间规划的所有专项，包括公共设施、交通、市政、城市设计、防灾、生态、实施等多个方面，因此，必须遵循全面统筹的原则，才能实现地下空间在总体规划中的合理作用①。

一方面，地下空间规划建设涉及城市规划、交通规划、市政规划、人防规划、建筑工程等多个专业，各专业往往根据自身需求进行专项规划设计和开发建设，需要地下空间规划从城市全局和整体出发，对各专项地下设施的规划建设进行统筹协调；另一方面，目前地下空间规划往往就地下论地下，地下空间是城市地表空间自然延伸的理念远未深入人心。因此，地下空间的功能定位、布局设置与地面的区位条件、用地功能、结构形态应紧密联系，使地上地下一体发展。

5.2.3 编制建议

1）编制阶段及工作重点

（1）城市总体规划编制各阶段地下空间规划工作重点

城市总体规划可分为前期研判（前期研究、总规规划纲要）、编制重点（市域城镇体系规划、城市总体规划）、深化阶段（近期规划）3 阶段，其中在城市总体规划编制之前或同时，根据需要可进行专项规划编制（图 5.10）。

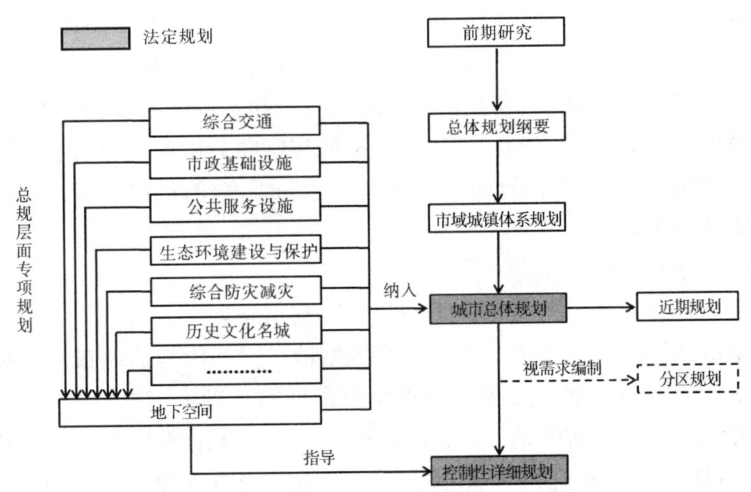

图 5.10 城市总体规划规划流程示意图

① 王岳丽，梁立刚. 地下城——芝加哥 Pedway 综述[J]. 国际城市规划，2010，25(1)：95-99.

(2) 前期研究

前期研究是总体规划编制的工作基础。

前期研究阶段应对城市的自然地理气候、地质条件、经济条件、人口规模、土地利用集约程度、地下空间建设现状、相关规划(特别是轨道交通规划)等因素进行综合评估,判断城市地下空间开发利用所处阶段及发展趋势,明确地下空间开发利用在城市总体发展战略中的地位和作用,作为城市总体规划编制的工作基础。

(3) 总体规划纲要

纲要阶段着重判断地下空间内容编制的深度和广度。

编制城市总体规划,应当先组织编制总体规划纲要,研究确定总体规划中的重大问题,作为编制规划成果的依据。总体规划纲要阶段需根据前期研究成果判断总体规划中地下空间内容编制所需涵盖的深度和广度。发展水平较高的大城市,已进入需全面系统考虑地下空间相关规划因素的阶段,应在总体规划编制中对用地布局、公共服务设施、综合交通规划、市政基础设施、城市历史文化遗产保护、生态环境建设与保护、城市公共安全与综合防灾减灾等内容进行地上地下一体化整体统筹;而发展水平相对较低的中小城市则可以目前原则性、指引性规划编制为主,暂时不必进行过于深入地工作。

城市总体规划纲要中确定的需深度编制地下空间内容的城市,应在纲要编制中确定城市地下空间发展的主要目标、开发利用原则,对地下空间开发需求量进行初步预测,初步划定地下空间管制区范围,对城市地下空间开发利用的功能、开发强度、总体布局和竖向分层规划等各类地下设施提出原则性意见,提出地下空间建设时序和重点建设区域,提出保障规划实施的对策和建议。

(4) 专项规划

应提前或同步开展城市地下空间资源利用规划。

城市总体规划纲要中确定需深度编制地下空间内容的城市应开展城市地下空间资源规划。在深入调研现状资料的基础上,结合城市社会经济发展规划及城市实际情况,提出地下空间开发利用的基本原则和建设方针,对地下空间开发需求量进行预测,划定地下空间管制区范围,确定城市地下空间开发利用的功能、规模、总体布局和竖向分层规划,提出各类地下设施的布局要求,提出地下空间建设时序和重点建设区域,提出保障规划实施的对策和建议。

城市地下空间资源规划与城市总体规划中交通、市政、防灾、环保、历史文化名城保护等其他专项规划内容存在重叠交叉。理想的编制状态为各专项规划在编制阶段便以立体空间利用的角度出发,明确各自编制内容的地上地下建设要求,明确地下平面与竖向布局。城市总体规划编制时充分吸纳各专项规划的内容,统筹协调各专项规划地下空间中的矛盾和冲突,理顺各专项中地下空间布局关系。但目前各专项规划尚未达到理想的同步编制状态,因此,编制城市地下空间资源规划应与各专项规划进行充分地沟通和协调,以确保各专项规划的系统性和地下空间规划的可实施性。

(5) 市域城镇体系规划

重在战略方向的判断和目标原则的制定。

在市域城镇体系层面,地下空间发展程度与各城镇的发展战略、发展目标呈正相关关系,城镇在区域体系中的地位与作用,一定程度上决定了其地下空间开发利用建设标准;在区域的层面,地下空间规划的重点是从宏观着眼,对区域中地下水、矿产能源等地下资源提出地下保护与利用的综合目标和要求,提出空间管制的原则和措施,协调市域或市政府投资的重大地下公共设施和基础设施。

(6) 城市总体规划

树立从二维空间规划向三维空间规划转变的理念。

随着城市精细化管理要求的提高,城市总体规划将从二维空间布局向三维立体空间布局转化,地下空间不应仅仅作为一个等同于城市设计或人防规划的专项规划,城市空间布局规划范围应同时包括地下空间与地上空间,并且涉及地下空间的内容应贯彻在各个专项的内容中。如:城市规模中应提出地下空间开发规模;城市空间发展与结构布局中应明确地下空间的布局结构,地下空间的禁建区、限建区、适建区和重点建设区,并制定空间管制措施;在产业用地规划、公共服务设施规划、交通规划、市政规划等专项内容中应明确哪些设施设置于地下。在此基础上,未来的总体规划不仅在地表层面上对各项用地、设施进行统筹,更要对地下各项要素进行系统全面地综合安排,保护城市地下空间资源,增强城市功能,改善城市地面环境。

在城市总体规划中,地下空间规划的核心内容包括:地下空间开发利用的现状分析与评价,地下空间资源评估与适建性分析,地块空间规划目标、基本原则、战略方针,地下空间资源开发利用的功能,地下空间资源开发利用的总体布局(控制范围和规模)和竖向规划,地下空间各项设施布局要求,地下空间开发利用技术、经济、安全和效益评估,地下空间近期建设与实施计划，规划实施保障措施等。

(7) 近期建设规划

重点落实重点区域与重大项目。

城市人民政府依据城市总体规划，结合国民经济和社会发展规划以及土地利用总体规划组织制定近期建设规划。城市近期建设规划中应重点考虑以下方面的地下空间内容。

① 划定近期涉及地下空间开发的重点地区，尽快开展地上地下一体的详细规划编制；

② 落实各项地下设施项目；

③ 提出近期地下空间开发建设的原则及措施。

2) 编制内容

(1) 地下空间规划编制基础

① 调查研究与基础资料

与地表规划相比，地下空间规划所需的资料数量大、范围广、变化多，但根据城市规模和城市具体情况的不同，基础资料收集应有所侧重，不同发展阶段的城市地下空间规划对资料的工作深度也有不同的要求。一般来说，城市总体规划中与地下空间内容相关的基础资料包括城市勘察资料、城市测量资料、气象资料、城市土地利用资料、城市地下空间利用现状、城市交通资料、城市市政公用设施资料、城市人防工程资料、城市环境资料等。

基础数据的获得是地下空间规划工作的难点，目前国内仅有极少数城市拥有完整准确的城市地下空间利用现状数据库。由于地下空间不利于直接观测、城市地下信息建档不完善、地下空间使用多头管理等因素，要完成该项工作极为艰巨，必须从以下几方面着手。

• 开展地下空间现状利用普查

人力物力投入巨大。如：上海作为国内首个开展地下空间普查的城市，耗资几千万，并且直到 2007 年才基本掌握了全市的地下空间情况。

• 建立信息数据管理系统，并配合专门的管理规定及管理机构

各大城市都在进行不同形式的创新和尝试，力求从政策法规、管理主体、信息收集体制、信息共享体制、系统平台建设等各方面找出地下空间信息管理的最佳管理方案，以解决地下空间信息管理中的各种疑难问题，为城市的规划、建设和管理以及市民的生活便利提供全面的基础信息保障。如：天津不仅成立了天津市地下空间规划管理信息中心作为地下相关信息的统一管理机构，还颁布了《天津市地下管线工程信息管理办法》

(2007)、《天津市地下空间信息管理办法》(2011)以配合地下信息管理工作的开展。

② 地下空间资源评估

在对城市地下空间进行总体规划前，必须对地下空间资源有一个系统、全面的认识，必须以调查的信息为基础，通过一定的定性和定量手段分析资源影响要素的作用和参数，获得宏观的城市地下空间资源可供开发的数量与质量、资源分布的范围和深度、资源利用的价值等，完成地下空间资源分布图、评估图和评估数据库，为城市地下空间规划的编制提供基础数据和科学依据。

地下空间资源评估工作的主要特点在于技术方法的特殊性。目前，我国不同城市根据自身条件选取的评估因子、采用的方法都不尽相同，技术方法也处于探索的阶段(表 5.4)。

表 5.4 国内部分城市地下空间资源所采用的评估方法一览表

	方法名称	北京	上海	天津	深圳	南京	苏州	厦门	青岛
1	影响要素逐项排除法	■	■	■	■	■	■	■	■
2	多因素综合评价法	★					★	★	★
3	层次分析法	★						★	★
4	模糊综合评价法		★		★	★			
5	地域对比评判法								★

注释：■表示地下空间资源分布评估；★表示地下空间开发潜力评估。

虽然各城市采用的方法有所不同，但基本思路是通过建立评价指标体系得出可有效利用的城市地下空间资源容量及分布。而其难点在于评估分析模型的选用、评估指标体系中评价因子的取值以及因子权重的确定，这主要是由于城市规划的许多判断因素并非能够简单量化，更多是基于经验的模糊判断，这种方法需要在长期的规划实践过程中不断地调校，才能逐渐形成一个较为合理准确的指标体系，以指导城市规划编制。

(2) 地下空间规划编制内容

地下空间规划从属于城市地面规划，是对地面建设的促进和补充。因此，地下空间规划的编制应改变过去独立、割裂地考虑地下空间规划因素的状况，将地下要素纳入城市整体空间体系统筹，使城市总体规划形成一个完整、综合的包括地上和地下的空间规划体系(表 5.5)。

表 5.5 城市总体规划地下空间相关要素的对应关系一览表

序号	现行规划编制办法对中心城区规划内容的规定		建议增加相应层次地下空间规划内容
	内容	强制性内容	
1	城市的性质、职能、发展目标		
2	城市人口规模	—	—
3	划定禁建区、限建区、适建区和已建区，并制定空间管制措施	—	划定地下空间的重点建设区、禁建区、限建区和已建区，并制定空间管制措施
4	确定村镇发展与控制的原则和措施，确定需要发展、限制发展和不再保留的村庄，提出村镇建设控制标准	—	—
5	安排建设用地、农业用地、生态用地和其他用地	市域内应当控制开发的地域。包括：基本农田保护区，风景名胜区，湿地、水源保护区等生态敏感区，地下矿产资源分布地区	—
6	研究中心城区空间增长边界，确定建设用地规模，划定建设用地范围	城市规划区范围	—
7	确定建设用地的空间布局，提出土地使用强度管制区划和相应的控制指标（建筑密度、建筑高度、容积率、人口容量等）	城市建设用地。包括：规划期限内城市建设用地的发展规模，土地使用强度管制区划和相应的控制指标（建设用地面积、容积率、人口容量等）；城市各类绿地的具体布局；城市地下空间开发布局	地下空间布局，提出地下空间强度管制区划及相应的控制指标（地下建筑密度、开发深度、开发强度等）
8	确定市级和区级中心的位置和规模，提出主要的公共服务设施的布局	文化、教育、卫生、体育等方面主要公共服务设施的布局	文化、教育、卫生、体育等方面主要公共服务设施的地下设置及布局

续表 5.5

序号	现行规划编制办法对中心城区规划内容的规定		建议增加相应层次地下空间规划内容
	内容	强制性内容	
9	确定交通发展战略和城市公共交通的总体布局，落实公交优先政策，确定主要对外交通设施和主要道路交通设施布局	城市干道系统网络、城市轨道交通网络、交通枢纽布局	作为地下空间规划系统性考虑的核心问题的城市轨道交通网络和交通枢纽布局，地下道路交通设施布局
10	确定绿地系统的发展目标及总体布局，划定各种功能绿地的保护范围（绿线），划定河湖水面的保护范围（蓝线），确定岸线使用原则	—	—
11	确定历史文化保护及地方传统特色保护的内容和要求，划定历史文化街区、历史建筑保护范围（紫线），确定各级文物保护单位的范围，研究确定特色风貌保护重点区域及保护措施	城市历史文化遗产保护。包括：历史文化保护的具体控制指标和规定，历史文化街区、历史建筑、重要地下文物埋藏区的具体位置和界线	地下历史文化保护及地方传统特色保护
12	研究住房需求，确定住房政策、建设标准和居住用地布局，重点确定经济适用房、普通商品住房等满足中低收入人群住房需求的居住用地布局及标准	—	—
13	确定电信、供水、排水、供电、燃气、供热、环卫发展目标及重大设施总体布局	城市水源地及其保护区范围和其他重大市政基础设施	综合管线网络布局、共同沟网络布局、其他地下市政设施布局
14	确定生态环境保护与建设目标，提出污染控制与治理措施	生态环境保护与建设目标，污染控制与治理措施	地下空间相关环境保护与建设内容

续表 5.5

序号	现行规划编制办法对中心城区规划内容的规定		建议增加相应层次地下空间规划内容
	内容	强制性内容	
15	确定综合防灾与公共安全保障体系，提出防洪、消防、人防、抗震、地质灾害防护等规划原则和建设方针	城市防灾工程。包括：城市防洪标准、防洪堤走向，城市抗震与消防疏散通道，城市人防设施布局，地质灾害防护规定	地下人防、防灾设施布局
16	划定旧区范围，确定旧区有机更新的原则和方法，提出改善旧区生产、生活环境的标准和要求	—	旧区更新项目中地下空间开发的控制指标
17	提出地下空间开发利用的原则和建设方针	—	地下空间开发利用目标与原则、规模预测、总体功能布局、竖向分层布置
18	确定空间发展时序，提出规划实施步骤、措施和政策建议	—	地下空间作为城市空间的组成部分，确定整体空间发展时序，提出规划实施步骤、措施和政策建议

对地下空间开发利用的目标与原则、规模预测、总体功能布局、竖向分层布置等内容进行规定，涉及分区策略、交通、市政、防灾、环保、历史文化名城保护等方面的地下空间内容在城市总体规划的各专项规划中进行地上地下统筹安排，并在总规相应内容中进行规定。

5.3 控制性详细规划

5.3.1 编制概况

1）规划开展

2000 年开始，特别是 2005 年以后，随着城市土地紧张、交通拥堵、基础设施不足、环境品质恶化等问题的日益严重和轨道交通建设的带动，我国各大城市逐步认识到地下空间的开发建设在完善城市功能、提升城市品质方面的重要意义，积极开展控制性详细规划层面的地下空间规划编制。该类规划编制具有强烈的针对性和实用性，编制地区多为经济基础较好、城市发展水平较高的大城市，如：上海、天津、深圳、广州、杭州、苏州、武汉等的主、副中心区（商务区）、商业中心区、交通枢纽地区、其他公共活动中心区等重要地区。这些地区开发强度大、集约化诉求高，往往也是轨道交通的重点覆盖地区，具备了大量整体开发地下空间的条件与动力，因此，编制地下空间控规、统筹各地下建设项目成为各个城市的必然选择。而城市一般地区的地下空间利用相对独立，以建筑物结建地下室为主，连通性需求低；中小城市、县镇，地下空间利用大多处于单体建筑配建人防设施的阶段，地下空间规划编制需求低，鲜见编制。

2）成果内容

目前我国各城市控制性详细规划层面的地下空间规划编制分为单独编制地下空间控制性详细规划和将地下空间内容纳入地面控制性详细规划（非单独编制）2 类。一般来说，已编制了地面控规，基于需求再独立编制地下空间规划作为补充是较常见的，如：《北京王府井商业区地下空间开发利用规划》、《深圳罗湖金三角地区地下空间资源开发利用综合规划》等，其实施导向性较强；而新建、城市更新地区则倾向于地面地下一体编制控规，如：上海《江湾—五角场市级副中心控制性详细规划》等。

此外，各个城市规划编制的目的和重点解决的问题存在差异，因此，各规划的编制深度也存在差异，但归纳其成果的主要内容大同小异，包括（表 5.6）：

（1）根据城市地下空间总体规划要求，确定规划范围内各专项地下空间设施的总体规模、平面布局和竖向分层等关系。

（2）明确各地块内地下空间分层功能，规定地下空间的建设容量、开发深度、地下建筑后退红线距离、地下建筑间距、地下建筑层高、地下停车泊位等控制要求。

（3）明确人行、车行出入口和通道的方位和尺度。

（4）对地块之间的地下空间连接做出指导性控制。

（5）提出建筑色彩、标示系统、灯光照明及风井、冷却塔等地面附属设施的城市设计要求。

（6）确定地下立交桥、公交站、下沉广场等各类设施的位置、范围。

（7）规定轨道交通控制范围。

（8）规定市政工程控制范围。

（9）明确人防控制要求。

(10) 结合地下空间设施的开发建设特点,对地下空间的综合开发建设模式、运营管理提出建议。

表 5.6 城市控制性详细规划层面的地下空间利用规划涵盖的重要内容一览表

重要内容	杭州钱江新城	杭州城东新城	深圳罗湖金三角	广州核心区	唐山机场新区	上海五角场
总体规模	●	●	●	●	●	●
平面布局	●	●	●	●	●	●
竖向分层	●	●	●	●	●	●
各地块建筑功能	●	●	●	●	●	●
各地块建设容量	●	●	●	●	●	
各地块开发深度(层数)	●	●	●	●	●	●
建筑后退红线距离	●		●	●	●	
建筑间距			●		●	
建筑层高	●	●	●	●	●	
出入口方位、尺度	●	●	●	●	●	●
(预留)通道方位、尺度	●	●	●	●	●	●
地下空间对接原则						
建筑色彩、标示系统、风井等城市设计要求	●	●		●		
各地块停车泊位	●	●	●	●	●	
立交、公交站、下沉广场等设施的位置、范围	●	●	●	●	●	
轨道交通控制线		●				●
市政工程控制线				●		●
人防控制要求	●	●	●	●	●	
实施建议	●	●	●		●	

3) 存在问题

(1) 规划定位不清,规划效力较弱

既有控制性详细规划层面的地下空间规划,大部分为地面规划完成后根据需要编制地下空间规划作为补充。在地面规划基础上形成的地下空间规划势必牵涉对地面规划的部分否定，导致地下空间实施困难，一遇到矛盾往往地下空间让位，乃至地下空间被省略，规划效力较弱。此外，由于地下空间规划在规划编制体系中定位模糊，地下空间规划成果如果不能纳入控制性详细规划，则面临着没有法定地位、无法实施的窘境。

(2) 整体概念或细化方案，编制深度仍在探索

对比既有控制性详细规划层面的地下空间规划，一类规划编制倾向于概念方案，规划方案较宏观，以规划地区的规划结构和街区尺度的地块功能分区为主。该类规划无法满足控制性详细规划作为划拨、出让国有土地使用权规划行政许可依据的需求，在规划管理过程中难以操作、无法实施。另一类规划由于前期有城市设计、重要节点修建性详细规划的编制，控规方案细致、具体。但该类规划忽视了实际建设条件和规划实施主体的建设意愿，在具体实施时往往问题百出、困难重重。

(3) 刚性控制与弹性引导，控制要素仍待商榷

控制性详细规划层面的地下空间规划各项控制要素的设置及其弹性的设定是目前规划编制面临的另一难题。在控规阶段确定的控制性指标越详尽、刚性越强，越能保障地下空间利用的合理性，能够保证其与地上以及相邻地下空间的连通。但详尽的控制性指标的过早确定，一方面缺乏具体地质勘探、市政管线探测等方面的具体资料支持，在实际建设过程中存在较大不确定性；另一方面指标的设定缺乏对地下空间开发具体业态的深入分析和策划，限制了具体建设单位设计的灵活性和多元化。反之，在控规阶段确定的控制性指标过少、弹性过大，则较难保证地下空间整体布局的合理性以及与地上、相邻地下空间的连通关系。

5.3.2 案例剖析

1) 国内案例

(1) 上海《江湾—五角场市级副中心控制性详细规划》①

2007年，杨浦区城市规划管理局委托编制《江湾—五角场市级副中心控制性详细规划》(图5.11)，该规划是地上地下整体统筹、同步规划的代表。有别于传统控规，该控规通过规划控制要素图(规定了规划范围内

---

① 上海市杨浦区规划和土地管理局. 江湾—五角场市级副中心控制性详细规划[R]. 2007.

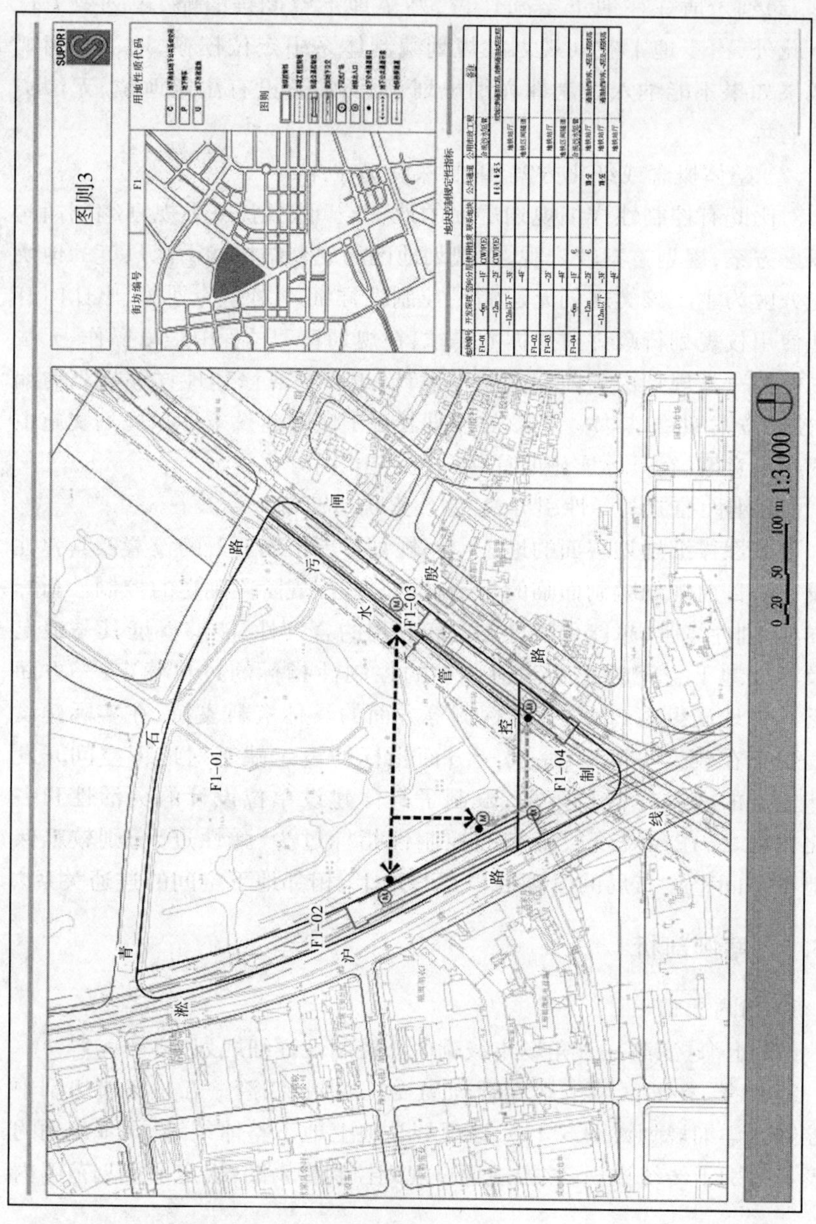
图则3
SUPDRI
街坊编号
F1
用地性质代码
图例
地块控制规定性指标
F1-01
F1-02
F1-03
F1-04
污水管控制线
闸殷路
淞沪路
1:3 000

（a）规划控制要素图

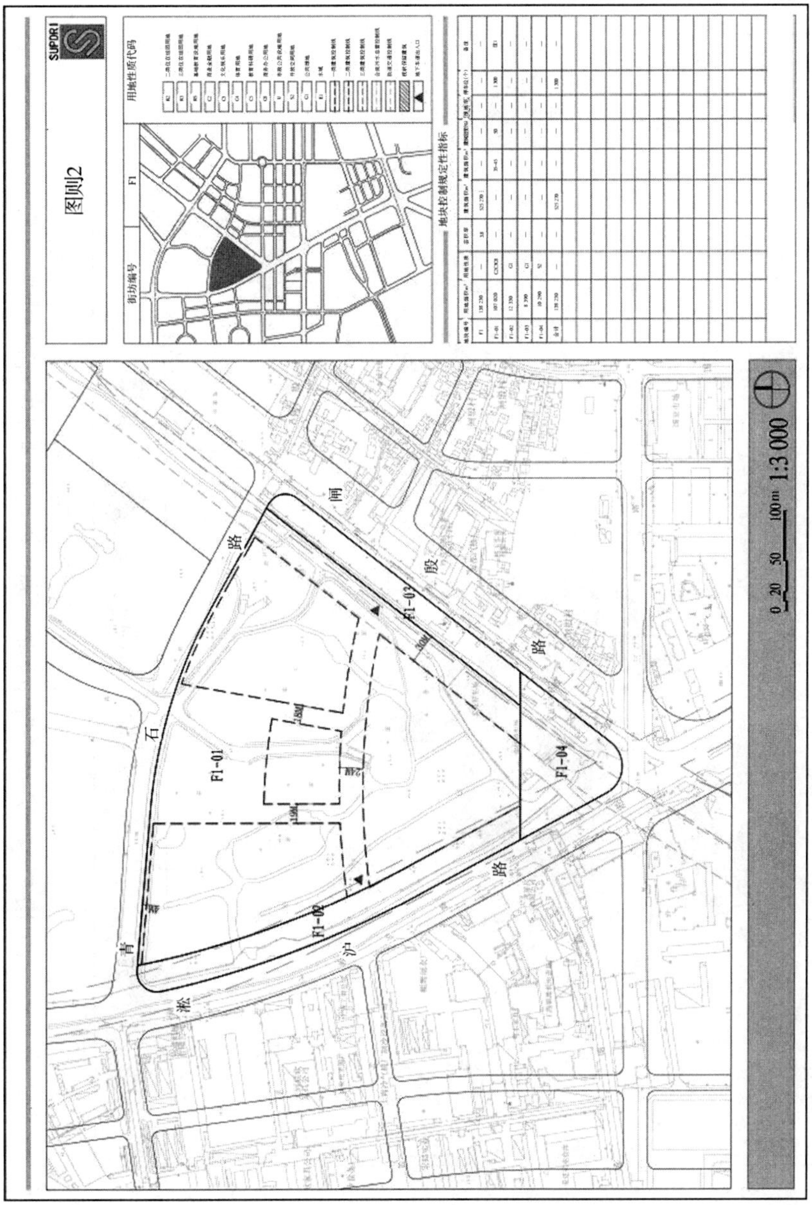

（b）规划指导要素图

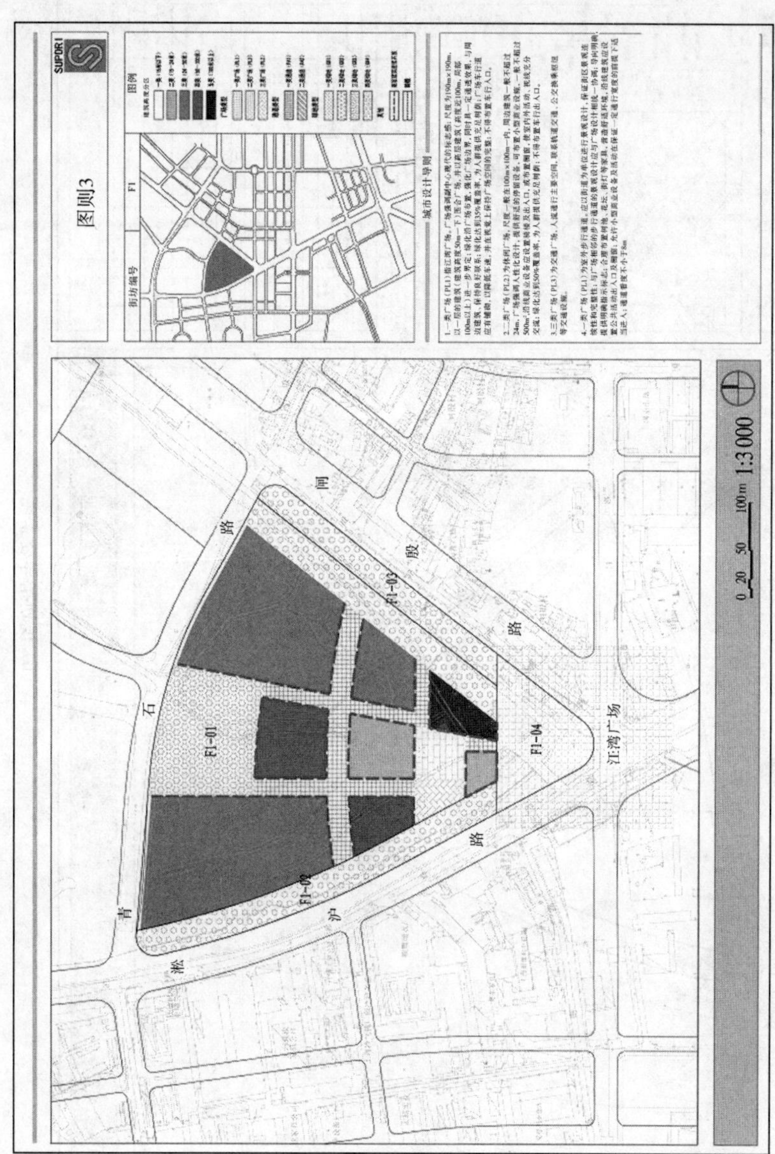

（c）局部重要地区地下空间控制要素图

图 5.11 江湾一五角场城市副中心控制性详细规划图则

的轨道交通控制线、河流污水总管控制线、建设地块边界、用地性质、容积率、建筑面积、建筑密度、建筑高度、绿地率、停车位、建筑后退控制线等规划控制要求,是项目审批的主要依据)、规划指导要素图(在城市设计的基础上对规划范围内的开发建设的导则,包括建筑实体和空间环境两部分内容。建筑实体要求指规划范围的建筑体量、重要建筑位置等规划要求;空间环境要求指广场、通道、绿地等城市空间的布局和品质及其周边建筑体量、底层建筑性质、形式等规划要求)、局部重要地区地下空间控制要素图(重点对轨道交通站点周边的地下空间利用以及地下设施与地面的联系等做出具体的规定)3 个图则对五角场地区进行全面、立体的规划引导和控制。

① 规划地下空间部分的核心内容

• 开发规模。规划总用地为 2.29 km^2,地上地下总建筑面积为 477 万 m^2,包括地面 377 万 m^2,地下 100 万 m^2,下地化比例约 21%。其中,地下停车设施约为 52 万 m^2,地下商业设施约为 37 万 m^2。

• 地下空间布局。包括−1、−2、−3、−4 层地下空间。核心区:−1 层重点开发商业、娱乐、休闲等公共活动功能,以下沉广场组织人流;−2 层重点建立轨道交通综合换乘枢纽,并综合开发商业、娱乐、休闲等公共活动功能。外围区域:−1、−2 层重点建设大型社会公共停车库和市政设施;−3、−4 层重点建设轨道交通线路、站台以及停车设施。

• 重要节点。重点对轨道交通 10 号线五角场站、江湾体育场站以及五角场环岛等节点做了详细设计。明确在轨道交通 10 号线五角场至江湾体育场站之间的两站一区间范围形成地下步行街系统,并在淞沪路、闸殷路、三门路交叉口设置江湾广场。

• 重要地区地下空间控制要素。各类地下空间的开发范围、面积、性质、深度(层数)、出入口位置(包括垂直交通)、连通地块及公共通道接口位置、综合管沟(管位和断面等)、特殊控制点等控制要素等。

② 特点

• 地下空间开发的核心功能在于改善交通

五角场环岛地区多年来始终被交通与商业的矛盾所困惑。该区域规划功能为城市副中心的商业、商务区,大量的人流和车流汇聚于此,过境交通对五角场环岛的城市空间不可避免地造成割裂,地面交通难以适应商业街频繁的行人过街需求。要妥善处理好交通与商业的关系,必须将疏导车流和凝聚人气相结合,借助地下步行系统是十分有效的途径。规划实施后,五角场环岛地区将实现人车立体化分流,使过境交通、到发交通和步行系统各行其道，有机衔接，既保证了交通的高效人性化，又促进了商业、商务区的繁荣。

• 地上地下一体考虑、整体统筹

规划确定了地上地下一体化发展、有序建设、互为补充的地下空间利用原则。地下空间与地面用地功能紧密结合，支持地面活动，充分发挥地面特性。如：重视以保护地面历史景观为目的的地下空间的利用（江湾体育场等历史景观建筑的保护），与地面网络（林荫道、商业街等）互相联合的地下步行系统等。

(2) 杭州市钱江新城核心区规划编制

杭州钱江新城核心区的规划编制历程为地下空间规划编制组织提供了有益的借鉴。

①《杭州市钱江新城核心区块控制性详细规划》(2003)[①]

2003 年 2 月，《杭州市钱江新城核心区块控制性详细规划》获得批复，该规划原则上确定了钱江新城核心区规划用地范围、规模、性质、用地功能布局、道路交通规划、空间布局、景观规划、地下空间规划、工程管线等。

其中该规划针对地下空间提出：

• 轨道交通枢纽、站场周边公共建筑的地下空间开发利用应与轨道交通站场设置相结合，规划地铁站周边必须预留地铁站场及主要出入口、风亭的建设位置，临近地铁站的建筑应尽可能结合地下设施设置过街地道，并增加地铁辅助出入口。

• 应充分利用广场、绿地的地下空间进行综合开发。

• 对地下空间应进行专项规划设计。

②《杭州市钱江新城核心区地下空间概念性规划》(2003)[②]

2003 年 2 月，为了加强核心区地下空间规划的可操作性，钱江新城管委会组织开展钱江新城核心区地下空间概念性规划国际招标。德国欧博迈亚工程设计咨询有限公司和解放军理工大学地下空间研究中心联合中标(图 5.12)。

该规划主要内容包括：

• 总体构思说明：规划指导思想、规划总体构想、地下空间形态、开发强度、核心区地下空间生态环境。

① 杭州钱江新城建设管理委员会. 杭州市钱江新城核心区块控制性详细规划[R]. 2003.

② 杭州钱江新城建设管理委员会. 杭州市钱江新城核心区地下空间概念性规划[R]. 2003.

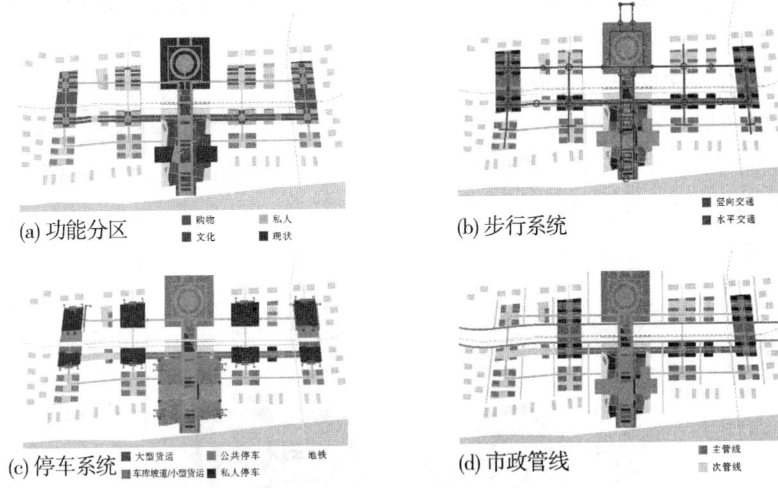

图 5.12 杭州市钱江新城核心区地下空间概念性规划图

• 地下交通规划:地下交通规划基本原则、地铁、地下公路交通、地下停车系统、地下步行系统。

• 重要节点地区规划:中轴线——人文轴、城市阳台、地下商业街。

• 地下市政设施规划:共同沟、地下变电站、地下雨水、中水循环使用系统。

• 地下防空防灾系统规划:地下空间人文环境,包括地下防空系统、地下防灾系统。

• 地下空间生态环境。

• 投资概算与技术经济指标。

• 建设时序安排。

• 地下空间技术保障。

• 地下空间建设策略。

《杭州市钱江新城核心区地下空间概念性规划》在地面控规的基础上确定了地下空间开发利用的指导思想、总体结构、形态、专项重点,为地下空间的开发利用提供了整体框架。

③《杭州市钱江新城核心区块地下空间控制性详细规划》(2003)[①]

---

① 杭州钱江新城建设管理委员会. 杭州市钱江新城核心区块地下空间控制性详细规划[R]. 2003.

在《杭州市钱江新城核心区块控制性详细规划》和《杭州市钱江新城核心区地下空间概念性规划》的街区城市设计的指引下，组织开展了重要轨道站点街区城市设计(如:地铁城星路站－A03 地块、地铁江锦路站－D02 地块等城市设计)和重要节点详细设计(如:地铁市民中心站——城市主轴线及沿江区域、波浪文化城(图 5.13)、城市主阳台、之江路下穿——城市副阳台设计、市民中心、杭州国际会议中心、杭州大剧院、之江路共同沟等)。

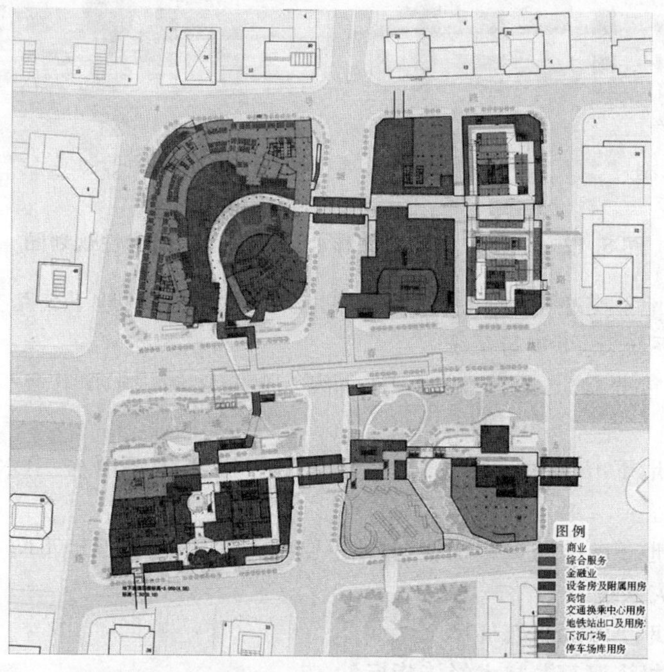

图 5.13　地铁城星路站城市设计与波浪文化城

2003 年，在此基础上编制了《杭州市钱江新城核心区块地下空间控制性详细规划》(图 5.14)，对核心区地下空间的规划范围、原则、目标，功能定位，规模，总体布局，防空，防灾规划，功能布局，开发强度布局，开发方式，图则设计原则、标准、地下空间环境设计引导，地块划分及分图则，规划实施与建议，技术指标(包括地下建筑性质，建设容量，开发强度，停车泊位，道路红线，地下空间建筑控制线，各类出入口，地下人行通道，下沉式广场位置，地下空间连通方式位置、标高)等内容进行了详细的规定。该规划是钱江新城规划管理部门对规划区地下空间进行规划管理的主要依据。

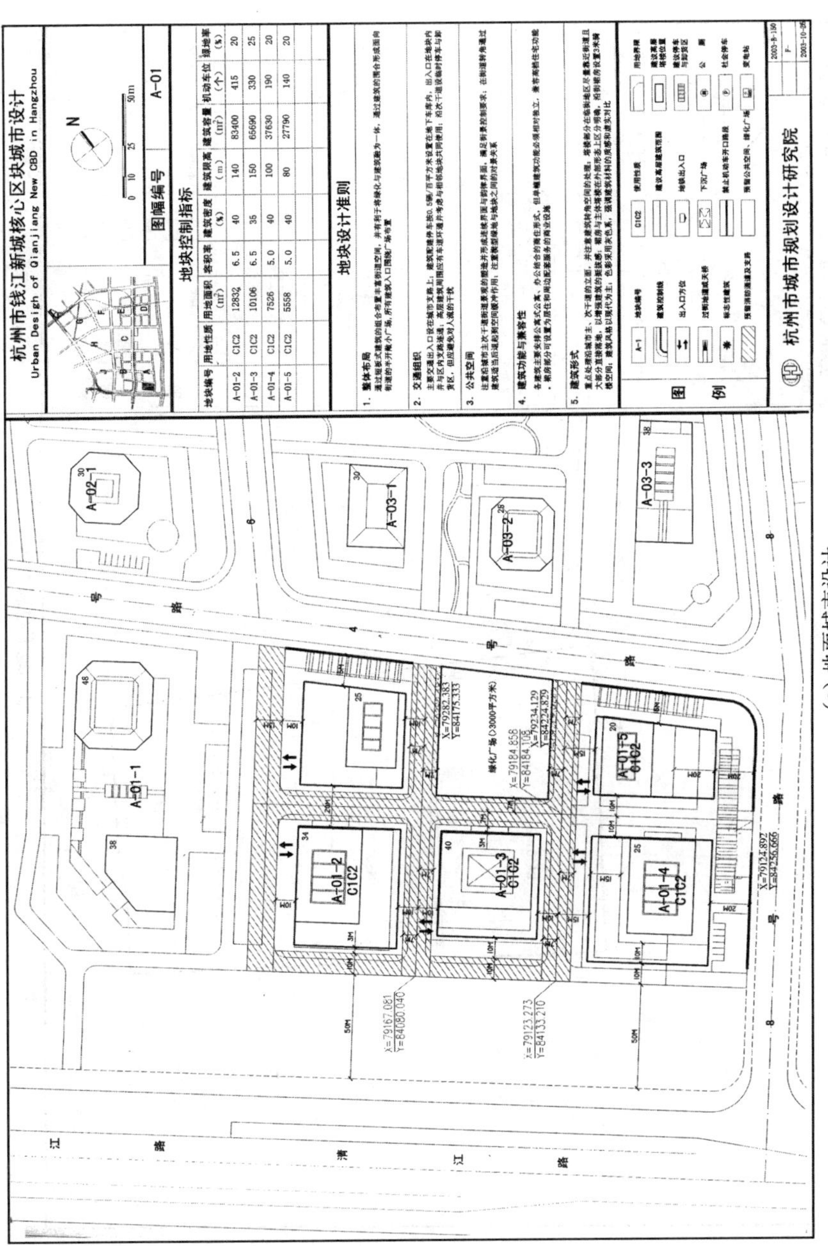
杭州市钱江新城核心区块城市设计
Urban Desigh of Qianjiang New CBD in Hangzhou
图幅编号
A-01
地块控制指标
地块编号 用地性质 用地面积(m²) 容积率 建筑密度(%) 建筑限高(m) 建筑容量(m²) 机动车位(个) 绿地率(%)
A-01-2 C1C2 12832 6.5 40 140 83400 415 20
A-01-3 C1C2 10106 6.5 35 150 65690 330 25
A-01-4 C1C2 7526 5.0 40 100 37630 190 20
A-01-5 C1C2 5558 5.0 40 80 27790 140 20
地块设计准则
1. 整体布局
2. 交通组织
3. 公共空间
4. 建筑功能与兼容性
5. 建筑形式
图例
杭州市城市规划设计研究院
A-01-1
A-01-2
C1C2
A-01-3
C1C2
A-01-4
C1C2
A-01-5
C1C2
A-02-1
A-03-1
A-03-2
A-03-3
绿化广场(>3000平方米)
X=79282.383
Y=84175.333
X=79184.858
Y=84184.105
X=79234.129
Y=84224.839
X=79167.081
Y=84080.040
X=79123.273
Y=84133.210
X=79124.892
Y=84256.666
（a）地面城市设计

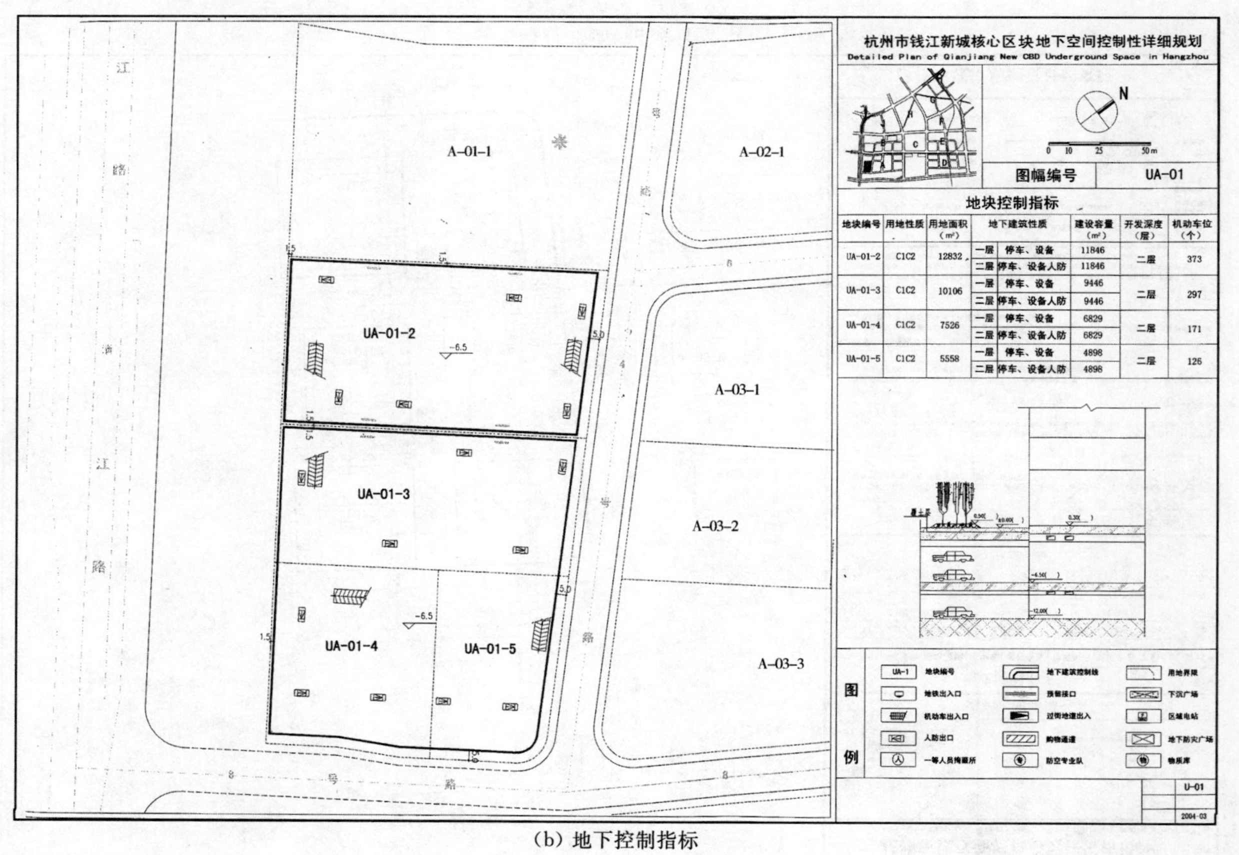
杭州市钱江新城核心区块地下空间控制性详细规划
Detailed Plan of Qianjiang New CBD Underground Space in Hangzhou
N
0 10 25 50m
图幅编号
UA-01
地块控制指标

地块编号	用地性质	用地面积（m²）	地下建筑性质		建设容量（m²）	开发深度（层）	机动车位（个）
UA-01-2	C1C2	12832	一层	停车、设备	11846	二层	373
			二层	停车、设备人防	11846		
UA-01-3	C1C2	10106	一层	停车、设备	9446	二层	297
			二层	停车、设备人防	9446		
UA-01-4	C1C2	7526	一层	停车、设备	6829	二层	171
			二层	停车、设备人防	6829		
UA-01-5	C1C2	5558	一层	停车、设备	4898	二层	126
			二层	停车、设备人防	4898		

图例
UA-1 地块编号
地铁出入口
机动车出入口
人防出口
地下建筑控制线
预留接口
下沉广场
U-01
2004-03
A-01-1
A-02-1
A-03-1
A-03-2
A-03-3
UA-01-2
UA-01-3
UA-01-4
UA-01-5
-6.5

（b）地下控制指标

（c）地下设计导引

图 5.14 杭州市钱江新城核心区块地下空间控制性详细规划

2）国际案例

日本“东京大手町—丸之内—有乐町地区城市规划指引”地上地下一体化的规划编制方式和强调公共空间控制的规划理念为我国控规层面的地下空间规划的编制提供了有益的借鉴思路。

案例 “东京大手町—丸之内—有乐町地区城市规划指引”①

(1) 背景:日本经济的神经中枢,具有历史氛围的街区

大手町—丸之内—有乐町地区是日本经济的神经中枢、世界一流的经济增长地区。已形成了具有历史氛围的街区,发展积淀深厚;一流的城市品质一直是世界其他城市比肩的目标。该地区是东京片区规划的领跑者(图 5.15,表 5.7)。

图 5.15 东京大手町—丸之内—有乐町地区

表 5.7 大手町—丸之内—有乐町地区基本情况一览表

类别	基本情况
占地面积	约 120 hm^2
土地业主	104 个
建筑物数量	104 栋,其中 10 栋在建或在重建
总建筑面积	约 694 hm^2,其中 113 hm^2 在建
建筑物情况	在建:10%;10 年以下:13%;10—20 年:9%;20—30 年:14%;30—40 年:24%;40 年以上:30%
停车位数量	约 13 000 个
就业人口	约 23.1 万(男 14.2 万,女 8.9 万)

① 可参见 2000 年“大手町—丸之内—有乐町地区 2008 年片区规划指引”。

续表 5.7

类别	基本情况
就业构成	建筑业:0.7%;制造业:7.2%;市政业:0.3%;信息通讯:8.6%;交通运输:4.2%;销售业:12%;金融保险:26.6%;房地产:1.7%;餐饮住宿:6%;医疗保健:0.7%;复合服务业:1.3%;其他服务业:26.3%;公民服务:4.2%;其他 0.2%
片区企业	约 4 000 个
日本股市第一板块企业	76 家,其中丸之内 44 家,大手町 27 家,有乐町 5 家
企业收入(2006 年)	120 万亿日元,相当于当年日本 GDP 的 23.7%
片区快速路匝道	6 条
地铁	20 条线路,13 个站
轨道交通日均客流量	93 万人/天

(2) 规划指引:促进城市再生,谋求全面发展的总纲略

在全球化背景下面对激烈的城市竞争并保持优势,城市综合魅力不可或缺;与此同时,促进各种城市功能多样化扩展需要不断增长的基础设施,城市更新成为必然。1996 年 9 月,成立由东京都政府、千代田区政府、日本东铁公司、大手町—丸之内—有乐町地区再开发计划协议会 4 方构成的"大手町—丸之内—有乐町地区片区发展会议",每 1 年半各方就各自的发展意向和建议进行沟通、协商,制定"大手町—丸之内—有乐町地区发展指引"(简称"指引"),确定本区域未来发展的基本方向(图 5.16、表 5.8)。1998 年 2 月第一次公布初步草案;然后迅速进行了专题审议,对"指引"进行微调,并分别于 2000 年 3 月、2005 年 9 月针对加强环保,城市规划、上位规划的更新,大手町的城市发展,片区管理进程等片区发展具体问题对"指引"的内容进行了修改。

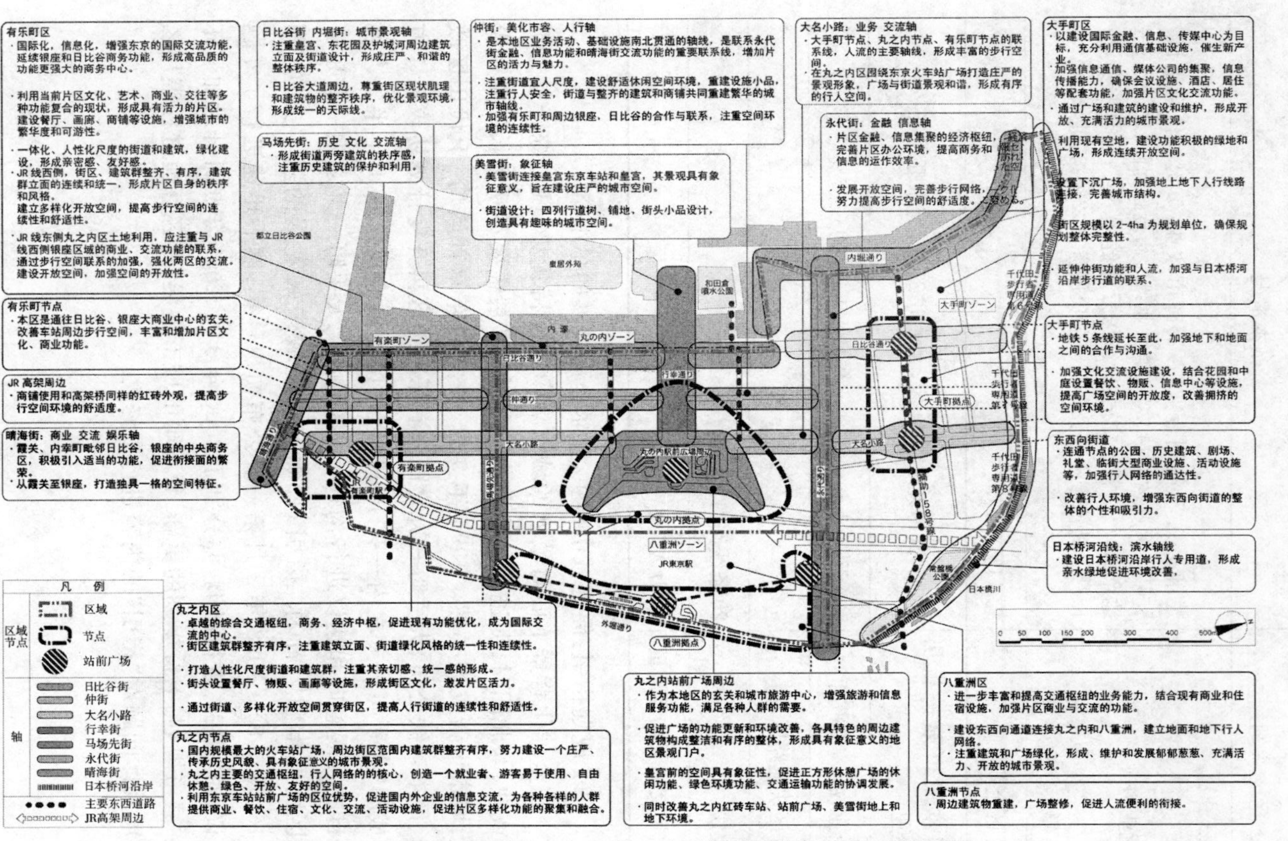

图 5.16 东京大手町—丸之内—有乐町地区发展指引规划图

表 5.8 “大手町—丸之内—有乐町地区发展指引”一览表

定位指引	(1) 编制目的	促进片区经济、社会、环境和文化均衡发展,增加城市魅力。预期在 20 年的时间内,以城市更新促进片区发展。以“未来形象”、“规则”、“开发方法”等为指导
	(2) 发展指导方针	发挥本地区经济中心的地位和特点,进一步提高日本经济未来的国际竞争力;从 CBD 向宜人的商务核心区(Amenity Business Core,简称 ABC)进行更新和功能演进
	(3) 基本原则	① 未来研究:功能、环境、景观、网络 ② 三大支柱:未来形象、规则、开发方法 ③ 协调公私伙伴关系(PPP:Public Private Partnership) ④ 城市开放 ⑤ 不断发展的指导方针
未来的大手町、丸之内、有乐町区	(1) 可持续发展的举措	达成符合地区发展的管理结构的共识 PPP。 高品质的基础设施引入复合化、多样化等各种复杂的城市功能,努力实现高能低碳社会。注重历史建筑保护,加强非营利组织与企业的合作,建立居民对该地区的依恋感
	(2) 8 个目标	① 领导时代的国际商业社会;② 社会文化的聚集;③ 信息交流的信息时代;④ 活力、和谐的社会;⑤ 方便、舒适的步行网络;⑥ 城市生活与环境共生;⑦ 安全的城市;⑧ 市政府、区政府、社区共同努力,推动发展
	(3) 独特的城市	① 地区规划的点、轴、面:在 120 hm^2 土地上,划分 4 个区(大手町、丸之内、有乐町、八重洲),建立一个独具特色的城市;② 地区规划方法(以街道为骨架、基于开放空间网络的城市);③ 东京车站周边(东京门户)
	(4) 城市功能	① 巩固城市经济中心枢纽功能;② 引导多种城市功能;③ 信息交流功能的扩充;④ 功能布局
	(5) 城市基础设施	① 路网:加强道路交通管制,抑制街道交通发展,完善街道设施,改善人行系统,重点考虑绿色空间和亲水设施建设,推动 6—8 号干线发展;② 停车场;③ 生命线;④ 交通节点;⑤ 步行网络;⑥ 自行车停车场
	(6) 环境共生	① 低碳城市的实现;② 低碳城市建设步骤;③ 节约能源和资源实践;④ 未利用能源和可再生能源开发利用;⑤ 热岛效应的措施;⑥ 风环境形成;⑦ 绿色网络建设;⑧ 水网络建设;⑨ 物流、人流优化;⑩ 跨学科问题的解决、检讨;⑪ 环境信息可视化机制建设;⑫ 信息传播和区域合作

续表 5.8

未来的大手町、丸之内、有乐町区	(7) 城市防灾及安全	① 危机管理体制和防灾中心；② 增强安全性
	(8) 城市设计城市景观等	① 城市设计概念；② 以街道为骨架类型(丸之内、有乐町地区西部)；③ 基于开放空间网络类型(大手町地区、八重洲地区、有乐町地区东部)；④ 中间区域的形成；⑤ 天际线设计思路；⑥ 本地区作为城市的骨架；⑦ 指导城市发展地区发展的角度
	(9) 东京公共空间的发展典型案例	丸之内站广场——美雪街、仲街
	(10) 整备方针	面、轴、点(图 5.16)
片区发展规则	① 规则的必要性；② 以街道为骨架类型的规则；③ 基于开放空间网络类型的规则；④ 超设计规则；⑤ 大手町地区的功能延伸	
片区发展办法	① 改进方法；② 4 种促进片区再开发的改进方法；③ 实现改进方法的指引	
促进政策	(1) 公民协作	公共、私人、非盈利组织多方协作
	(2) 促进片区发展会议	① 归纳、协调社会发展的指导方针；② 促进社会全面发展的活动；③ 城市旅游推广活动；④ 积极利用公共空间；⑤ 城市开放
资料	会议制定的准则、历次规划研究、研究背景、公共参与、名词解释、配置指南	

(3) 地下空间内容:强调步行网络联系和重要公共空间节点

规划指引中对地下步行网络的建设进行了构建。片区力图重建和扩建现有行人网络,强化行人网络骨干,加强地上地下网络联系,促进地区发展。具体举措包括:东京站南部东西向通廊、丸之内广场(地上地下)形成人行道路空间网络骨架,建立美雪街在内的地下大小通道,完善地下空间网络。地下步行网络规划图标示了片区主要的网络,但并不是最终蓝图,行人网络在此基础上仍将扩张和完善,增加城市步行的便利性。

5.3.3 编制建议

1）规划编制组织

（1）有的放矢的规划编制组织——统筹重点地区地下空间规划建设

城市内各地区的地质工程条件、区位条件、交通条件、经济发展水平、用地功能等千差万别，地下空间开发利用的需求差异很大。在多数地区，地下空间利用以建筑物结建地下室和单体建筑配建人防设施为主，地下空间建设需求低，无需进行地下空间规划全覆盖。

总体规划中明确的地下空间重点开发地区，应加强控制性详细规划层面的地下空间内容的编制，深化和落实城市总体规划的要求。城市主、副中心区（商务区）、商业中心区、地下轨道交通枢纽地区、公共活动中心区应作为地上地下综合利用的重点地区。

（2）深入浅出的地下空间控规编制——应对地下空间精细化管理需求

杭州钱江新城核心区规划的编制组织历程给地下空间控规的编制组织带来启示：① 城市地下空间的开发利用体现了城市空间的三维特征，地下空间规划的编制除了传统控规编制的二维控制指标外，还要求有准确的高程以达到立体管理的要求。因此，其规划编制深度较传统控规深一层次，如：地下空间控制性详细规划编制必须有详细设计方案作为支持。② 详细设计方案控制指标细致，整体作为规划管理依据，刚性过强，难以适应市场开发建设的多元化需求。因此，必须对详细方案关键控制要素进行提炼并纳入控制性详细规划，以控规的法律地位保障规划实施，以适度的控制指标加强规划的可操作性。

（3）创新控规编制程序——建立地上地下空间规划的衔接机制

2011 年 7 月 13 日，上海市政府正式印发《上海市控制性详细规划技术准则》（简称《准则》），用于指导上海市控制性详细规划的编制和实施。该《准则》规定，对于一般地区和特别管制区，分别编制不同的图则类型，其中所有地块均应编制普适图则；对于重点地区，根据不同地区的特征和发展需求，通过城市设计或专项研究，在普适图则的基础上，编制附加图则。普适图则控制要素包括：用地面积、用地性质、容积率、建筑高度、建筑界面控制线和贴线率、各类控制线、公共服务设施和交通、市政基础设施设置要求及备注，且均为强制性控制要素；附加图则增加建筑密度、屋顶形式、建筑方式、标志性建筑位置、建筑色彩、公共通道控制线以及其他必要的控制要素。该《准则》为地下空间利用规划与控制性详细规划的衔接提供了途径，地下空间规划的控制和引导的相应内容必须考虑地上地下一体化建设要求,并应纳入控制性详细规划予以实施。

尽管杭州钱江新城核心区的规划历程和上海控规技术准则的制定在地下空间规划编制组织、地上地下空间规划衔接方面提供了值得借鉴的思路;但在地面规划基础上形成的地下空间规划势必牵涉对地面规划的部分否定,导致地下空间实施困难,一遇到矛盾往往出现地下空间让位,乃至地下空间被省略的现象。目前,在现有控规基础上补充、完善地下空间内容漏项的做法是控制性详细规划由二维向三维进行过渡和转变的阶段性做法;而最终目的是促使城市规划编制观念的转变,充分融合地上地下空间要素,实现地上地下空间一体化规划,进行符合城市立体化建设要求的控规编制。

(4) 强调公共利益核心指标的刚性——设立修详与控规之间的反馈程序

由于地下空间信息资料综合复杂,项目工程性强,在没有具体项目支持时,控规编制深度及实施性受限。借鉴日本东京大手町—丸之内—有乐町地区城市规划指引的编制经验,在规划地下空间内容时应重点控制地下步行网络和重要公共空间。控规中地下空间规划应强调涉及公共利益的核心指标的刚性,如:地下公共空间的规模、地块间连通通道的位置、净宽净高、地下通道地面出入口位置等;对于业主开发的部分,应充分发挥市场规划设计的能动性,在不突破总建设规模和保障公共利益的前提下,赋予各功能指标适度弹性,允许由于具体设计和建设带来的局部微调,并在规划管理上应建立由地下空间修详调整控规的通道,简化调整程序及难度。

2) 编制内容

控制性详细规划中地下空间规划与地面规划一样,需要确定结构、布局、功能、容量、交通、市政等问题(表 5.9),地下空间控规编制的主要内容包括 10 个部分:① 规划范围;② 地下空间发展策略(地下空间发展目标定位、地下空间利用的原则);③ 地下空间资源评估(地下空间现状调查、地下空间资源分布、开发潜力评估);④ 地下空间需求预测(地下空间开发总建筑面积、不同类型功能的规模比例、下地化比例);⑤ 地下空间功能布局(地下空间功能结构、地下空间平面布局、地下空间竖向布局、公共服务设施布局、公共空间布局);⑥ 地下空间综合交通(轨道交通设施布局、地下道路交通设施布局、地下停车设施布局、地下物流设施布局、地下步行设施布局);⑦ 地下空间市政设施(市政管线、市政场站、共同沟);⑧ 地下空间其他专项(地下空间防空防灾、地下空间开发利用与历史文化保护、地下空间开发利用与生态环境保护)；⑨ 地下空间城市设计要求；⑩ 地下空间的综合开发建设模式、运营管理建议。

表 5.9　控制性详细规划地下空间相关要素的对应关系一览表

序号	强制内容	控制性详细规划	地下空间
用地	★	不同性质用地界线	地下用地界线
		用地内适建、不适建、允许建设的建筑类型	地下用地适建、不适建、允许建设的建筑类型
控制指标	★	建筑高度	地下建筑深度
	★	建筑密度	地下建筑密度
	★	容积率	地下建筑容积率
	★	绿地率	公共空间比例、直接通风采光比例
	★	公共设施配套要求	公共设施配套要求
		建筑退线	地下建筑退线
交通设施		地块出入口位置	地下出入口位置
	★	停车泊位	停车泊位
	★	公共交通场站用地	地下公共交通场站用地
		步行交通	步行交通
	★	其他交通设施	其他地下交通设施
	★	道路红线、断面、交叉口、渠化、控制点坐标和标高	地下道路相关要求
市政设施	★	市政工程管线位置、管径和工程设施用地界线	地下市政工程相关
	★	管线综合	
其他		城市设计指导原则(体量、体型、色彩等)	
		地下空间开发利用具体要求	
		制定相应的土地使用与建筑管理规定	

注释：★ 为强制性内容。

建立与地面相衔接的地下空间控制指标体系，确定指标控制的内容和深度是目前控制性详细规划地下空间规划编制的重点和难点。由于各个城市地下空间发展所处阶段和面临的具体规划管理问题不一，现阶段各城市控制性详细规划中地下空间规划编制方法仍以摸索为主，不强求统一，强调百花齐放。

6 地下空间用地管理

6.1 地下空间权利的界定

6.1.1 现状概况

1）地下空间的国土资源属性

我国目前的立法体系中无法找到对地下空间性质的明确界定，没有明确规定地下空间是一种国家土地资源，进而在确立地下空间权属的问题上无法充分援引国家目前相关资源法，如：《中华人民共和国土地法》与《中华人民共和国矿产资源法》。地下空间应该作为城市土地资源的一部分对其进行管理和规划，而不能把地下空间资源游离于土地资源之外，这是地下空间权属关系的前提和基础。

2）地下空间所有权利

目前，我国法律虽然没有明确规定国有土地的地下空间所有权主体，但在明确地下空间的国土资源属性的基础上，根据《中华人民共和国土地法》"实行土地的社会主义公有制""城市市区的土地属于国家所有"及《中华人民共和国矿产资源法》"地下矿产资源属于国家所有"应依法确立地下空间的所有权主体为国家，即从法律上明确国家对地下空间资源的所有权，保证公共利益及国家利益不受侵害。

3）地下空间使用权

由于我国实行土地的所有权和使用权分离制度，因此，为保护依法获得土地使用权的投资者的合法权益，在明确国家对地下空间的拥有权之后，还需要明确地下空间使用权的主体、主体的权利范围、责任和义务等内容。目前，我国各城市从建设实际出发，对地下空间土地使用权的取得方式、供地流程、审批要点等进行了相应地规定，但由于对地下空间利用属性认识存在差异，没有形成统一标准。

4）地下空间开发相邻关系及开发优先权

地下空间开发需保障地下空间、地面建筑权、周边地下空间权利的行使不能相互影响。目前，国家、地方对于该类法律法规的立法存在盲点。

随着目前地下空间开发利用井喷式增长，实际操作中关于相邻关系和开发优先权的具体问题不断增加，争议较大。

5）地下建（构）筑所有权

在合法取得地下空间开发建设的土地使用权后，通过法定程序开发建设的地下建（构）筑物，应该从法律上赋予该物业的所有权，并通过合法程序进行登记。

6）地下空间他项权利

我国的房地产关于登记、转让、租赁、抵押已有相应的完整、健全的法律规范。目前，各城市地下空间涉及的他项权利包括征用、登记、转让、租赁、抵押等，多按照地面法、规章的规定操作，并在实践的过程中对地下空间产权与房地产产权的区别部分逐步完善。

6.1.2 困惑与难点

1）地下空间建设用地使用权的法定范围

《中华人民共和国物权法》（简称《物权法》）第 136 条规定："建设用地使用权可以在土地的地表、地上或者地下分别设立。新设立的建设用地使用权，不得损害已设立的用益物权。"为城市土地空间资源的分层开发和多重开发利用提供了重要的法律依据。

但国家对地下空间使用权主体的权利范围、责任和义务等缺乏详细规定，具体操作时，地下空间建设用地使用权的权利范围和归属仍存在争议。部分城市认为通过出让土地的四至和建筑物高度（深度）来确定权益主体的空间权利范围（左图灰色立方体范围）；而《物权法》第 138 条第 3 项又规定，建设用地使用权出让时，应当在合同中明确规定建设物、构筑物以及附属设施占用的空间范围，以此界定权益主体所取得的建设用地使用范围（图 6.1）。

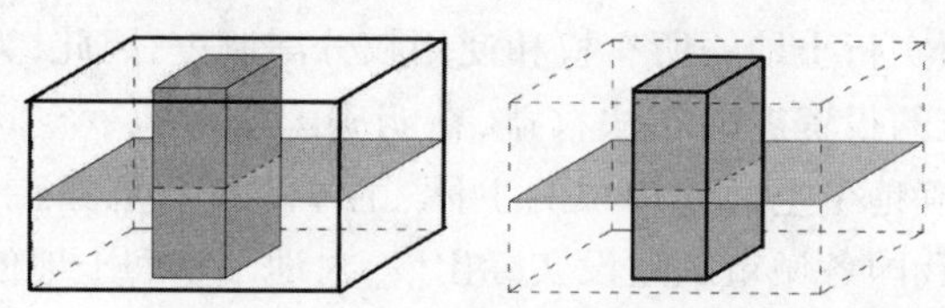

图 6.1 地下空间建设用地使用权权利范围示意图

尤其在现有地下空间登记仍以描述性信息为主、离三维信息登记普及仍有较大差距的情况下，既有建筑的建设用地使用权的范围不明确令出让方式的选择、相邻建设用地使用权的划分等模糊不清，难于操作。

2）地下空间建设用地使用权的确权

由于早期地下空间的利用往往集中于建筑物配建停车场、地下室等建设，地下空间利用往往不计容积率，无需收取地价，其价值未得到足够地重视。现行管理机制中的地下空间在土地使用权证书或建设用地规划许可证中仅仅体现为停车位个数等粗略的指标，导致建设工程规划许可证难以确立地下空间的相关详细空间指标，以地下空间的土地使用权证书或建设用地规划许可证为法定依据的权属登记也未将其纳入房屋产权，于是大量的地下空间利用游离于城市房屋产权之外，成为与地基结构类似的工程设施存在。因此而引发的问题与矛盾，主要反应在以下两个方面：

(1) 结建地下空间的归属权不明确

根据我国实行的土地使用权与房屋所有权登记制度，在初始登记时，土地与房屋产权往往归属统一主体，其后房屋所有权通过转移变更(如：商业、办公、住宅的分割销售)分散给众多小业主。由于结建的地下空间没有进行产权登记，原持有统一产权的主体不可能对这部分地下空间进行所有权的转移变更，于是通过长租的方式变相销售，导致部分小业主无法使用这部分地下空间；而小业主往往认为这些地下空间是共有设施，在取得地面房屋产权的同时，也取得了地下空间的使用权，原主体的行为侵害了其共享的权利。

(2) 合理的地下空间功能转变障碍重重

原本作为非经营性利用的地下空间，随着外部条件的改变，逐渐具备了经营性利用的可能性(如：临近地铁站点的地下车库)，也有利于城市功能的完善、基础设施充分利用、合理挖掘土地价值；然而由于其之前未进行产权登记，该地下空间的产权归属可能已作为共有部分分散给多个权益人，想实现其功能转变及产权重新划定极为困难。

6.1.3 对策建议

1）权利确定是核心

(1) 明确地下空间所有权

所有权是产权关系的基础和关键，但是目前的法律法规对地下空间的所有权界定不完善，城市地下空间的所有权主体不明确。我国实行的土地公有制决定了国家和集体对土地的绝对所有，因此，应将地下空间所有权纳入土地所有权范畴，在法律规范中明确规定国家和集体土地所有权的权利范围，即土地所有权中的土地包括地表以下土地。

(2) 地下建设用地使用权的界定

《物权法》“建设用地使用权可以在土地的地表、地上或者地下分别设立”的规定为未来城市土地空间资源的分层开发和多重开发利用提供了重要的法律依据，但仍需要细则对地下空间使用权主体、主体的权利范围、责任和义务等内容进行详细规定，使其具备可操作性。对于历史地下空间，法律应对地上建设用地使用权和地下空间建设用地使用权的关系予以界定。地上建筑物的产权是以建设用地使用权为依附确定的；而以地下空间开发为目的修建的地下建筑，由于其特殊性，其地面土地使用权在多数情况下已为政府或者公民、法人以及其他社会组织所拥有。已经转让建设用地使用权的土地地下空间的权属界定不清，成为妨碍城市地下空间流转和再次利用的障碍。

(3) 地下建筑物作为不动产的权属要明晰

目前，结建地下建筑作为一种不动产，其权属相对模糊。该类工程在地下空间开发利用中占较大的比例，并且随着城市规模的不断扩大，这一部分的增长速度也最快，在现实中发生的纠纷和冲突也最多。因此，在明确地下空间建设用地使用权的基础上，对地下建筑产权进行明晰，保障地下空间转让、租赁、抵押等流转环节有据可依。

2) 技术创新的保障

为应对地下建设用地使用权的分层出让，需将地下每一层作为一个独立宗地进行登记，登记地下建设用地使用权和房地产权属时应明确地下空间使用权的界址点坐标、体积、用途等。将现有二维的宗地拓展成三维的产权体，构建空间数据模型，制定三维产权体编码方案、权证图方案，拟定相应规范，并将技术运用在地下空间行政审批全过程，是地籍管理领域的创新和突破，在技术上保证了土地资源立体化利用的可持续发展，可有效避免潜在土地空间权属纠纷和行政风险。

此外，建立地下空间开发利用的信息系统，并对其实行动态管理至关重要。

(1) 应制定具有针对性和易执行性的地下空间管理信息化相关法规、规章、制度和管理程序，为地下空间信息管理工作的开展提供重要的政策保障。地下空间信息管理涉及信息化、测绘、人防、城市管理、各市政集团公司等部门和单位，处理好信息数据的权属与共享问题、明确数据权属单位的责任和权利是解决信息管理工作的关键。

(2) 建立信息数据库和信息系统平台是地下空间信息管理的基础设

施,是实现地下空间信息收集、整理、入库、共享利用的重要手段。数据库及信息系统平台的管理和维护工作是地下空间信息管理工作持续为城市建设服务的关键。

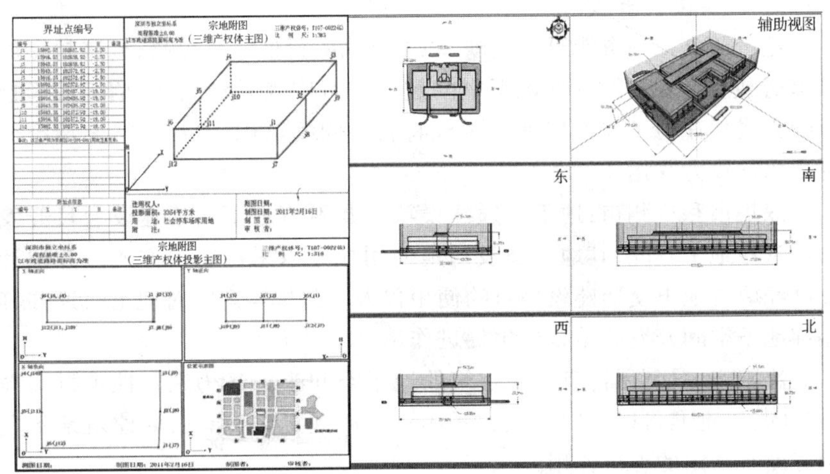

图 6.2 深圳市土地空间使用权管理关键技术及规范研究成果

6.2 地下空间建设用地使用权出让方式

6.2.1 现状概况

地下空间建设项目按地下空间建设方式可分为结建和单建两类。结建是指地下空间附着地面建设的工程项目,其建设用地使用权审批与地面建筑一并办理。单建是指独立的以地下空间开发利用为主的建设项目,单独办理出让手续。在实际建设中,结建与单建并不是绝对的,单建项目往往不同程度地包含一定规模的地面建设。

各城市为加强对地下空间建设项目的规划用地管理工作,在现行建设用地使用权出让程序的基础上,针对单建地下空间使用权的出让来完善制度建设。目前,我国各城市一般采用行政划拨或有偿使用方式出让地下空间建设用地使用权,但各城市根据自身需要在具体出让程序细节的设置方面仍存在差异。

1) 行政划拨

深圳、无锡、郑州等城市对可采用行政划拨方式的地下空间建设用地使用权的情况进行了较为明确的规定:① 国家机关和用于国防、人防、防灾的专用设施地下空间;② 城市基础和公共服务设施的地下空间;③ 国家重点扶持的能源、交通、水利等大型基础设施使用的地下空间;④ 法律、行政法规规定其他使用地下空间的情况。

2) 有偿使用出让

随着城市土地资源日益紧缺,地下空间的价值不断提高,越来越多的城市对独立开发的经营性地下空间建设项目应当采用招标、拍卖或者挂牌的方式出让地下建设用地使用权有着共同的认识,但针对特定情况允许采用协议方式出让。

深圳市和广州市:地下交通建设项目及附着地下交通建设项目开发的经营性地下空间,其地下建设用地使用权可以采用协议方式一并出让给已经取得地下交通建设项目的使用权人。此规定意图对地下交通与其相邻地下空间开发的结合产生促进作用。

沈阳市:对利用自有公共建筑的地下空间改扩建为经营性项目的地下空间,经批准可以采取协议方式出让。此规定对现有公共建筑地下空间开发有一定的促进作用。

郑州市:城市道路、广场的地下空间,其土地使用权的取得应增加取得开发利用权方式。此规定意图为城市道路、广场的地下空间的建设用地出让寻找新的方式。

6.2.2 困惑与难点

目前,地下建设用地使用权出让过程中的难点在于行政划拨(协议出让)地下空间公共属性的界定和标准的制定。根据《中华人民共和国土地管理法》(2004),除了机关、军事、基础设施、公益事业及法律行政法规规定的其他用地以外,建设国有土地应通过出让等有偿使用方式取得。然而,在目前的用地审批中,对一些地下空间利用是否属于基础设施或者公益事业存在较大分歧,导致供地方式缺乏统一标准。其中以下问题较为突出:

1) 地下停车库是否属于公共属性

地下停车库大致可分为:结建(办公、商业、住宅等配套建设的地下停车库)、单建(面向社会提供公共服务的地下停车库)。结建地下车库一般不计入容积率也无需缴纳地价,单建地下车库则视具体情况而定。一方观点认为地下停车库的出租盈利甚至直接出售属于经营性用途,不应纳入基础设施或公益事业的范畴,并且地下车库指标并未缴纳地价却进行经营用途存在法律上的漏洞,另一方观点则相反,认为地下停车是城市交通基础设施的组成部分，出租费用属于管理费用且并不以盈利为主要目的，应属于公共用途，采取划拨或协议方式出让。此外，地下公共停车场的投资回报率较低，部分城市以招拍挂方式出让，市场冷淡，难以完成地下空间停车库建设的任务，进而难以满足城市日益增长的停车需求。

2）地下人防设施的平战结合利用

根据《中华人民共和国人民防空法》(1997)相关规定，国家鼓励多种途径投资建设人防工程，平时由投资者使用管理，收益归投资者所有。人防工程被划定为基础设施，未纳入有偿使用土地的范畴，不需要经过市场方式取得使用权，且有较多的优惠政策。在这一规定下，在全国范围内形成了一个非常特殊的房地产门类——地下人防商业。以广州火车站周边地一大道地下商场项目为例，此项目由广州市人防办与哈尔滨人和商业共同出资兴建，地下空间性质登记为人防设施，产权归广州市人防办所有，使用权归哈尔滨人和商业拥有，平时作为地下商业街进行经营。虽然建成地下空间产权归政府所有，不能进行销售或抵押融资；但目前部分城市重点商圈的地下人防商铺租金可高达每月 1 000 元/m^2，存在巨大的商业利益，业内人士概括其优点为无竞标、低风险、低成本、高收益。然而地下人防空间采用划拨方式出让、平战结合进行商业利用带来巨大利益的公平性与合理性遭到质疑。

3）相邻是否具有优先权

(1) 公共领域下以交通功能为主体、含少量经营性功能的公共空间，协议出让，产权公有。然而道路、绿地等公共用地下以交通功能为主、包含少量商业设施的地下空间应作为商业用途进行招拍挂出让还是以协议方式出让的问题也是目前争议较多的操作难点。

案例 1　深圳市华润万象城至地铁一号线大剧院站的地下人行通道

2003 年，在华润万象城建设同期，华润(深圳)有限公司出资约为 4 000 万元人民币在城市道路用地下方建设长约为 190 m 的地下通道，联系华润万象城、地王大厦和地铁 1 号线大剧院站。建成后该地下通道产权属于深圳市政府，由华润公司进行日常管理和维护。

效果：深圳市政府利用社会资源完成基础设施建设，市民获得通道使用权；华润公司尽管在建设和管理地下通道时，财政方面属于亏损状态，但是地下通道带来的地铁人流对其营业额提高有极大的帮助；地王大厦则无条件享有地下通道带来的人流和便利。因此，地下空间所有人、使用人、管理者、相邻者多方处于多赢的状态。

问题：万象城通道在建设之初定位为纯交通功能的地下通道(图

6.3);随着项目商业价值的提高,在后期使用中,通道一侧出现了部分商业设施,由企业出租经营。其初期的产权约定、规划许可条件与建成后的运营管理之间缺少衔接。

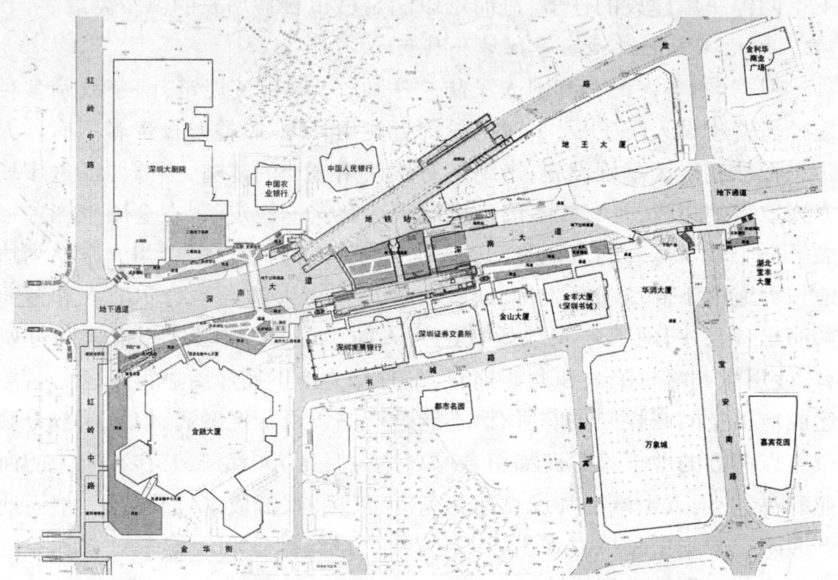

图 6.3　华润万象城地下通道

在日常建设中,企业申请利用公共用地的地下空间建设通道连接自持物业和地铁站点的情况非常普遍,并且往往希望通道内可以附设商业设施,而非建设纯粹的人行通道。通道产权归政府,商业设施使用、经营权归企业,以盈利弥补其建设和日后地下通道设施维护的经济支出。如允许协议出让的地下通道内商业设施的设置和经营,便违背了经营性地下空间必须通过招拍挂方式出让的原则;但进行招拍挂出让,若非相邻用地权利人取得建设用地使用权,在项目规划设计、工程建设协调方面将面临大量的协调工作。因此,在目前相邻权、地役权等操作细则尚不明确的情况下,连通项目的运营、管理复杂化,容易引起纠纷。

(2) 道路、绿地等公共用地地下空间与相邻建设用地捆绑招拍挂出让

目前,部分城市新中心秉承集约、高效利用土地的规划理念,以小尺度街区为主,地块尺度多在 6 000—8 000 m²。各地块独立建设地下空间规模小、不经济,因此,街区地下空间整体建设、相互连通的需求较为迫切。如按照现行管理办法对道路、绿地下的经营性地下空间建设项目进行招拍挂

出让,同一项目将被切分为若干权利主体,给项目建设和经营管理带来较大难度。

案例 2 深圳后海喜之郎项目

2012 年 4 月,深圳市后海中心区用地进行挂牌出让,该地块由凹字状建设用地(面积为 4 726.87 m^2)和被建设用地围合的广场用地(面积为 839.73 m^2)组成(图 6.4)。广场的地上用地产权归政府所有;广场的地下空间设3 063 m^2 地下公共停车库,产权归竞得人,但不单独发放房地产证。T107-0015 宗地是深圳首例将建设用地与临近的公共用地捆绑挂牌后整体出让,公共用地的地上地下分别设立建设用地使用权,地面产权归政府,地下空间产权归竞得人,既保障了公共用地的公共属性,又有利于建设项目的整体运作和后期运营管理,是地下空间出让方式的一次积极探索。

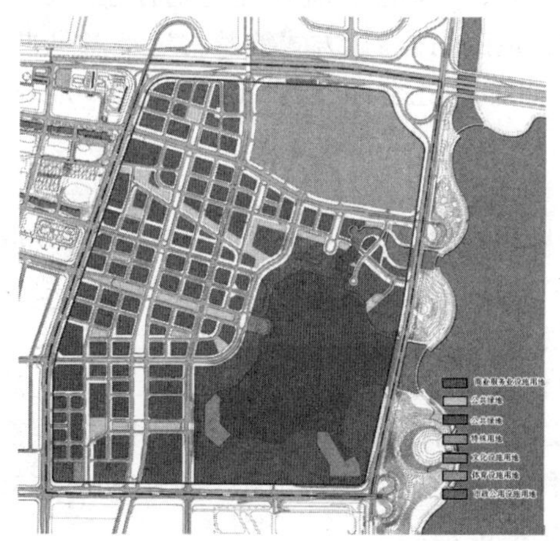

图 6.4 后海中心区规划与喜之郎项目宗地图

6.2.3 对策建议

未来我国地下空间供地方式的重点在于明确地下空间的性质。依据公共物品理论将地下空间分为公共地下空间、准公共地下空间和私人地下空间 3 类。明确公共地下空间(包括人防、地下公共设备、地下公共交通、发电、水处理、空气循环、市政等)不能用于经营活动,无法取得经营收入;准公共地下空间(包括地下供水、供电、供气、供热、地下共同沟、地下环卫、地下轨道交通、地下贮物空间等)可用于经营活动,具有一定的经营性,但是保本微利或无经营利润;私人地下空间(包括地下商业、地下停车、地下客运、地下通信、地下休闲、地下娱乐、地下生产、地下物流空间等)可用于经营活动,具有稳定的经营收入,具有较大的经营利润。对于不同属性的地下空间应根据经营性地下空间所占的比例、周边既有建设状况等情况综合分析,采取协议出让给相邻建设用地主体或与相邻建设用地进行捆绑招拍挂出让等更加多元的操作方式,在确保地下空间用地出让的公平、公正、公开的前提下更具可实施性。

6.3 地下空间建设用地使用权出让程序

6.3.1 现状概况

各城市对结建地下空间统一规定随地面建筑一并办理用地审批手续;但对于单建地下空间建设用地使用权的出让流程规定则存在一定差异,对于建设用地使用权采用划拨和招拍挂出让方式涉及的选址意见书、建设用地规划许可证、建设用地使用权出让合同、建设工程规划许可证各个环节的设置安排并不统一。

1) 行政划拨、协议出让

对于划拨或协议出让方式,从总体流程构架上来看,一般流程为先取得选址意见书,再取得建设用地规划许可证,之后办理用地手续获得建设用地使用权,最后取得建设工程规划许可证。如:上海市划拨土地决定书和土地使用权出让合同在建设单位取得建设工程规划许可证后办理的流程设置较为独特,该流程确保签订土地出让合同时,出让土地的坐标、高程、面积、功能组合、出入口位置和连通要求等指标清晰、明确,能够更好地保障土地划拨和出让的合理性(表 6.1)。

表 6.1 各地地下空间用地审批程序(行政划拨、协议出让)一览表

	选址意见书	建设用地规划许可证	建设用地批准文件	建设工程规划许可证	土地使用权出让合同
上海	—	1	2	3	4
深圳	1	3	2	5	4
广州	1	2	—	—	3
杭州	—	1	2	4	3

注释:表中数字代表审批程序步骤。

2）招拍挂出让

对于招拍挂出让方式，总体流程架构较为统一。一般流程为先制定出让方案以确定规划条件，再办理用地手续，确认建设用地使用权归属，此后办理建设用地规划许可证和建设工程规划许可证（表6.2）。

表6.2 各地地下空间用地审批程序（招拍挂出让）一览表

	出让方案/规划条件	建设用地规划许可证	建设工程规划许可证	土地使用权出让合同
深圳	1	3	4	2
广州	1	3	—	2
杭州	—	2	3	1
郑州	1	3	4	2

注释：表中数字代表审批程序步骤。

6.3.2 困惑与难点

1）现行招拍挂出让程序难以适应地下空间开发的特殊性

我国城市招拍挂审批程序中，依据出让方案确定规划条件并签订土地合同，在核发建设用地规划许可证、建设工程规划许可证时不能更改规划条件是一种合约精神的体现；而行政划拨、协议出让方式由于多数涉及公共产品，用地审批存在一定的灵活性，能够较好地适应地下空间开发的特殊性。因此，既有招拍挂出让过程中常常暴露出现有程序设置不适应地下空间特殊性的问题。

案例1 深圳地铁世界之窗站北侧地下空间

深圳市地铁有限公司申请调整世界之窗站北侧地下空间开发项目的建设用地规划许可证。根据具体地质勘探报告，东部地下室在原地下3层标高已见基岩，若建设东部地下4层存在大量基岩爆破工作，将会对周边已建成的市政设施和建筑均产生影响，因此申请取消地下4层东部停车库的建设。

案例2 深圳市车公庙的丰盛町地下商业街

2005年1月，作为国内首例对地下空间通过公开挂牌出让的地下空间建设用地使用权的案例——深圳市车公庙的丰盛町地下商业街，在签订土地合同阶段明确地下空间的红线边界、商业面积、设备房面积、公共通道面积、地面附属设施面积等指标，并且在设计深化和建设过程中进行了多项调整。

① 2006 年 12 月，施工图报审。审图机构提出方案直通室外的疏散出入口数量不足，不能满足《建筑设计防火规范》和《人民防空地下室设计规范》要求。2007 年 1 月，业主申请增加两个出入口用地，但由于两出入口均占用原有用地红线范围外的区域，国土管理部门就其涉及的土地出让方式（协议出让）向市政府进行请示后，原则同意增加地下面积约为 1 462 m^2，增加部分功能限于公共通道，消防、人防地面出入口和设备用房。

② 开发商在后续建筑设计和项目建设过程中，商业面积减少 680 m^2，设备用房减少 910 m^2，公共通道增加 1 590 m^2，申请变更建设用地规划许可证。规划部门经研究论证，原则同意变更诉求。

③ 土地合同、建设用地规划许可证规定建筑面积为 24 250 m^2，并注明除风井、空调机房、地下空间出入口等必要的建构筑物外，不得有其他突出物，但未标明地上建构筑物的面积指标。项目进入初步设计阶段后，经测算，开发商申请增加风井、空调机房、地下空间出入口等必要的建构筑物建筑面积为 830 m^2。规划管理部门对上述指标进行了规划确认，并要求开发商补办新增建构筑物的土地手续。

薄弱的地下信息管理对地下空间规划编制、资源预测、建设管理方面形成制约。一方面，地下空间三维的空间使用权出让比传统的二维出让对规划编制管理提出更高的要求，在出让方案、建设用地使用权出让合同等审批前期阶段，规划许可指标难以做到精准；另一方面，工程建设期间也时有因地质条件、既有地下建筑物、构筑物影响规划实施的状况发生，难免对前期确定的规划许可指标进行调整，极大地影响了行政审批效率和法定程序调整的严肃性。

2）地下空间规划许可指标的刚性与弹性

各地出让方案、建设用地规划许可证、建设工程规划许可证主要控制指标均为地下空间使用性质、水平投影范围、竖向空间范围、建筑规模、出入口位置、连通要求、功能组合等类别。地下空间规划许可指标的设置及其弹性把握是目前行政审批面临的一大难题。控制性指标越详尽，刚性越强，越能保障地下空间利用的合理性，能够保证其与地上以及相邻地下空间的连通；但详尽的控制性指标的过早确定，一方面缺乏具体地质勘探、市政管线探测等方面的具体资料支持，在实际建设过程中存在较大不确定性；另一方面指标的设定缺乏对地下空间开发具体业态的深入分析和策划，限制了具体建设单位设计的灵活性和多元化设计。反之，控制性指标过少，弹性过大，则较难保证地下空间整体布局的合理性，以及与地上以及相邻地下空间的连通关系。

6.3.3　对策建议

地下建设用地规划许可中的规划控制要素可分为刚性要素和弹性要素。刚性要素主要包括:用地范围、用地性质、总建筑面积、出入口位置、连通要求。弹性要素包括:分项建筑面积、地下建筑退线、地下建筑覆盖率、地下建筑间距、地下空间地面附属设施设置、公共空间设置要求、自然采光面积等。对地下空间规划许可的控制应强调涉及公共利益的核心要素的刚性,如:地下公共空间的规模,地块间连通通道的位置、净宽、净高,地下通道地面出入口位置等。对于业主开发的部分,应充分发挥市场规划设计的能动性,在不突破总建设规模和保障公共利益的前提下,赋予各功能指标适度弹性,允许由于具体设计和建设带来的局部微调,并在规划管理上应建立后续许可,调整前期许可的通道,简化调整程序及难度。

参考文献

·图书期刊·

[1] 陈志龙,刘宏.城市地下空间总体规划[M].南京:东南大学出版社,2011.

[2] 邓少海,陈志龙,王玉北.城市地下空间法律政策与实践探索[M].南京:东南大学出版社,2010.

[3] 黄平,周锡芳,关博.日本东京都地下道路规划与建设[J].交通与运输,2009(5):24-25.

[4] 吉迪恩·S.格兰尼,尾岛俊雄.城市地下空间设计[M].许方,于海漪,译.北京:中国建筑工业出版社,2005.

[5] 刘春彦,沈燕红.日本城市地下空间开发利用法律研究[J].地下空间与工程学报,2007,3(4):587-591.

[6] 刘春彦,束昱,李艳杰.台湾地区地下空间开发利用管理体制、机制和法制研究[J].辽宁行政学院学报,2006,8(3):122-124.

[7] 刘皆谊,卢济威,金广君.城市立体化视角——地下街设计及其理论[M].南京:东南大学出版社,2009.

[8] 刘皆谊.地铁地下街经营经验探讨——以台北市捷运系统地下街为例[J].地下空间与工程学报,2006,2(7):1269-1275.

[9] 刘皆谊.日本地下街的崛起与发展经验探讨[J].国际城市规划,2007,22(6):47-52.

[10] 刘皆谊.台北车站地上地下一体化整合开发探讨[J].铁道运输与经济,2009,31(3):35-38.

[11] 曲淑玲.日本地下空间的利用对我国地铁建设的启示[J].都市快轨交通,2008,21(5):13-16.

[12] 束昱,路姗,朱黎明,等.我国城市地下空间法制化建设的进程与展望[J].现代城市研究,2009(8):7-18.

[13] 王玉北,陈志龙.世界地下交通[M].南京:东南大学出版社,2010.

[14] 王岳丽,梁立刚.地下城——芝加哥 Pedway 综述[J].国际城市规划,2010,25(1):95-99.

[15] 薛华培.芬兰土地利用规划中的地下空间[J].国际城市规划,2005,

20(1):49-55.

·其他文献·

[1] 北京市规划委员会,北京市人民防空办公室. 北京中心城中心地区地下空间开发利用规划(2004—2020)[R]. 2004.

[2] 北京市人民政府. 北京市人民防空工程和普通地下室安全使用管理办法[R]. 2005.

[3] 广州市交通规划研究所,广州至信交通顾问有限公司,广州市城市规划编制研究中心. 广州市地下空间综合利用布局规划[R]. 2009.

[4] 广州市人民政府. 广州市地下空间开发利用管理办法[R]. 2011.

[5] 广州市珠江新城管理委员会. 珠江新城调研座谈会录音稿整理[Z]. 2010.

[6] 哈尔滨市城市规划局. 哈尔滨市城市空间招商专项规划[R]. 2005.

[7] 哈尔滨市人民政府. 哈尔滨市地铁沿线地下空间开发利用管理规定[R]. 2008.

[8] 杭州钱江新城建设管理委员会. 杭州市钱江新城核心区地下空间概念性规划[R]. 2003.

[9] 杭州钱江新城建设管理委员会. 杭州市钱江新城核心区块控制性详细规划[R]. 2003.

[10] 杭州钱江新城建设管委员会会. 杭州市钱江新城核心区块地下空间控制性详细规划[R]. 2003.

[11] 杭州市钱江新城建设管理委员会. 钱江新城调研座谈会录音稿整理[Z]. 2010.

[12] 杭州市人民政府. 杭州市人民政府关于积极鼓励盘活存量土地促进土地节约和集约利用的意见(试行)[R]. 2005.

[13] 南京市规划局. 南京老城区地下人行过街通道规划[R]. 2005.

[14] 南京市规划局. 南京市老城区第一批复合利用空间停车场(库)选址规划[R]. 2005.

[15] 全国人民代表大会. 北京市城市地下管线管理办法[R]. 2005.

[16] 全国人民代表大会. 深圳市地下空间开发利用暂行办法[R]. 2008.

[17] 上海市规划和国土资源管理局. 地下空间调研座谈会录音稿整理[Z]. 2010.

[18] 上海市规划和国土资源管理局. 上海市地下空间规划编制暂行规定[R]. 2007.

[19] 上海市建设和交通委员会,上海市规划和国土资源管理局,等.上海市地下空间概念规划[R].2003.

[20] 上海市建设和交通委员会,上海市市政工程管理局,上海世博会事务协调局.中国2010年上海世博会园区管线综合管沟管理办法[R].2007.

[21] 上海市人民政府.上海市城市地下空间建设用地审批和房地产登记试行规定[R].2006.

[22] 上海市杨浦区规划和土地管理局.江湾—五角场市级副中心控制性详细规划[R].2007.

[23] 深圳市福田区城中村(旧村)改办.华强北片区地下空间资源开发利用规划研究[R].2009.

[24] 深圳市规划和国土资源委员会.地下空间开发利用调研座谈会录音稿整理[Z].2010.

[25] 深圳市规划局.深圳市光明新区共同沟详细规划[R].2009.

[26] 深圳市人民政府.深圳市城市规划标准与准则[R].2012.

[27] 首都社会治安综合治理委员会办公室,北京市规划委员会,北京市公安局,等.北京地下空间安全专项治理整顿标准[R].2001.

[28] 天津市渤海规划设计院.天津滨海新区于家堡金融区控制性详细规划[R].2008.

[29] 天津市规划局.天津市地下空间总体规划(2006—2020)[R].2009.

[30] 天津市塘沽区规划局.天津塘沽区响螺湾商务区城市地下空间概念规划[R].2008.

[31] 无锡市人民政府.无锡市地下空间建设用地使用权审批和登记操作办法(试行)[R].2011.

[32] 厦门市规划局.厦门市地下空间开发利用规划(2006—2020)[R].2009.

[33] 香港土木工程拓展署.善用香港地下空间研究[R].2009.

[34] 浙江省住房和城乡建设厅,杭州市城市规划设计研究院.浙江省城市地下空间开发利用规划编制导则(试行)[R].2010.

[35] 中共杭州市委办公厅,杭州市政府办公厅.杭州市区地下空间建设用地管理和土地登记暂行规定[R].2009.

[36] 重庆市第三届人民代表大会常务委员会.重庆市城乡规划条例[R].2009.

[37] 重庆市规划局.重庆市城乡规划地下空间利用规划导则(试行)

[R]. 2008.
[38] 重庆市规划局. 重庆市主城区地下空间总体规划及重点片区控制规划[R]. 2004.
[39] 重庆市江北嘴中央商务区开发投资有限公司. 重庆江北城地下空间利用规划[R]. 2005.
[40] 赵鹏林. 关于日本东京地下空间利用的报告书[R]. 深圳:深圳市涉外培训领导小组,2000.

图片来源

图 1.1 源自:杭州市钱江新城建设管理委员会

图 1.2 源自:http://zjnews.zjol.com.cn/05zjnews/system/2008/09/10/009923824.shtml

图 1.3 至图 1.6 源自:杭州市钱江新城建设管理委员会

图 1.7 至图 1.10 源自:深圳市规划和国土资源委员会

图 1.11、图 1.12 源自:都市实践建筑事务所

图 1.13 源自:深圳市规划和国土资源委员会

图 1.14 源自:左图 http://www.atkins.com.cn/mainland/business/landscape/case_02.htm;右图 http://www.nipic.com/show/2/55/7fc57ed55cd6c65f.html

图 1.15 源自:广州市珠江新城管理委员会

图 1.16 源自:深圳市规划和国土资源委员会

图 1.17 源自:http://sz.focus.cn/msgview/1787/160539455.html

图 1.18 源自:作者拍摄

图 1.19 至图 1.21 源自:深圳市规划和国土资源委员会

图 1.22 源自:http://news.sohu.com/20050120/n224031645.shtml

图 1.23 源自:作者拍摄

图 1.24 源自:http://shwomen.eastday.com/renda/node9708/node12567/node12577/u1a1619024.html

图 1.25 源自:左图 http://news.jschina.com.cn/system/2012/02/01/012612733.shtml;右图 http://news.sohu.com/81/43/news208924381.shtml

图 1.26 源自:http://news.sipac.gov.cn/sipnews/yqzt/20120228mxjlj/zg/201203/t20120319_143902.htm

图 2.1、图 2.2 源自:上海市城市规划设计研究院

图 2.3、图 2.4 源自:上海市规划和国土资源管理局

图 2.5 源自:http://paper.people.com.cn/jhsb/html/2007-12/06/content_33677798.htm

图 2.6 源自:http://old.chinaparking.org/localparking/beijing-26.htm

图 2.7 至图 2.9 源自:深圳市规划和国土资源委员会

图 2.10 源自:深圳大学城市规划设计研究院

图 2.11 源自:http://siyuanwuruan.blog.china.com/201103/7830109.html

图 2.12 源自:深圳市规划和国土资源委员会

图 2.13 源自:左图 http://news.dichan.sina.com.cn/2009/12/18/99692_all.html;

右图 http://www. rail－transit. com/detail_cases. aspx? id＝817
图 2. 14 源自:http://www. lwkyh. com. cn/projectcon. asp? pid＝65&typeid＝7
图 2. 15 源自:http://www. dichan. com/case－show－166992. html
图 2. 16、图 2. 17 源自:重庆市规划局
图 2. 18 源自:左图 http://go. cqmmgo. com/forum－233－thread－675788－1－1. html;右图 http://qun. 51. com/ziyi/topic－71. html
图 3. 1、图 3. 2 源自:Michel Boisvert 博士讲稿
图 3. 3 源自:http://www. odesign. cn/contents/17/138. html
图 3. 4、图 3. 5 源自:John Zacharias 教授讲稿
图 3. 6 源自:http://www. toronto. ca/path/pdf/path_brochure. pdf
图 3. 7 源自:http://www. yoyv. com/overseas/images/subway/chicago－map. gif
图 3. 8 源自:John Zacharias 教授讲稿
图 3. 9 源自:http://www. tokyometro. jp/en/subwaymap/pdf/routemap_cn. pdf
图 3. 10 源自:htttp://bbs. cnyw. net/thread-737730-1-1. html
图 3. 11 源自:http://japan. internet. com/img/20120326/1332751523. png
图 3. 12 源自:http://map. hytrip. net/photo/465/7662218. jpg
图 3. 13 源自:http://home. gamer. com. tw
图 3. 14、图 3. 15 源自:香港规划署
图 3. 16、图 3. 17 源自:2009 年布达佩斯世界隧道大会会议材料
图 3. 18 源自:作者绘制
图 3. 19 源自:http://arts. scj. cn/20110712/203812971245. shtml
图 3. 20 源自:http://scication. swu. edu. cn/article. php? aid＝2401&rid＝4
图 5. 1、图 5. 2 源自:作者绘制
图 5. 3 源自:北京市规划委员会
图 5. 4、图 5. 5 源自:上海市规划和国土资源管理局
图 5. 6 源自:http://www. lewism. org/2009/10/09/subterranea－helsinki
图 5. 7、图 5. 8 源自:香港规划署
图 5. 9 源自:《深圳市轨道交通二期工程地铁 2 号线详细规划》研究报告
图 5. 10 源自:作者绘制
图 5. 11 源自:上海市规划和国土资源管理局
图 5. 12 至图 5. 14 源自:杭州市规划局
图 5. 15 源自:Tsuneo Mitake，Tetsuya Shirane 讲稿
图 5. 16 源自:大手町—丸之内—有乐町地区 2008 年片区规划指引
图 6. 1 源自:作者绘制
图 6. 2 至图 6. 4 源自:深圳市规划和国土资源委员会

表格来源

表1.1源自:地下变电站在城市中心区的应用,http://huiyi.shejis.com/dq/2008/0805/newsShow.asp? id=550

表2.1、表2.2源自:作者根据上海市规划和国土资源管理局统计资料绘制

表2.3至表2.5源自:作者根据北京市规划委员会统计资料绘制

表2.6源自:作者根据广州市规划局统计资料绘制

表2.7源自:《广州市地下空间综合利用布局规划》

表2.8源自:作者根据深圳市规划和国土资源委员会统计资料绘制

表2.9源自:作者根据天津市规划局统计资料绘制

表2.10源自:作者根据杭州市规划局统计资料绘制

表2.11源自:作者根据南京市规划局统计资料绘制

表2.12源自:作者根据重庆市规划局统计资料绘制

表2.13源自:《厦门市地下空间开发利用规划》(2006—2020)

表2.14源自:作者根据哈尔滨市城乡规划局统计资料绘制

表2.15源自:作者绘制

表2.16源自:http://www.renhebusiness.com/renhe/products/products2.asp

表3.1源自:作者根据《日本地下街的崛起与发展经验探讨》整理绘制

表3.2源自:作者根据《日本城市地下空间开利用法律研究》整理绘制

表3.3源自:作者根据《日本城市地下空间开发利用对我国的启示》整理绘制

表3.4、表3.5源自:作者根据《台北车站地上地下一体化整合开发探讨》整理绘制

表3.6源自:作者根据《九龙地区地下空间规划研究》整理绘制

表3.7源自:作者根据《地铁尖沙咀站北行人隧道工程项目报告》整理绘制

表3.8源自:作者绘制

表3.9、表3.10源自:作者根据《香港规划标准与准则》整理绘制

表3.11源自:作者根据《芬兰土地利用规划中的地下空间》整理绘制

表4.1、表4.2源自:作者绘制

表4.3源自:作者根据《上海市地下空间规划编制暂行规定》整理绘制

表4.4源自:作者根据《浙江省城市地下空间开发利用规划编制导则(试行)》整理绘制

表4.5源自:作者根据《上海市城市地下空间建设用地审批和房地产登记试行规定》整理绘制

表 4.6 源自:作者根据《无锡市地下空间商业开发国有建设用地使用权审批和登记办法(试行)》整理绘制

表 5.1、表 5.2 源自:作者绘制

表 5.3 源自:作者根据《地下城——芝加哥 Pedway 综述》整理绘制

表 5.4 至表 5.6 源自:作者绘制

表 5.7 源自:作者根据 Tsuneo Mitake, Tetsuya Shirane 讲稿整理绘制

表 5.8 源自:作者根据"大手町—丸之内—有乐町地区 2008 年片区规划指引"整理绘制

表 5.9 源自:作者绘制

表 6.1、表 6.2 源自:作者绘制